飞行器动力工程专业系列教材

航空动力控制系统仿真与实践

黄向华　潘慕绚　编著

科学出版社
北　京

内 容 简 介

本书系统地阐述了控制系统数字仿真的经典方法,包括数值仿真法、离散化仿真法、采样控制系统的仿真以及控制系统的优化技术,并以航空动力控制系统为研究对象,给出了具体的仿真程序。然后介绍了航空动力控制系统建模与数字仿真方法,给出了实物在回路仿真和半物理仿真系统的概念、基本组成和仿真方法。为了便于学习,书中给出了用 C 语言和MATLAB 实现的仿真方法和一些仿真实例。

本书可作为航空宇航推进理论与工程、动力机械与工程专业研究生的参考书,也可作为航空发动机及其控制系统领域广大科研、设计、教学人员的参考书。

图书在版编目(CIP)数据

航空动力控制系统仿真与实践/黄向华,潘慕绚编著. —北京:科学出版社,2018.2

飞行器动力工程专业系列教材

ISBN 978-7-03-033203-5

Ⅰ. ①航… Ⅱ. ①黄… ②潘… Ⅲ. ①航空-动力装置-控制系统-系统仿真-教材 Ⅳ. ①V228

中国版本图书馆 CIP 数据核字 (2018) 第 033012 号

责任编辑:李涪汁 曾佳佳 高慧元/责任校对:彭 涛
责任印制:张 伟/封面设计:许 瑞

科 学 出 版 社 出版

北京东黄城根北街 16 号
邮政编码:100717
http://www.sciencep.com

北京凌奇印刷有限责任公司 印刷

科学出版社发行 各地新华书店经销

*

2018 年 2 月第 一 版   开本:787×1092 1/16
2022 年 1 月第三次印刷   印张:14 1/2
字数:340 000

定价:59.00 元

(如有印装质量问题,我社负责调换)

《飞行器动力工程专业系列教材》编委会

主　编：宣益民

副主编：宋迎东　张天宏　黄金泉　谭慧俊　崔海涛

编　委：（按姓氏笔画排序）

王　彬　毛军逵　方　磊　吉洪湖　刘小刚

何小民　宋迎东　张天宏　陈　伟　陈　杰

陈茉莉　范育新　周正贵　胡忠志　姚　华

郭　文　崔海涛　韩启祥　葛　宁　温　泉

臧朝平　谭晓茗

丛 书 序

  作为飞行器的"心脏"，航空发动机是技术高度集成和高附加值的科技产品，集中体现了一个国家的工业技术水平，被誉为现代工业皇冠上的明珠。经过几代航空人艰苦卓绝的奋斗，我国航空发动机工业取得了一系列令人瞩目的成就，为我国国防事业发展和国民经济建设做出了重要的贡献。2015 年，李克强总理在《政府工作报告》中明确提出了要实施航空发动机和燃气轮机国家重大专项，自主研制和发展高水平的航空发动机已成为国家战略。2016年，国家《第十三个五年规划纲要》中也明确指出：中国计划实施 100 个重大工程及项目，其中"航空发动机及燃气轮机"位列首位。可以预计，未来相当长的一段时间内，航空发动机技术领域高素质创新人才的培养将是服务国家重大战略需求和国防建设的核心工作之一。

  南京航空航天大学是我国航空发动机高层次人才培养和科学研究的重要基地，为国家培养了近万名航空发动机专门人才。在江苏省高校品牌专业一期建设工程的资助下，南京航空航天大学于 2016 年启动了飞行器动力工程专业系列教材的建设工作，旨在使教材内容能够更好地反映当前科学技术水平和适应现代教育教学理念。教材内容涉及航空发动机的学科基础、部件/系统工作原理与设计、整机工作原理与设计、航空发动机工程研制与测试等方面，汇聚了高等院校和航空发动机厂所的理论基础及研发经验，注重设计方法和体系介绍，突出工程应用及能力培养。

  希望本系列教材的出版能够起到服务国家重大需求、服务国防、服务行业的积极作用，为我国航空发动机领域的创新性人才培养和技术进步贡献力量。

南京航空航天大学

2017 年 5 月

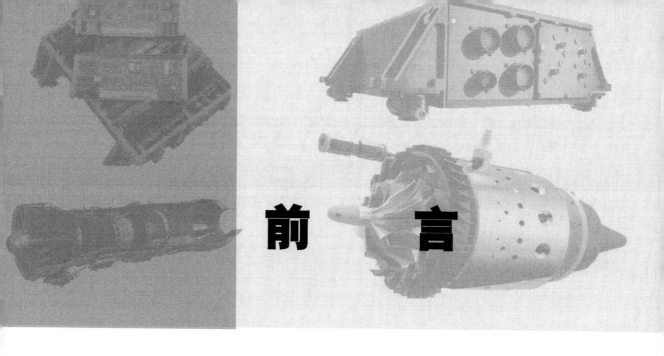

前　言

　　系统仿真技术是一门多学科综合的应用技术学科,也是一门近年来发展迅速的学科。仿真技术除用于航空、航天和原子能等领域外,还广泛应用于冶金、化工、船舶、电力控制及一般工业过程控制系统中,并在建立新的控制系统、控制系统排故、确定最优控制规律和方案以及人员培训等方面都有着广泛应用。特别是在航空发动机控制系统以及飞行控制系统等的研制、生产和使用的各个阶段,仿真起着重要的作用,无论控制器是机械液压式、气动式、电子式,还是数字控制式,通过仿真均可获得系统的有关特性。

　　本书力求理论与工程实际相结合,使读者不仅能掌握数字仿真的基本原理,而且能实际应用仿真技术进行控制系统的设计、分析和研究。一方面,系统地介绍控制系统设计与分析过程中所涉及的仿真理论以及仿真方法。首先分析系统理论、系统辨识与系统仿真三者的关系,初步介绍仿真的过程及仿真技术的应用,使读者对仿真有一个全面的认识;然后分别介绍各种仿真理论,包括连续系统的数字仿真、采样控制系统的数字仿真、数字控制器控制规律的实现以及实时仿真、控制系统的参数最优化技术。另一方面,从仿真技术的理论分析入手,以工程应用为目标,通过一些工程实例介绍仿真技术的应用,并提供各种仿真实例和代码,引导学生针对具体对象利用所学理论开展研究工作,培养学生自主创新能力。

　　本书力图构建航空发动机控制系统仿真的理论知识体系,为了增强教材的工程实用性,便于学生的学习、掌握与拓展,并可作为航空发动机控制系统仿真实践课程的辅助教材,结合现代航空动力控制技术的发展以及仿真软件的发展,以航空发动机控制系统为研究对象,从航空发动机控制系统最基本的转速控制回路的执行机构出发,循序渐进地采用仿真的方法分析控制系统的基本特性,最后引入航空发动机部件级模型动态特性的仿真,以此为基础提供一个综合实例,采用参数优化技术调整控制系统参数。最后在数字仿真的基础上,介绍半物理仿真的过程以及研制方法。通过本书的学习,读者能加深对航空发动机控制系统理论的理解,并具备利用仿真技术开发控制系统的初步能力。

　　本书由南京航空航天大学黄向华主编，其中第 2 章和第 3 章实例部分由南京航空航天大学潘慕绚编写，其余部分由黄向华编写，黄向华对全书进行了策划、校核和统稿。

　　由于作者水平和时间有限，书中难免会有不妥之处，恳请广大读者批评指正。

作　者

2017 年 9 月

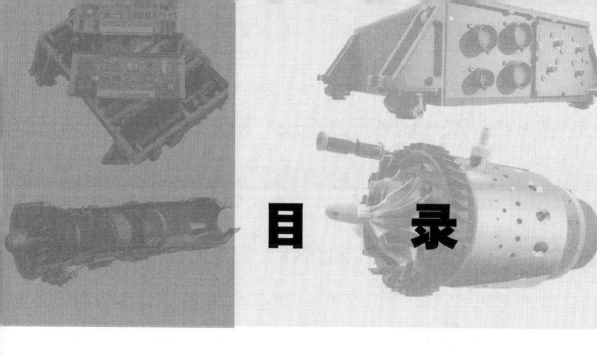

目　　录

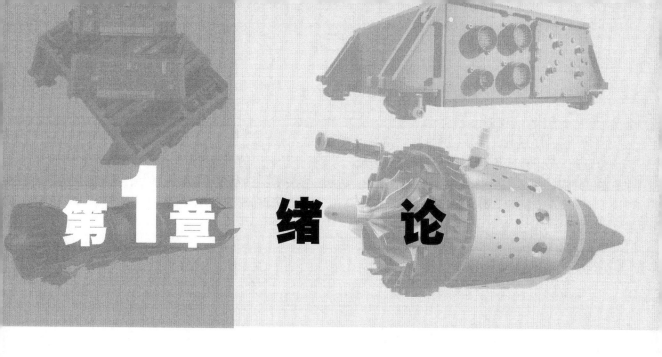

第**1**章 绪 论

1.1 仿真的基本概念

1.1.1 仿真的定义

在控制系统的分析、设计和使用过程中,控制系统的性能是人们关注的焦点。要想获得系统的性能特点,最直接的手段就是实物实验。可是由于多方面的原因,往往不宜于甚至不可能在实物上进行实验。首先,实物实验花费大、周期长,尤其在新的控制规律实验和故障复现中有时是很危险的;此外,实物实验还必须是在控制系统研制出来以后进行,这就难以事先给设计人员提供信息来指导他们进行正确设计。因此很自然地人们就产生了用模型代替实物进行实验的想法,这种基于模型的实验就是广义上的仿真 (simulation)。

仿真形成一门专门的学科虽然为时不长,但人们采用仿真技术却有很长的历史了。早在1872 年英国皇家海军就曾采用按比例缩小的舰船模型在水池中进行试验,以确定所设计的船舶的各项性能指标是否达到要求,并据此改进设计。直到现在,这种用按比例缩小的物理模型进行仿真实验的方法仍广泛用于水力学、空气动力学和热力学等技术部门。

随着科学技术的发展,仿真逐渐形成一门专门的技术。它是以相似原理、控制理论、信息技术及其应用领域的专业技术为基础,以计算机和专用物理效应设备 (模型再现真实世界环境) 为工具,借助系统模型对实际或设想的系统进行动态实验研究的一门综合性技术。它是分析和研究系统运动行为、揭示系统动态过程和运动规律的一种重要手段和方法。

1.1.2 仿真遵循的原则

仿真实质是对一个系统由其他系统 (模型) 代替或模拟该系统来进行研究和设计,这就要求系统和替代系统 (模型) 之间要有可替代的条件,也就是说实际系统和仿真系统之间应该满足相似性原理。相似性原理贯穿仿真技术的始终,是仿真技术的基础,也是所遵循的基本原则。在实际的科学研究和工程实践中,由于目的和方法不同,相似性的方式可以包含以下几个方面。

(1) 性能相似。

性能相似可以分为数学性能相似和物理性能相似。

数学性能相似一般是通过原理抽象，利用各个学科内的各类定律和规律，通过数学模型来表征系统，并进行仿真计算研究。图 1-1 所示的弹簧二阶阻尼系统和二阶电路系统都可以通过各自的工作特点进行理论分析，形成一个相似的二阶微分方程模型：

$$a_0\frac{\mathrm{d}^2x(t)}{\mathrm{d}t^2} + a_1\frac{\mathrm{d}x(t)}{\mathrm{d}t} + a_2x(t) = y(t)$$

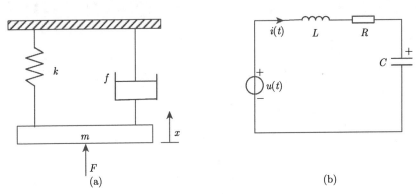

图 1-1　弹簧二阶阻尼系统和二阶电路系统

物理性能相似是指构成模型的元素和原系统的不同，但其性能相似。例如，可用一个电气系统来模拟热传导系统。在这个电气系统中电容代表热容量，电阻代表热阻，电压代表温差，电流代表热流，即图 1-1 所示的用二阶电路代替弹簧二阶阻尼系统对由弹簧及液压装置组成的机械悬挂系统进行仿真分析。

(2) 几何相似。

根据相似性原理把原来的实际系统放大或缩小。例如，12000t 水压机可用 1200t 或 120t 水压机作为其模型进行形变等仿真实验；大型飞机也可用缩小的模型来进行液体力学方面的仿真研究。

(3) 环境相似。

环境相似包括以下两类：一类是指通过模拟系统的运行环境，使人或设备能够及时感知当前环境的适应度，如驾驶员培训模拟器，它可以从视觉、听觉或触觉等方面使驾驶员具有一种身临其境的感觉；另一类模拟环境就是研究对象本身，从而研究环境的运行情况，如天气模拟系统。

1.1.3　仿真的分类

1. 按模型的性质分类

按模型的性质分类有物理仿真、数学仿真、数学–物理混合仿真。

1) 物理仿真

所谓物理仿真，就是采用一个与实际对象相似的实体作为模型所进行的仿真。这种模型是满足某些相似条件下的实物模型，有时也称为实物相似模型。物理仿真或实物仿真就是利用物理模型进行实验研究的过程。由于有实物参与，因此物理仿真是实时仿真。

相对数学模型而言,物理模型与实际系统有相似的物理性质,这些模型可以是按比例缩小的实物外形,可以是与原系统性能完全一致的样机模型。几何相似条件下的比例模型 (即把对象几何尺寸按比例放大或缩小的物理模型) 是一类重要的物理模型,如水池中的舰船模型和风洞中的飞机模型等。此外,在医学中药物进行某些疾病的控制作用的动物实验,以决定药物对人类的适用性,这也是一种物理仿真。在这种情况下,人就是真实系统,动物就是系统模型。

例如,为了确定新型飞机机翼的结构形状和尺寸,往往制作一个与实际结构相似但几何尺寸较小的模型,在气流场相似条件 (压力、气流速度) 的风洞中对其进行试验,根据得到的空气动力学的参数进行结果分析,从而确定结构形状及尺寸。而在新型飞机的研制过程中,为了获取真实系统飞行数据和气动参数而制造的原型机就属于样机模型。为了制造一个大型的发电机组,也是在同类型的、较小的发电机组上进行试验研究,用试验结果分析指导大型发电机组的设计和生产。所以物理仿真是以物理性能相似、几何相似以及环境相似为基础的仿真。

物理仿真能观测到无法用数学模型来描述的系统特性,它将系统的实际参数、非线性因素和干扰因素等引入仿真回路。因此,物理仿真更能反映系统的实际情况。物理仿真是设计复杂系统必不可少的试验手段,它的作用是数学仿真不能替代的,因为建立一个复杂系统完备的数学模型往往是不可能的。例如,新型飞机在空中试飞以前,必须在铁鸟台上进行严格的仿真试验,铁鸟台和飞机组成了一个物理仿真环境,它是设计新型飞机不可缺少的试验手段,世界各大飞机制造公司如波音/麦道、洛克希德·马丁、空中客车等,都有各自种类繁多的铁鸟台系统。

物理仿真的缺点是构造物理模型所需费用高、周期长、技术复杂,其次是在物理模型上进行试验,修改模型的结构及参数困难,实验限制条件多,容易受到环境条件的干扰。

图 1-2 所示为一个全物理仿真的简单实例。为了设计高质量的轧钢机主传动系统,可以按该系统的比例,用一台小功率的直流电动机来代替大功率的主传动直流电动机,用一个小容量的可控硅调速装置来代替大容量的可控硅调速装置。为了模拟轧钢主传动系统在突然加载时的情况,可以在小功率直流电动机轴上连接一台直流发电机,当开关 K 突然合上时,轴上就会产生一个突加的负载力矩 M_f,这样就组成了一个轧钢机主传动全物理仿真系统。

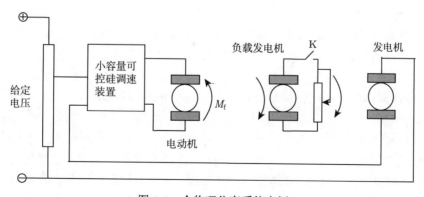

图 1-2　全物理仿真系统实例

2) 数学仿真

一个实际的物理系统可以用数学模型来描述，如单转子发动机的转子特性可以用一阶微分方程描述：

$$T_{\mathrm{e}}\frac{\mathrm{d}n}{\mathrm{d}t} + n = K_{\mathrm{e}}W_{\mathrm{f}}$$

式中，T_{e} 为发动机时间常数；K_{e} 为发动机燃油-转速放大系数；n 为发动机转子转速；W_{f} 为燃油供油量。

对于这个能近似描述实际物理系统的一阶微分方程，可以借助计算机求解，这就称为数学仿真。所以数学仿真就是系统的数学模型在计算机上运行的过程。

数学仿真应用性能相似、环境相似的原理，按照真实系统的数学关系构造系统的数学模型，并在数学模型上进行试验。数学仿真的特点是制作比较经济，修改参数方便，周期短，但形式抽象，直观性差，在数学模型的构造过程中对系统进行了一定程度的简化和理想化，因而其精度受到了影响。

显然，由于物理模型与数学模型的性质不同，它们的应用前提和范围是不同的。物理模型和数学模型都要求对过程的物理机理有所了解，数学模型则更要求用数学方程式将过程的物理规律表示出来。而发生在比例模型中的过程和真实系统中的过程，其物理性质是一样的，差别只是比例尺不同而已。因此，比例模型可以提供过程中还不十分清楚的物理机理的有用信息，而这正是数学模型所不能解决的。然而，采用物理模型一般花费大而且费时费力，当通过理论分析和已有的经验对过程的物理规律积累了足够多的知识后，就可以通过数学仿真的方法进行实验研究，而不必再诉之于物理仿真。

数学仿真最突出的一个优点是它可以通用计算机对不同领域中的各种问题进行仿真研究，而无需制作昂贵的系统和各种专用的物理效应设备，并利用计算机来再现评价实际系统的特性，可以在实时、欠实时或超实时条件下运行，尤其适用于研究开发、方案论证和系统设计阶段。

随着科学的发展和技术的进步，自动控制系统日益复杂，采用物理仿真制作的物理模型结构的难度、复杂度、精度都提高了，因而也增加了成本。与此同时，数学的数值分析逐步推广和发展、自动控制理论中现代控制理论分支的崛起以及计算机技术的发展，使用计算机进行数学模型实验的能力增强，使计算机在数学仿真中的应用日益普遍。数学仿真就是在计算机上对系统的数学模型进行实验，数学仿真离不开计算机，因此也称为计算机仿真。

3) 数学-物理混合仿真

在对某些系统的研究中，把数学模型与物理模型或实物连接在一起进行实验，即将系统的一部分建立数学模型，并运用到计算机中，而另一部分构造其物理模型或直接采用实物，然后将它们连接成系统进行实验，这种形式的仿真就称为数学-物理混合仿真或半实物仿真 (或实物在回路仿真)。这种仿真具有数学与物理仿真的共同优点，当然其费用必将大大增加。

在航空仿真技术中，除了采用物理仿真、数学仿真外，还采用所谓的含实物仿真 (又称半物理仿真)，即在仿真系统中，一部分是实物，另一部分是物理模型或数学模型。例如，在航空发动机控制系统的半物理仿真实验中，控制器、执行机构及传感器一般采用实物，而发动机采用数学模型或物理模型，这样可以检验控制器的控制规律是否满足要求，预调整控制器参数,减少台架试车次数,减少费用等。至于风险性试车及故障复现,更是可以将危险降至最小程度。操作人员或飞行员在系统回路中进行操作的仿真实验称为人在回路仿真,它主要有相应的形成人感觉环境的多种物理效应设备,在飞行器飞行动力学仿真实验中,被控对象的动态特性仍通过建立的数学模型在计算机上进行,这种仿真试验能对飞行器性能、回路中的操作人员的素质和技能或整个人–机系统作出评价。以上两种仿真必须实现实时运行。

在航空领域,仿真技术已成为继理论分析和实物实验后认识客观世界强有力的手段,可以把航空系统研制的某些过程放在实验中进行,它具有良好的可控性(时间比例尺和模型实验条件),无破坏性,安全且不受气候条件限制,具有经济性和可做多次重复实验等特点,近年来不仅广泛应用于概念研究、方案论证、分析、设计、制造、试飞、诊断、训练、维护等各个阶段,还应用于制定规划、作战预演以及管理等方面。

图 1-3 所示为一个半物理仿真的例子,这是一个飞机自动驾驶仪仿真系统,用于测试驾驶仪的性能。其中,飞机模型用计算机实现,回路中驾驶仪采用实物,飞行模拟转台模拟飞机的横滚、俯仰和偏航运动,气压高度模拟器模拟不同高度的大气静压,舵面角变换器将飞机自动驾驶仪的舵机转角变成相应的电压信号加载到飞机模型中。

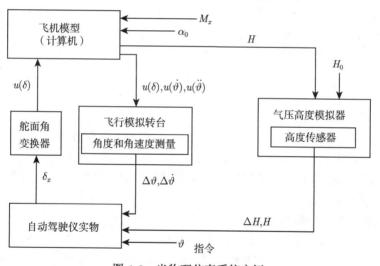

图 1-3　半物理仿真系统实例

2. 实时仿真与非实时仿真

按照仿真实验时间标尺 τ 与实际系统的时间标尺 t 比例来分类,将 $\tau/t=1$ 的仿真称为实时仿真,将 $\tau/t\neq1$ 的仿真称为非实时仿真。对于实时仿真,其运行速度与真实对象的运行速度是一致的。非实时仿真可能比真实对象的运行速度快(称为超实时),也可能慢(称为欠实时)。一般有实物介入的半实物仿真必须保证仿真是实时的,而无实物介入的纯计算机仿真可以为非实时仿真。

3. 按仿真系统所采用的计算机分类

根据仿真系统所采用的计算机分类,可将计算机仿真分为模拟计算机仿真、数字计算机仿真、数字–模拟混合计算机仿真。

1) 模拟计算机仿真

模拟计算机仿真利用模拟计算机来模拟对象的行为，把实际系统的各物理量用电压表示，通过各种电子运算部件来求解描述系统的数学模型，输入和输出均是连续的电压量，因此各物理量"连续"变化是模拟计算机仿真的突出特点，模拟计算机仿真更接近于实际连续系统。

模拟计算机仿真中模拟计算机各运算部件如积分器、加法器、函数发生器等是并联运行的，各个运算环节同时进行运算，其解题速度与被仿真系统的复杂程序无关，因此运算速度快是模拟计算机仿真的另一优点。

模拟计算机仿真的主要缺点是运算精度低，这是由于组成模拟计算机运算部件的元、部件，如运算放大器、电阻、电容等的本身精度较低，所以组合误差大。其次，对一些特殊环节，如纯延时、非线性或逻辑判断环节实现较困难，所以仿真的自动化程度低，只适用于低阶连续系统的仿真。

2) 数字计算机仿真

数字计算机仿真将数字计算机作为仿真工具。数字计算机具有强大的逻辑和计算能力，其发展为数学模型的建立与实验提供了较大的灵活性与便利性，凡是可以用数学模型进行实验的系统都可以用数字计算机研究系统的各种特性，选择最佳参数和设计合理的系统方案。因此现在计算机仿真一般都是指数字计算机仿真。

数字计算机在计算精度上远高于模拟计算机，而且它本身就有很强的逻辑判断能力和记忆能力。用数字计算机对控制系统进行仿真，其仿真模型不是物理电路，而是一组计算程序，容易修改参数和初始条件，非线性系统仿真也十分容易实现，还可以把寻优程序和仿真程序连接起来，以实现系统参数最优化。随着微型计算机和大规模集成电路的发展，通过数字计算机的功能越来越强，价格越来越便宜，加之大量仿真语言和仿真程序不断丰富和完善，数字计算机已经成为各种系统仿真研究的主要技术手段。因此，控制系统数字计算机仿真的原理和方法是本课程的主要内容。

3) 数字–模拟混合计算机仿真

数字–模拟混合计算机仿真利用混合计算机作为仿真工具，如把模拟机和数字机通过接口电路连在一起，构成一个混合计算机系统。数字–模拟混合计算机仿真用于特殊复杂对象的实时仿真研究，它综合了模拟计算机仿真和数字计算机仿真的优点。在数字–模拟混合计算机仿真中，根据被研究对象的特点，采用模块化的方法合理地分配子模块的仿真方法，并通过模拟–数字接口通道构成有机的仿真系统。但是随着数字计算机的计算能力和运算速度的不断提高，数字计算机仿真代替传统的模拟计算机仿真和数字–模拟混合计算机仿真是必然的趋势。

1.1.4　实物回路仿真、半物理仿真和人在回路仿真

纯粹的控制系统的数字仿真是对包含控制器和控制对象的数学模型进行的仿真计算。在控制系统的研制和性能分析过程中，为了获得更加接近真实控制系统的性能，通常开展实物在回路仿真实验。实物在回路仿真又称为硬件在回路 (hardware in loop, HIL) 仿真，它是指在条件允许的情况下尽可能多地在仿真系统中接入实物，以取代相应部分的数学模型，这样更接近实际情况，提高仿真置信度。这种仿真实验将对象实体的动态特性通过建立数学模

型、编程在计算机上运行，此外要求有相应的模拟传感器测量环境的各种物理效应设备。由于在回路中接入实物，实物在回路仿真实验一般是实时运行的。

在航空发动机控制系统仿真中，还有一类仿真称为半物理仿真。从广义上说，半物理仿真也是一种实物在回路仿真。在航空发动机控制系统半物理仿真实验中，控制器、执行机构及传感器一般采用实物，而发动机采用数学模型，这种仿真系统可以用于检验控制器、传感器和执行机构的性能，预调整控制器的参数，减少台架试车次数，减少费用。半物理仿真也是实时运行的。

与实物在回路仿真技术类似的另一种仿真技术是人在回路仿真。这是一种含操作人员在系统回路的交互式仿真实验。实验回路中的被控对象的动态特性仍通过建立的数学模型在计算机上运行，此外，需要相应地形成人感觉环境的多种物理效应设备。这种仿真实验广泛应用了虚拟现实 (virtual reality，VR) 技术。虚拟现实是一种由计算机全部或部分生成的多维感觉环境，给参与者产生各种感官信息，如视觉、听觉、触觉等，使参与者有身临其境的感觉，能体验、接收和认识客观世界中的客观事物。虚拟现实系统由以下部分构成：高性能计算机系统、三维视觉图像生成和立体显示系统、立体音响生成与扬声系统、力反馈触觉系统、人体姿态、头、手的位置测量跟踪系统等。上述典型设备有头盔式跟踪显示器、数据手套等。虚拟现实系统具有沉浸、交互、构想 (immersion、interaction、imagination) 三个基本特征。以虚拟现实技术创建的虚拟环境，特别强调人参与其中的身临其境的沉浸感，同时人与虚拟环境之间可以进行多维信息的交互作用，参与者从定性和定量综合集成的虚拟环境中可以获得对客观世界中客观事物的感性和理性的认识。

鉴于实物在回路仿真技术对控制系统的研制具有重要指导作用，本书将航空发动机控制系统实物在回路仿真技术单独列为一章。而人在回路仿真技术，由于涉及计算机的虚拟现实技术，已经超出本书的研究范围。

1.1.5 计算机仿真系统的三要素

计算机仿真主要由系统、模型、计算机三部分组成，常称为计算机仿真的三要素，三者之间的关系如图 1-4 所示。

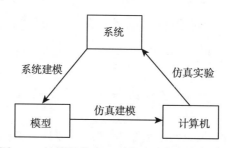

图 1-4　计算机仿真三要素及三者之间的关系

通过专业理论知识的学习可以完成系统建模，形成的数学模型和实际系统相似，但是由于计算机数据离散的要求和计算机仿真的实时性、可信性等要求，在进行计算机仿真时，需要考虑已经建立的数学模型是否满足仿真的要求，是否需要将系统模型转换为计算机系统认可的具有一定相似性的计算机仿真模型，然后才能开展仿真实验。

1.2 数字仿真的基本过程

为了能将一个实际的控制系统在数字计算机上进行仿真运行,必须进行以下五个步骤:

(1) 建立所研究的控制系统的数学模型,这一过程称为一次模化过程,它是仿真的准备,但严格来讲,它不属于仿真的内容;

(2) 根据所采用的数字计算机和所要求的仿真精度,将系统的数学模型转换为能够在数字计算机上运行的仿真模型;

(3) 按系统的仿真模型编写能够直接在数字计算机上运行的程序。根据使用要求,程序可以用仿真语言编写,也可以用高级语言,如 FORTRAN 语言、C 语言和 BASIC 语言,甚至可以用汇编语言编写;

(4) 按照预定的实验要求,使仿真程序运行,即进行仿真实验;

(5) 根据仿真实验的要求,对仿真模型、仿真程序进行校核、验证和确认 (verification, validation and accreditation,VVA)。

第 (2) 步和第 (3) 步称为二次模化过程,它正是数字仿真所要研究的问题,也是数字仿真的核心内容。

仿真技术在各类工程系统中起着越来越重要的作用,关于系统建模和仿真的 VVA 已成为仿真技术中的重要步骤和仿真技术发展的重要课题。

整个仿真过程如图 1-5 所示。

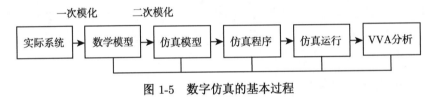

图 1-5 数字仿真的基本过程

例如,对单转子涡轮喷气发动机的燃油–速特性进行数字仿真,以求出在燃油供油量阶跃变化时转速的响应。按照上述五个步骤进行。

(1) 建模。单转子发动机的转子特性可以用一阶微分方程描述:

$$T_e \frac{\mathrm{d}n(t)}{\mathrm{d}t} + n(t) = K_e W_f(t)$$

式中,$n(t)$ 和 $W_f(t)$ 分别为发动机转速和供油量的相对增量;K_e 为发动机燃油–转速稳态增益;T_e 为发动机的时间常数。设 K_e=1.0kg/s,T_e=0.5s。

(2) 模型变换。按照对发动机仿真精度的要求,可以采用 Euler 数值积分法将传递函数形式的数学模型转换成仿真模型,即差分方程:

$$n(k+1) = (1.0 - h/T_e)n(k) + K_e h/T_e W_f(k)$$

(3) 编程。采用 C 语言编写。在程序中,h 为计算步长,L 为仿真计算次数。程序如下:

```
main()
{
```

```
double n, n1, Wf, Ke, Te, h, t, Error;

Ke = 1.0;
Te = 0.5;
h = 0.25;
Wf = 1.0;
for( t=0; t<5; t=t+h )
{
n= (1.0-h/Tf ) * n + Ke*h/Te * Wf;        //n为仿真解
n1 = Ke * (1-exp(-t/Te)) * Wf;            //n1为解析解
Error=fabs (n-n1) / n1 * 100;             //计算仿真解与解析解的百分比误差
printf("%t=%6.2f  n=%8.4f  n1=%8.4f  E=%8.4f\n",t,n,n1,Error);
}
}
```

(4) 运行。将所编制的程序在数字计算机上运行，可以获得以下结果：

```
t=  0.00 n=  0.5000 n1=  0.0000 E= 100.0000
t=  0.25 n=  0.7500 n1=  0.3935 E= 90.6121
t=  0.50 n=  0.8750 n1=  0.6321 E= 38.4230
t=  0.75 n=  0.9375 n1=  0.7769 E= 20.6766
t=  1.00 n=  0.9688 n1=  0.8647 E= 12.0376
t=  1.25 n=  0.9844 n1=  0.9179 E=  7.2403
t=  1.50 n=  0.9922 n1=  0.9502 E=  4.4174
t=  1.75 n=  0.9961 n1=  0.9698 E=  2.7110
t=  2.00 n=  0.9980 n1=  0.9817 E=  1.6668
t=  2.25 n=  0.9990 n1=  0.9889 E=  1.0246
t=  2.50 n=  0.9995 n1=  0.9933 E=  0.6292
t=  2.75 n=  0.9998 n1=  0.9959 E=  0.3858
t=  3.00 n=  0.9999 n1=  0.9975 E=  0.2363
t=  3.25 n=  0.9999 n1=  0.9985 E=  0.1445
t=  3.50 n=  1.0000 n1=  0.9991 E=  0.0882
t=  3.75 n=  1.0000 n1=  0.9994 E=  0.0538
t=  4.00 n=  1.0000 n1=  0.9997 E=  0.0328
t=  4.25 n=  1.0000 n1=  0.9998 E=  0.0200
t=  4.50 n=  1.0000 n1=  0.9999 E=  0.0121
t=  4.75 n=  1.0000 n1=  0.9999 E=  0.0074
```

(5) VVA 分析。由运行结果可以知道，当步长 $h=0.25s$ 时，仿真误差较大，$E_{max}=27.07\%$。减少误差的办法有：① 减小积分步长，当积分步长 $h=0.01$ 时，$E_{max}=1.0\%$；② 改用其他的模型转换方法。

由上面的例子可见，数字仿真是研究数学模型在数字计算机上运行过程，即主要解决二次模化的问题，由此，可以给出数字仿真的定义如下：将一个能近似描述实际系统的数学模型进行二次模化，使之成为仿真模型，然后将其放在数字计算机上进行运行，该过程称为数字仿真。

显然，数字仿真的精度不仅取决于二次模化技术，而且取决于一次模化技术，换言之，数字仿真的精度至多只能与数学模型的精度一致。除此之外，所采用的数字计算机的性能对数字仿真的结果和运行速度也有一定的影响。学习数字仿真技术就是研究二次模化的各种原理和方法，并了解仿真的种类和计算机的性能可能对仿真精度的影响。

1.3　仿真技术的发展与趋势

1.3.1　仿真技术的发展

仿真技术经过半个多世纪的发展，从研究简单系统开始到现在已经成为人们研究复杂系统的有力工具，大致经历了三个阶段。

(1) 发展阶段。第二次世界大战末，火炮控制与飞行控制动力学系统的研究促进了仿真技术的发展，20 世纪 40 年代研制成功了第一台通用电子模拟计算机。50 年代末到 60 年代，导弹和宇宙飞船的姿态及轨道动力学的研究、仿真技术在阿波罗登月计划及核电站的广泛应用以及 50 年代末第一台混合计算机系统用于洲际导弹的仿真共同促进了仿真技术的发展。

(2) 成熟阶段。在军事需求推动下，20 世纪 70 年代中期，仿真技术不但在军事领域迅速发展，而且扩展到许多领域。在这个时期出现了用于培训民航客机驾驶员和军用飞机飞行员的飞行训练模拟器和培训复杂工业系统操作人员的仿真系统等产品，相继出现了一些从事仿真设备和仿真系统生产的专业化公司，如美国的 GSE 公司、E&S 公司、ABB 公司、Dynetics 公司等，使仿真技术达到了产业化阶段，这标志着仿真技术进入了成熟阶段。70 年代末，国际政治军事格局的改变为仿真技术的发展创造了新的机遇。一方面，随着世界范围内冷战状态的缓和，各国政府纷纷把投资重点转向了本国的经济建设，并开始大规模地削减常规军队，大规模的军事演习不仅受到政治环境的约束，同时受到经济状况的制约，与之相矛盾的是现代战争越来越强调部队联合作战能力的培训以及战略战术的运用；另一方面，现代武器系统装备越来越复杂，武器系统研制的费用越来越高，研制周期越来越长，培训使用操作人员的时间也越来越长，必须找到研制开发新武器系统的更加有效的途径和方法，形成一个新武器的决策者、开发者与使用者协调配合、共同参与的武器研制体系，缩短武器系统研制开发的周期和成本，这成为各国军方都在探索的问题。仿真技术为解决这些问题提供了一条有效的技术途径。同样，随着技术的进步，工业生产设备越来越复杂，操作水平要求越来越高，面临着与武器系统装备同样的问题。这种技术需求推动了仿真技术的快速发展。

(3) 高级阶段。20 世纪 80 年代初以美国国防高级研究计划局 (DARPA) 和美国陆军共同制定和执行的 SIMNET (simulators network) 研究计划和美国三军建立的先进的实物在回路仿真实验室为标志，仿真技术发展到了一个新的高级阶段。SIMNET 计划是分布交互仿真的初型和开始。到 90 年代，各个部门相继建设分布交互仿真系统、并行分布交互仿真系统和聚合级仿真系统。这些仿真系统绝大多数是针对某领域的具体需求而建立的，它们之间不能互操作，其应用和各组件也不能在新的仿真应用和开发中得到重用。随着国防工业和工业系统的发展，被仿真的系统日益复杂，规模越来越大，若各应用部门根据各自的需要完全从头开始开发大型仿真系统，工作效率低，财力人力浪费大，且模型和仿真结果的准确性、可信度难以保证。为了更好地实现信息和资源的共享，促进仿真系统的互操作和重用，到 90 年代，以美国为代表的发达国家在分布交互仿真、先进的并行分布交互仿真以及聚合级仿真的基础上，仿真技术开始向仿真的高层体系结构 (HLA) 发展。HLA 是促进所有类型仿真之间互操作、仿真模型组件重用的高级协议。

1.3.2　国内外技术现状

1. 国外现状

以美国为代表的发达国家高度重视仿真技术的发展和应用，美国国防部一直将仿真和建模技术列为国防关键技术。1997 年度的 "美国国防技术领域计划" 将建模与仿真列为提高军事能力的四大支柱 (战备、现代化、部队结构、支持能力) 的重要技术。美国三军先后建成了：为满足红外成像制导武器仿真需求的红外制导实物在回路仿真系统；为满足雷达寻的制导研制需求的毫米波实物在回路仿真系统 MSS-2，它是当今世界上规模最大、技术最先进的射频仿真系统，可以满足地空导弹毫米波精确制导仿真的需求，用于爱国者 PAC-2 和 PAC-3 型导引头实物在回路仿真。复合制导是精确打击武器装备的标志性发展，支持复合制导武器的仿真技术，成为当今最具挑战性的仿真技术。美国于 1995 年成功研制了共孔径的毫米波和红外双模制导实物在回路仿真系统。1983 年，美国国防高级研究计划局和美国陆军共同制定了 SIMNET 研究计划，此计划是将分散在多个地点的地面车辆 (如坦克、装甲车等) 仿真器用计算机网络连接起来，进行各种复杂任务的策划和训练，以演示、验证实时联网的人在回路中的作战仿真和作战演习的可行性，最终达到降低训练成本、实现作战计划、提高训练安全性及减小对环境的不良影响的目的。1989 年，SIMNET 最终移交给美国陆军时，已经连接了 9 个操作性仿真节点 (5 个分布在美国、4 个分布在欧洲) 和 2 个开发仿真节点，大约有 250 台地面车辆模拟器和飞机飞行模拟器。SIMNET 作为一套训练系统，目前仍在发挥作用。SIMNET 计划的完成，标志着仿真技术进入了分布交互仿真阶段，为分布交互仿真的发展奠定了基础。此后，在 20 世纪 90 年代，美国在 HLA 的基础上相继建立了 JADS(joint advanced distributed simulation)、JWARS(joint warfare system)、JSIMS (joint simulation system) 等应用系统。欧洲对于仿真技术的研究也十分重视。北大西洋公约组织 (NATO) 对应于美国分布交互仿真工作组成立了相应的研究机构进行跟踪研究，并制定了建模与仿真的计划。美国等西方国家除军事用途外的其他行业中的仿真技术及应用都处于世界领先水平，如飞机模拟器、车辆运输仿真、电力系统、石化工业仿真系统等。

近年来，国外航空仿真已由单台独立使用的模拟器转向多台模拟器联网组成的模拟器。自 2006 年来，美国海军航空兵部队大量装备了分布式任务训练系统 (DMT)，其中仅 F/A-18C 任务训练器就有 8 台。每一台都配置了 360° 板块式视景显示系统。将这些任务训练器联网并连入同一个具有现代武器威胁的作战环境中。系统由任务操作中心控制，并有完整复现训练任务的能力。在基于网络的模拟系统为平台的基础上，实现以指挥员为核心作战单元的作战仿真。模拟训练与实装训练甚至和实战结合更为密切。近年来，美国在中东几次大的军事活动，都是利用卫星照相和情报机构获取的信息，在模拟系统上进行反复模拟之后进行的，以达到既提高攻击效果又尽可能减少平民伤亡的目的。

2. 国内现状

通过几个五年计划的努力，我国仿真技术得到了快速发展，并取得了突破性成果。在国防工业领域，建成了不同类型的实物在回路仿真系统。实物在回路仿真系统的应用在国防工业产品研制、生产、使用、维护过程中发挥了巨大作用。例如，中国航天北京仿真中心，它的规模在亚洲是最大的，总体性能指标达到当代国际先进水平，已先后为我国长征运载火箭等工程的研制进行过上万次的仿真实验，取得了重要的关键性成果。某型导弹在研制过程中充分利用仿真技术，在短短的四年时间内完成了研制和定型，只打实弹 40 余发 (传统的研制和定型需打 100 发)。在军事领域建立了指挥、作战、训练的仿真系统及实物在回路仿真实验室。仿真技术的应用为我军部队指挥、作战、训练提供了有效的工具，为我军现代化建设作出了重要贡献。在先进分布交互仿真技术方面，我国初步建成了分布交互综合仿真系统。该系统是一个含有灵境技术的、开放的、支持分布交互仿真的支撑环境，支持复杂系统设计、运行和评估，并开始应用于实际系统的研制和开发工作。在民用工业中，我国已自行研制了生产电力工业的大型电站 (200MW、300 MW、600MW) 仿真系统、交通运输仿真系统、石油化工过程仿真系统等。我国仿真技术经过多年的努力已有了长足发展，在某些方面达到了国际先进水平。但是，我国的仿真技术总体水平与世界发达国家相比仍存在较大差距，在技术上面临的难点及关键技术有：大系统仿真技术，大型复杂系统建模，验模方法，模型标准与规范及面向的建模方法，系统仿真精度和置信度的实用分析技术；并行/分布式仿真计算机系统，算法和软件；关键仿真设备 (如红外动态图像目标模拟，线加速度环境仿真)，多媒体仿真技术和灵境技术及其应用。

虚拟样机 (virtual prototyping, VP) 技术是近十几年发展起来的一种针对产品设计和测试评估的新技术，已经广泛应用于航空航天和武器系统等各个领域。另外，工程模拟器在新机研制中的作用越来越大。在 ARJ 飞机新机研制过程中，用仿真技术研制了工程模拟器，对前期飞控系统、空气动力与飞行力学特性、飞机总体性能、操控稳定性及部分机载系统的特性进行了同步的反复验证试飞，并在后期的飞行首飞训练中起到辅助作用。在新型号军机设计过程中，所有型号都进行了工程模拟实验。此外，虚拟制造、虚拟测试、虚拟试飞都取得了长足的进展。

总之，我国仿真技术在仿真建模理论、建模与验模技术、VVA 技术、图像生成技术以及虚拟样机技术等方面都得到了不断的发展。另外，工程模拟器在航空产品的设计开发过程中也得到大量的应用。各类飞行仿真系统的应用产生了巨大的政治、经济、国防效益。在国际市场上的竞争中，我国已成为仿真器的出口国。我国空军大型飞行训练仿真系统已基本覆盖各类型战机。另外，从单武器平台的驾驶训练发展到多台航空飞行训练仿真系统在作战环境下的联网体系对抗仿真已取得显著成效。飞行模拟器已直接或间接地增强了部队的战斗力。

1.3.3　仿真技术的发展趋势

突飞猛进的计算机软硬件技术带动了仿真技术的飞速发展。近几年,仿真技术领域的新技术、新成果展示了良好的发展前景。

(1) 面向对象的仿真建模。与传统的人工建模相比有了很大的进步,它最大限度地调动了计算机的符号处理能力,加快了人们认识和转换仿真对象的速度。这种方法可以充分提升系统的建模能力。最重要的是,仿真技术容易掌握和使用,实际操作的技术人员可以利用仿真技术更好地为系统服务。

(2) 分布式仿真。分布式仿真通过计算机网络连接分散在各地的仿真设备,构成空间与时间互相耦合的虚拟仿真环境。分布式仿真系统可以理解为由多个子模型组成的仿真模型。在分布式仿真系统中,这方面的现有技术包括动态、静态数据分割技术、功能分割技术、避免通信闭锁技术等。

(3) 智能仿真。在建模、仿真模型设计、仿真结果的分析和处理阶段,引入知识表达及处理技术,使仿真、建模的时间缩短,在分析中提高模型知识的描述能力,引入专家知识和推理帮助用户作出优化决策;运用智能仿真可以及时修正、维护辅助模型,实现更好的智能化人机界面,使计算机与人之间的沟通变得人性化,增加自动推理学习机制,从而增强仿真系统自身的寻优能力。

(4) 其他仿真。可视化仿真更加形象直观地显示了仿真全过程,有效辨别仿真过程的真实性和正确性,而且结果简单,方便理解。动画仿真本质上也属于可视化仿真。将声音加入可视化仿真就同时得到了视觉和听觉的多媒体仿真。而在多媒体仿真的基础上,植入三维动画,强调交互功能,又可以得到支持触觉、嗅觉、味觉的虚拟现实仿真。随着科技的不断发展,仿真技术将更好地为人类服务。

计算机仿真技术是在实际需要的引导下,在不断进步的计算机技术、多媒体技术等相关技术的支持下,融合了新的建模与仿真方法而逐渐进步发展起来的。计算机仿真技术的发展从简单的原型到物理模型逐渐发展到动态显示仿真结果再到现在的可视化交互仿真。随着计算机科学技术的迅猛发展,以及多媒体、虚拟现实、人工智能、面向对象法、可视化与图形界面等方面对仿真技术的显著影响,仿真技术的发展与应用都会取得优异的成绩。完全可以相信,计算机仿真技术在我们生活中的应用越来越广泛,对社会各行业的发展起到很好的促进作用,给生活带来更多的便利。

1.4　仿真技术的应用

相对于真实系统的实验,系统仿真具有一系列独特的优越性:具有风险小、经济性好的特点;不受环境气候等条件的限制,可进行重复性实验;在时间比例尺和参数设置方面具有良好的可控性,可开展极端条件下的仿真实验。

计算机技术的进步带来了仿真技术的巨大发展,于是,仿真技术已经成为科学研究和技术开发的重要手段。利用仿真技术可以针对研究项目开展概念研究、方案的可行性研究、系统的分析与设计、系统的开发、系统的测试与评估、操作人员的培训、系统的使用与维护等各项工作。

就控制系统仿真而言，它可以开展以下工作：

(1) 建立新的控制系统，如新的控制系统研制、更新元件和控制规律、新产品及新设备调试等；

(2) 对控制系统进行故障排除，如进行故障现象的复现、排故方案的论证；

(3) 人员培训，如采用仿真器对汽车、飞机、宇航人员的培训等。

随着仿真技术的发展，仿真技术的应用目的趋于多样化、全面化。最初仿真技术仅是作为对实际系统进行实验的辅助工具而应用的，而后又用于训练目的，现在它的应用领域已经发展到军用以及与国民经济相关的各个重要领域。

1. 军事领域

以武器装备研制为例，仿真技术在武器装备研制过程中的应用，使得在新武器研制计划开始前，能够充分利用仿真系统检验武器系统的设计方案和战术、技术性能的合理性，避免在实际研制过程中出现的方案不合理现象，缩短研制周期，并支持技术评估、系统更新、样机研制，使得能够以较低的代价提高武器装备的战术性能。各用户 (包括武器装备的研制部门、采购部门、训练部门和军事使用部门) 可在合成环境中按需要综合应用各种仿真手段进行演习、训练和实验，鉴定现有的和研制中的武器装备的性能、战术部署和后勤保障。如今，在武器装备研制生产过程中已规定将仿真系统列为必需的装备。

在军事训练中，分布式仿真系统通过联网技术将分散在各地在回路中由仿真器、计算机生成的兵力以及其他设备连接为一个整体，形成一个可以在时间和空间上互相耦合的虚拟战场合成环境，参与者可以自由地交互作用。这样，过去主要依靠野战演习完成的任务可以利用计算机、仿真器和人工合成的虚拟环境来进行。技术的进一步发展还将把野外演习的部队和这种仿真器联系起来进行演习。利用仿真器产生动态的、直观的环境，配合仿真的地形、烟雾和"敌人"的武器装备，使部队能够进行生动逼真的军事演习。

在先进概念与军事需求分析方面，对于未来军事行动中在条令、训练、指挥人员培养、组织、装备和士兵发展等方面的需求，可以通过仿真和使用真实部队的士兵体验来评估技术综合集成的影响。

2. 工业领域

同军事领域的需求和推动一样，由于工业系统的复杂性、大型化，出于安全性、经济性考虑，仿真技术已广泛应用于工业领域的各个部门。在大型复杂工程系统 (项目) 建设之前的概念研究与系统的需求分析过程中，都发挥着越来越重要的作用。电力工业中，随着单元发电机组容量越来越大，系统越来越复杂，对它的经济运行、安全生产提出了更高的要求，仿真系统是实现这个目的的最佳途径。通过仿真系统可以优化运行过程，可以培训操作人员。电站仿真系统已成为电站建设与运行中必须配套的装备。核电站的运行必须保证安全性，操作人员的技术素质、技能是保证安全运行的前提，培训提高操作人员素质、技能的有效手段是运用仿真培训系统。在经济全球化、贸易自由化和社会信息化的今天，在技术更新速度加快的新形势下，制造业的经营战略发生了很大变化。如何在最短的时间内，以最经济的手段开发出能够被用户接受的产品，已成为今天市场竞争的焦点。虚拟制造是解决这个焦点问题的有效技术途径。虚拟制造是采用建模技术在计算机及高速网络支持下，以及在计算机群组协同工作下，通过三维模型及动画实现产品设计、工艺规划、加工制造、性能分析、质量检验以及企业各级过程的管理与控制的仿真产品制造过程。虚拟制造是对已有的或未来的制造活动进行的仿真过程，所进行的过程是仿真的，所生产的产品也是仿真的。仿真技术将在制造企业中发挥重要的作用。

3. 其他应用领域

在为武器系统研制作战训练和工业过程服务的同时，仿真技术的应用正不断向交通、教育、通信、社会、经济、娱乐等多个领域扩展。近年来，国内研制了能够表述交通流特征和交通流质量的交通仿真软件平台，可以对交通规划、交通控制设计、交通工程建设方案等进行预评估。在"引黄入晋"输水工程中，建立了全系统运行仿真系统。利用仿真系统验证了工程设计，提出了现有工程设计中影响运行的重大问题，寻找调度运行最佳模式等。在医学仿真方面，建立了有关人体的生物学模型和三维视觉模型，为深入开展人体生命机理研究和远程医疗工作提供了有力的工具。为了满足大容量、高速度通信网络研究的需要，对通信仿真的方法和软件开展了广泛的研究，为提高通信网络的性能和网络方案的优化提供了重要的分析和验证工具。此外，仿真技术和虚拟现实技术在娱乐业中亦显示出广阔的发展前景。

下面从航空发动机控制的角度来说明仿真技术的应用。在航空发动机控制系统的设计、研究和使用过程中采用的仿真技术情况如表 1-1 所示。

表 1-1 航空发动机控制系统研制中使用的仿真技术

研制阶段	控制器	发动机	仿真方法
概念设计	简单模型	定点模型	数字仿真
初步设计	非线性模型	非线性模型	数字仿真
详细设计	实验板	全包线非线性模型	数字仿真实物在回路仿真
实物研制	实物或实验板	全包线非线性模型物理效应设备	数字仿真实物在回路仿真
产品生产	产品实物	物理效应设备	实物在回路仿真
使用中的问题	非线性模型产品实物	非线性模型物理效应设备	数字仿真实物在回路仿真

可见，在航空发动机控制系统的研制、生产和使用的各个阶段，仿真均起着重要的作用，无论控制器是机械液压式、气动式、电子式，还是数字控制式，通过仿真均可获得系统的各种特性。随着仿真技术的发展和普及，仿真已应用在航空发动机控制系统的研制和使用全过程中。当然，尽管仿真是控制系统研制中的一个重要步骤，但它毕竟不能代替发动机的台架试车和高空试车。仿真的目的在于预计一个控制系统在正常及非正常工作条件下所能得到的品质，从而减少进行真实控制系统试车的次数。

习 题

1.1 系统仿真有何意义？试举例说明控制系统数字仿真的步骤。

    1.2　试举例说明自己所熟悉的生产、研究和社会活动中所使用的仿真技术，并说明各属于什么仿真，有何特点？

    1.3　试比较物理仿真、半物理仿真、模拟计算机仿真以及混合仿真的特点。

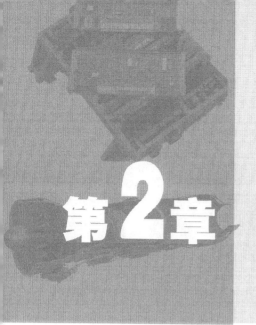

第2章 数值积分法仿真连续系统

控制系统数字仿真是对所建立的控制系统的数学模型进行数值求解。随着控制系统仿真理论的日趋完善，将描述连续系统特性的数学模型转化为能直接据此编程进行数字仿真的差分方程的方法也日趋繁多，并使数字仿真的精度和速度日益提高。本章首先介绍数字仿真中常采用的控制系统数学模型的几种基本形式以及相互转换的方法；然后介绍在工程设计和分析中最常用的连续系统数字仿真技术，即数值积分法。有关数字仿真程序的一般结构和典型仿真程序及程序设计中的若干问题也在本章叙述。

2.1 系统和模型

2.1.1 系统

在生活、工作等各个方面，我们都离不开系统这样一个话题，它是人们对某个事物、某个事件进行分析研究的一个载体。作为计算机仿真技术的载体和研究对象，系统是计算机仿真技术中不可或缺的部分，只有确定好系统的内涵和外延才能够对科学研究及工程设计的各个方面进行归纳综合、协同、集成等方面的工作，而对于研究对象的本身，由于各个专业、各个层次的研究目标不同，对于系统的定义往往千差万别，作为一般的系统可以定义为：相互关联又相互作用着的对象的有机组合，该有机组合能够完成某项任务或实现某个预定的目标。

从以上定义可以看出，作为科学研究及工程设计的系统主要由以下三个要素组成。

(1) 对象。

系统是由一些相互联系的对象组合而成的，这些对象又称为实体。它既可以是一个物理实体，也可以是一个经济运行的某个模式。例如，控制某个加热的锅炉水温达到100℃，其系统框图如图2-1所示，该加热炉温度控制系统就是由比较器、调节器、加热炉、温度传感器等装置组合而成的。

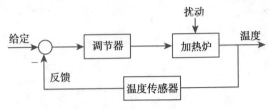

图 2-1　加热炉温度控制系统结构框图

〇代表比较器

(2) 属性。

属性是指组成系统的每个对象特定的属性。水温控制系统中的温度、偏差值、干扰量、燃料量等就是实体的属性。

(3) 活动。

对象之间的相互关联、相互作用以及为完成某个目标而进行系统内部和外部之间的互动都是系统的活动。在温度控制系统中，以调节电压或燃料的输入作为主要的活动。

以上这些构成了系统的三个要素，系统就可以完成某项任务或实现某个预定的目标，达到研究和设计的目的。

2.1.2　系统的数学模型

为了了解控制系统的性能，必须对系统进行实验或进行仿真，而要进行控制系统仿真的第一步就是建立系统的模型。所谓模型，实质上就是物理系统的一种简化的并能够反映出系统本质的表达形式，它可以以数学的形式，也可以以物理的形式甚至语言的形式来表示实际的物理系统。从仿真角度讲，系统的模型应该由数学形式和物理形式来表征。这种能描述或表征系统主要特征的数学方程或物理结构就是我们所说的数学模型或物理模型。

数学模型是仿真的基础，数学模型的定义是：一个被简化或理想化的系统中的各物理变量之间关系的数学结构，如代数方程、微分方程和差分方程等。真实的物理系统都是相当复杂的，它和许多因素有关。当为了理论分析或仿真研究的需要而建立系统的数学模型时，必须给予合理的简化和理想化，使得所得到的抽象模型一方面能够反映客观过程中对所研究的问题是最本质的东西，另一方面也便于进行理论分析或仿真研究。例如，一个控制系统，除了作用于它的给定信号和负载外，还受到许多难以估计的其他环境因素的影响，因此，决定系统中真实过程的变量是非常多的。这些主要的及次要的因素共同作用的结果，使得描述系统运动的数学方程式具有非线性、变系数、分布参数，甚至带有随机噪声。为了便于进行分析和研究，在建立数学模型时，尽可能将缓慢变化的参数取为常数，把物理量在空间的连续分布集中起来考虑，把不显著的随机噪声略去不计，而且尽量使得非线性方程能够线性化(至少在小偏差范围内)，或者减少非线性环节的数目和简化非线性函数的形式，但是这样得到的数学模型仍然应在所要求的精度范围内代表实际系统，而不会导致不允许的误差。这种按照真实系统建立数学模型的过程就是一次模化过程。有关模化的建模及系统辨识内容不属于本书研究范围，将由有关课程介绍。

2.1.3　数学模型的分类

在计算机仿真中所面对的对象主要是数学模型，常用的数学模型可以从下面两个方面进行讨论。

(1) 根据模型的时间集合分为连续时间模型和离散时间模型。

连续时间模型中的时间用实数来表示，即系统的状态可以在任意时刻点获得；离散时间模型中的时间用整数来表示，即系统的状态只能在离散的点上获得。离散的时间实际只是一种整数的表示方式，不是绝对的时间概念。

(2) 根据模型的状态变量分为连续变化模型和离散事件模型。

系统的状态如果是随时间连续的变化，即为状态连续的系统模型，连续状态系统可以由微分方程、差分方程和积分方程描述。离散事件模型中，状态的变化是不连续的，它只能在某特定或随机的时刻变化，而在两个相邻的时刻之间要么系统保持状态不变化，要么找不到系统的状态。离散状态系统可以由时序逻辑方程描述。

按照上面的方法对模型进行分类，可以用各类模型中状态变量的轨迹特征形象地表示，如图 2-2 所示，即系统数学模型分为连续状态连续时间系统、连续状态离散时间系统、离散状态连续时间系统和离散状态离散时间系统。

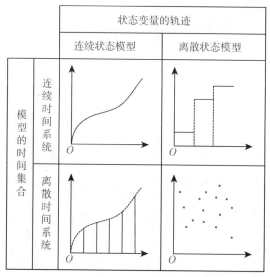

图 2-2　连续系统模型与离散系统模型的状态轨迹描述方式

本书所要讨论的数字仿真主要针对连续状态系统，有关离散状态系统的数字仿真的内容不在本书的研究范围内。因此，后面研究的连续系统是指连续状态连续时间系统；而连续状态离散时间系统则称为离散系统或采样系统。

从模型的性质上还可以将数学模型分为静态模型和动态模型。

系统的静态模型给出了系统处于稳定状态时系统属性间的数学关系。这时如果由于任何一种属性的改变使系统的这种稳定态被打破，那么模型都能使所有的属性得到一组新值，但是不能表示出从旧值到新值的变化规律。在控制系统中，静态数学模型一般用代数方程来描述。

动态系统的数学模型的特性就是可以使系统属性的变化作为时间的函数。连续动态系统的数学模型可以用微分方程来描述，离散动态系统的数学模型可以用差分方程来描述。

例如，描述行驶中汽车轮胎振动的方程就是一个动态数学模型：

$$\ddot{x}(t) + 2\zeta\omega\dot{x}(t) + \omega^2 x(t) = \omega^2 F(t)$$

式中，$2\zeta\omega = D/M$；$\omega^2 = K/M$，方程的解可以写成 $x(t)$ 的表示式。图 2-3 所示为 $t = 0$ 时稳定外力作用下汽车振动 $x(t)$ 的变化，以及突然的外力作用下汽车轮胎的反应。ζ 称为阻尼率，图中画出了 ζ 取不同值时的曲线，可以看出当 $\zeta < 1$ 时，汽车轮胎反应的振动呈衰减振荡形式。

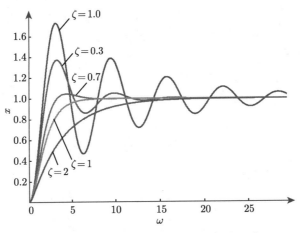

图 2-3 ζ 取不同值时汽车振动的变化形式

为了能将系统的数学模型在计算机上进行系统仿真，还必须进一步把系统的数学模型转换为能在计算机上进行计算求解的仿真模型。严格来讲，所谓仿真模型应该是用于模拟计算机的排题图和用于数字计算机的仿真程序。但有时为了方便，也将由系统方块图改绘成模拟结构图，甚至干脆把据以编制仿真程序的差分方程组表示的计算流程，都称为仿真模型，对仿真模型也要进行校核和验证。

2.2 连续系统的数学模型与仿真模型

2.2.1 微分方程与状态方程

从数字仿真角度讲，描述系统的数学模型可以分为两类：一类是面向系统微分方程的；另一类是面向系统结构图的。在面向系统微分方程的数学模型中，常采用的形式有微分方程、传递函数及状态方程。下面简单说明三者之间的关系。

(1) 微分方程。

一个连续系统的动态过程可以由以下高阶微分方程表示：

$$\frac{\mathrm{d}^n y}{\mathrm{d}t^n} + a_1 \frac{\mathrm{d}^{n-1} y}{\mathrm{d}t^{n-1}} + \cdots + a_n y = c_0 \frac{\mathrm{d}^{n-1} u}{\mathrm{d}t^{n-1}} + c_1 \frac{\mathrm{d}^{n-2} u}{\mathrm{d}t^{n-2}} + \cdots + c_{n-1} u \tag{2-1}$$

式中，y 为系统的输出；u 为系统的输入变量。

(2) 传递函数。

如果式 (2-1) 表示的系统是零初值条件，即 y、u 的各阶导数初值均为零，则对式 (2-1) 进行拉普拉斯变换，有

$$G(s) = \frac{Y(s)}{U(s)} = \frac{c_0 s^{n-1} + c_1 s^{n-2} + \cdots + c_{n-2}s + c_{n-1}}{s^n + a_1 s^{n-1} + \cdots + a_{n-1}s + a_n} \tag{2-2}$$

式中，$Y(s)$ 为输出变量 $y(t)$ 的拉普拉斯变换；$U(s)$ 为输出变量 $u(t)$ 的拉普拉斯变换；$G(s)$ 为系统的传递函数。

(3) 状态方程。

以上两种模型都只描述了系统输入与输出之间的关系，而没有描述系统内部的情况，所以这些模型称为外部模型。从仿真的角度来看，为在计算机上对系统的数学模型进行实验，就要在计算机上复现 (实现) 这个系统。此时仅仅复现输入量及输出量是不够的，还必须复现系统的内部变量——状态变量，因此系统仿真要求采用内部模型。通常，从系统辨识或其他方法建立的数学模型是外部模型，此时就有必要将它们转变成内部模型——状态空间模型，这个问题在控制理论中称为实现问题。

由控制理论可知，式 (2-1) 可以转换为状态方程的能控标准形：

$$\dot{x} = Ax + Bu \tag{2-3}$$

$$y = cx \tag{2-4}$$

式中

$$A = \begin{bmatrix} 0 & 1 & 0 & \cdots & 0 \\ 0 & 0 & 1 & \cdots & 0 \\ \vdots & \vdots & \vdots & & \vdots \\ 0 & 0 & 0 & \cdots & 1 \\ -a_n & -a_{n-1} & -a_{n-2} & \cdots & -a_1 \end{bmatrix}, \quad B = \begin{bmatrix} 0 \\ 0 \\ \vdots \\ 0 \\ 1 \end{bmatrix}, \quad c = \begin{bmatrix} c_{n-1} & c_{n-2} & \cdots & c_0 \end{bmatrix}$$

式 (2-3) 中的状态变量是满足方程

$$\frac{d^i x}{dt^i} = x_{i+1} \tag{2-5}$$

的变量。如果微分方程不是零初始条件，则变换成能控标准形是不方便的，可以采用另一种标准形。设系统微分方程为

$$a_0 \frac{d^n y}{dt^n} + a_1 \frac{d^{n-1}y}{dt^{n-1}} + \cdots + a_{n-1}\frac{dy}{dt} + a_n y = c_0 \frac{d^n u}{dt^n} + c_1 \frac{d^{n-1}u}{dt^{n-1}} + \cdots + c_n u \tag{2-6}$$

令

$$x_i = (a_0 y^{i-1} - c_0 u^{i-1}) + (a_1 y^{i-2} - c_1 u^{i-2}) + \cdots + (a_{i-2}\dot{y} - c_{i-2}\dot{u}) + (a_{i-1}y - c_{i-1}u) \tag{2-7}$$

则

$$\begin{bmatrix} \dot{x}_1 \\ \dot{x}_2 \\ \vdots \\ \dot{x}_{n-1} \\ \dot{x}_n \end{bmatrix} = \begin{bmatrix} -a_1 & 1 & 0 & \cdots & 0 \\ -a_2 & 0 & 1 & \cdots & 0 \\ \vdots & \vdots & \vdots & & \vdots \\ -a_{n-1} & 0 & 0 & \cdots & 1 \\ -a_n & 0 & 0 & \cdots & 0 \end{bmatrix} \begin{bmatrix} x_1 \\ x_2 \\ \vdots \\ x_{n-1} \\ x_n \end{bmatrix} + \begin{bmatrix} c_1 - c_0 a_1 \\ c_2 - c_0 a_2 \\ \vdots \\ c_{n-1} - c_0 a_{n-1} \\ c_n - c_0 a_n \end{bmatrix} \qquad (2\text{-}8)$$

$$\boldsymbol{y} = \begin{bmatrix} 1 & 0 & \cdots & 0 & 0 \end{bmatrix} \begin{bmatrix} x_1 \\ x_2 \\ \vdots \\ x_{n-1} \\ x_n \end{bmatrix} + c_0 \boldsymbol{u} \qquad (2\text{-}9)$$

当已知 $\boldsymbol{y}$、$\boldsymbol{u}$ 初值时，可由式 (2-7) 求各状态量初值。

【例 2-1】　　发动机转速控制系统结构图如图 2-4 所示，基本参数如下。

发动机：时间常数 T_e=0.84s，放大系数 K_e=0.458。

液压随动系统：时间常数 T_c=1.4s，放大系数 K_c=24.3。

反馈：杠杆比为 ρ_u，时间常数 T_u=0.64s。

转速敏感元件：放大系数 K_y=14.1。

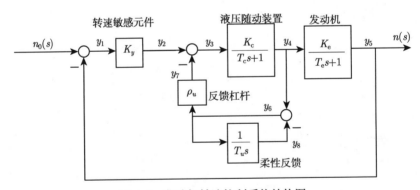

图 2-4　发动机转速控制系统结构图

由图可得

$$G(s) = \frac{N(s)}{N_0(s)} = \frac{c_1 s + c_2}{s^3 + a_1 s^2 + a_2 s + a_3}$$

式中

$$a_1 = \frac{T_e T_u + T_e T_c + T_c T_u + K_c \rho_u T_u T_e}{T_e T_u T_c}$$

$$a_2 = \frac{T_e + T_u + T_c + K_c \rho_u T_u + K_y K_e T_u T_c}{T_e T_u T_c}$$

$$a_3 = \frac{1 + K_y K_e K_c}{T_e T_u T_c}$$

$$c_1 = \frac{K_y K_e K_c}{T_e T_c}$$

$$c_2 = \frac{K_y K_e K_c}{T_e T_u T_c}$$

代入参数值得

$$a_1 = 23.602, \quad a_2 = 161.235, \quad a_3 = 209.827$$

$$c_1 = 133.439, \quad c_2 = 208.50$$

传递函数为

$$G(s) = \frac{N(s)}{N_0(s)} = \frac{133.439s + 208.50}{s^3 + 23.602s^2 + 161.235s + 209.827}$$

由式 (2-3) 和式 (2-4) 可以写出系统的能控型标准状态方程和输出方程：

$$\dot{\boldsymbol{x}} = \begin{bmatrix} 0 & 1 & 0 \\ 0 & 0 & 1 \\ -209.827 & -161.235 & -23.602 \end{bmatrix} \boldsymbol{x} + \begin{bmatrix} 0 \\ 0 \\ 1 \end{bmatrix} n_0$$

$$\boldsymbol{n} = \begin{bmatrix} 208.50 & 133.439 & 0 \end{bmatrix}$$

　　由控制理论可知，由于可以引进不同组合的状态变量，所以状态空间模型有很多个不同的模型。也就是说，对于式 (2-1) 或式 (2-2) 所示的外部模型，内部模型是非唯一的，即 $\boldsymbol{A}$、$\boldsymbol{B}$、$\boldsymbol{C}$、$\boldsymbol{D}$ 的组合是非唯一的。

　　下面用一个例子来说明如何从外部模型转变为内部模型。

【例 2-2】　已知系统的传递函数为

$$G(s) = \frac{s^2 + 3s + 2}{s^3 + 7s^2 + 12s} \tag{2-10}$$

根据式 (2-3) 及式 (2-4) 可得该系统的一个内部模型为

$$\boldsymbol{A} = \begin{bmatrix} 0 & 1 & 0 \\ 0 & 0 & 1 \\ 0 & -12 & -7 \end{bmatrix}, \quad \boldsymbol{B} = \begin{bmatrix} 0 \\ 0 \\ 1 \end{bmatrix}, \quad \boldsymbol{C} = \begin{bmatrix} 2 & 3 & 1 \end{bmatrix}$$

它所对应的结构图如图 2-5 所示。

　　若将式 (2-10) 改写为

$$G(s) = \frac{s^2 + 3s + 2}{s(s+3)(s+4)} = \frac{1/6}{s} - \frac{2/3}{s+3} + \frac{3/2}{s+4}$$

则可得图 2-6 所示的结构图。因此该系统的另一个内部模型为

$$\boldsymbol{A} = \begin{bmatrix} 0 & 0 & 0 \\ 0 & -3 & 0 \\ 0 & 0 & -4 \end{bmatrix}, \quad \boldsymbol{B} = \begin{bmatrix} 1 \\ 1 \\ 1 \end{bmatrix}$$

$$C = \begin{bmatrix} \dfrac{1}{6} & -\dfrac{2}{3} & \dfrac{3}{2} \end{bmatrix}$$

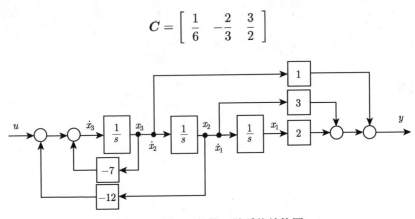

图 2-5　例 2-2 的第一种系统结构图

若将式 (2-10) 改写为

$$G(s) = \frac{(s+2)}{(s+4)} \frac{(s+1)}{(s+3)} \frac{1}{s}$$

则可得图 2-7 所示的结构图。

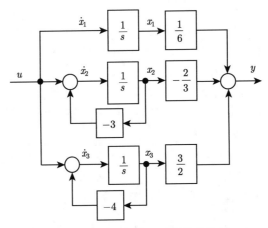

图 2-6　例 2-2 的第二种系统结构图

由图 2-7 可得该系统的另一个内部模型为

$$\boldsymbol{A} = \begin{bmatrix} -4 & -2 & 1 \\ 0 & -3 & 1 \\ 0 & 0 & 0 \end{bmatrix}, \quad \boldsymbol{B} = \begin{bmatrix} 0 \\ 0 \\ 1 \end{bmatrix}, \quad \boldsymbol{C} = \begin{bmatrix} -2 & -2 & 1 \end{bmatrix}$$

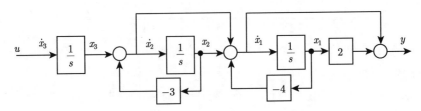

图 2-7　例 2-2 的第三种系统结构图

2.2.2　面向系统结构图的仿真模型

以计算机为工具,对既定结构的控制系统,在各种给定的输入函数作用下的动态性能进行仿真分析,是一种既方便又有效的方法。但是,通过计算机仿真对控制系统进行综合,也就是说,选择一种最好的或较好的设计方案以达到预先给定的性能指标,则更具意义。进行控制系统的综合,就要求在仿真过程中就系统控制部分各个参数,甚至局部结构对系统品质的影响分别进行研究。在面向系统微分方程式的仿真模型中,描述系统动态过程的微分方程的各系数几乎和组成该系统各环节的参数都有关系。改变个别参数,势必影响到微分方程式的大部分甚至全部系数,也就是说,整个仿真模型都随之变化。然而在进行系统的仿真时,并没有必要求得系统的闭环传递函数及其极点,或者与之相当的系统微分方程式及其特征值。当然也不希望每改变一次参数,都要重新建立一次系统仿真模型。较好的办法是按照系统的结构图来建立仿真模型,这就是说,在建立仿真模型的时候,仍然保持各个环节的传递函数以及它们之间的连接方式。每个环节都是单独进入仿真模型,个别环节的传递函数及其参数的改变只改变了仿真模型中与之相应的一小部分,整个系统模型不会受到影响。这为仿真作业的多次运行,对系统进行仿真综合与参数寻优带来极大的方便。同时避免了具有多回路的复杂系统在推导系统微分方程式或与之相应的系统闭环传递函数时的繁复演算,而且系统中如含有本质非线性的环节(如死区、饱和等),采用结构图形式的仿真模型也是易于处理的。

在控制系统中可能出现的典型环节,从它们的物理性质来看尽管是多种多样的,然而就其动态特性而言,不外乎以下几种:

(1) 积分环节 (具有一个零极点);

(2) 惯性环节 (具有一个非零极点);

(3) 理想微分环节 (具有一个等于零的零点);

(4) 真实微分环节 (具有一个零值零点和一个非零值极点);

(5) 二阶振荡环节 (具有一对共轭复数极点)。

模拟计算机所用的线性运算部件只有三种——比例器(包括反号器)、加法器和积分器。为了建立模拟机仿真模型,必须把任何一种一阶和二阶的动态环节,通过积分器、加法器、比例器以及适当的反馈线路表示出来,如表 2-1 所示,至于更为复杂的动态环节,则可表示为典型环节的某种组合。

数字仿真模型的原理和模拟机仿真模型的原理基本一样,区别仅在于,前者用数值积分子程序代替积分器,用代数运算语句代替比例器、加法器和反馈线路。因此,在建立仿真模型的时候,很自然地把积分环节作为基本典型环节,而把其他各种动态环节都看做一个个由积分环节所构成的线性动态系统。因此,整个动态系统可以表示为仅由若干积分环节加上许许多多非动态环节而构成的模型。这种模型不仅是面向系统结构图的仿真模型最基本的形式,而且是一切仿真程序包和仿真语言建立的基础。

对于例 2-1 中的发动机转速控制系统,可以用积分环节改写如图 2-8 所示。系统原来是三阶,经改写后的结构图中仍有三个积分器。

在系统中没有非线性环节的情况下,根据系统的结构图可以写出系统的线性状态方程,但转换过程比较麻烦。转换后的结果也比较复杂,采用连接矩阵来列写方程式会比较方便,且不易发生错误。

表 2-1 将典型环节用比例器、加法器、积分器以及反馈线路表示

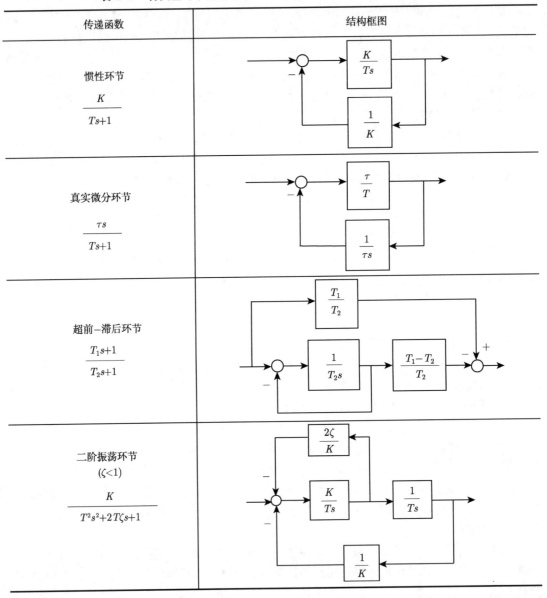

传递函数	结构框图
惯性环节 $\dfrac{K}{Ts+1}$	
真实微分环节 $\dfrac{\tau s}{Ts+1}$	
超前–滞后环节 $\dfrac{T_1 s+1}{T_2 s+1}$	
二阶振荡环节 $(\zeta<1)$ $\dfrac{K}{T^2 s^2 + 2T\zeta s + 1}$	

若有一控制系统如图 2-9 所示，它是由积分器、比例器和加法器构成，将积分器编号 (任意地)，第 i 个积分器即为积分环节 K_i/s，其输入为 u_i，输出为 y_i，从而可以写出运动方程：

$$\dot{y}_1 = K_1 u_1$$
$$\dot{y}_2 = K_2 u_2$$
$$\vdots$$
$$\dot{y}_5 = K_5 u_5$$

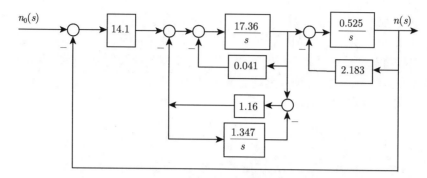

图 2-8　用积分环节改写后的发动机转速控制系统

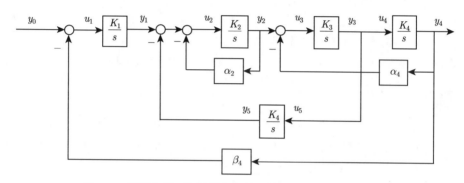

图 2-9　用积分器、比例器和加法器构成的控制系统结构图

并且由图 2-9 容易得出

$$u_1 = y_0 - \beta_4 y_4$$
$$u_2 = y_1 - \alpha_2 y_2 - y_5$$
$$u_3 = y_2 - \alpha_4 y_4$$
$$u_4 = y_3$$
$$u_5 = y_3$$

若为矩阵形式，则有

$$\dot{\boldsymbol{y}} = \boldsymbol{K} \cdot \boldsymbol{u} \tag{2-11}$$

$$\boldsymbol{u} = \boldsymbol{W}\boldsymbol{y} + \boldsymbol{W}_0 y_0 \tag{2-12}$$

式中

$$\boldsymbol{W} = \begin{bmatrix} 0 & 0 & 0 & -\beta_4 & 0 \\ 1 & -\alpha_2 & 0 & 0 & -1 \\ 0 & 1 & 0 & -\alpha_4 & 0 \\ 0 & 0 & 1 & 0 & 0 \\ 0 & 0 & 1 & 0 & 0 \end{bmatrix}_{5\times5}, \quad \boldsymbol{W}_0 = \begin{bmatrix} 1 \\ 0 \\ 0 \\ 0 \\ 0 \end{bmatrix}_{5\times1}, \quad \boldsymbol{K} = \begin{bmatrix} k_1 & & & & \\ & k_2 & & & \\ & & k_3 & & \\ & & & k_4 & \\ & & & & k_5 \end{bmatrix}_{5\times5}$$

W 和 W_0 通常称为连接矩阵。一个 n 阶系统的连接矩阵 W 是 $n \times n$ 方阵，它的每个元素 w_{ij} 表示第 j 个积分器的输出作用于第 i 个积分器的连接系数，如果没有连接关系，则为 0。W_0 表示输入信号对系统作用的连接情况。w_{i0} 表示输入信号作用在第 i 个积分器上，且作用系数为 1，故 $w_{i0}=1$，其余元素均为 0。

将式 (2-12) 代入式 (2-11) 可得

$$\dot{y} = KWy + KW_0y_0 = Ay + By_0 \tag{2-13}$$

式 (2-13) 一个典型的状态方程，利用任何一个数值积分法都可以对它进行数值求解。

对图 2-8 所示的转速控制系统结构图用连接矩阵表示，则有

$$K = \begin{bmatrix} 17.36 & 0 & 0 \\ 0 & 0.545 & 0 \\ 0 & 0 & 1.347 \end{bmatrix}, \quad W = \begin{bmatrix} -1.201 & -14.1 & 1.16 \\ 1 & -2.183 & 0 \\ 1.16 & 0 & -1.16 \end{bmatrix}, \quad W_0 = \begin{bmatrix} 14.1 \\ 0 \\ 0 \end{bmatrix}$$

系统的状态方程为

$$\begin{bmatrix} \dot{y}_1 \\ \dot{y}_2 \\ \dot{y}_3 \end{bmatrix} = \begin{bmatrix} -20.849 & -244.776 & 20.1376 \\ 0.545 & -1.190 & 0 \\ 1.5625 & 0 & -1.5625 \end{bmatrix} \begin{bmatrix} y_1 \\ y_2 \\ y_3 \end{bmatrix} + \begin{bmatrix} 244.776 \\ 0 \\ 0 \end{bmatrix} y_0$$

取积分环节作为基本典型环节来构成系统的仿真是一种最基本但不是唯一的选择方法，积分环节是最简单的动态环节，其他动态环节都可以通过它表示出来。有人推荐采用另一种选择方式——超前–滞后环节作为基本典型环节来构成仿真模型，这种环节可以说是一阶动态环节的一般形式。任何一个一阶动态环节——积分环节、惯性环节、微分环节和比例积分环节等——都可以看做它的特殊情况，从控制理论的角度讲，超前–滞后环节相当于一个微分环节和一个惯性环节相串联，因此它具有超前和滞后两重作用。

根据图 2-10 有

$$A_iy_i + B_i\dot{y}_i = C_iu_i + D_i\dot{u}_i, \quad i = 1, 2, \cdots, n$$

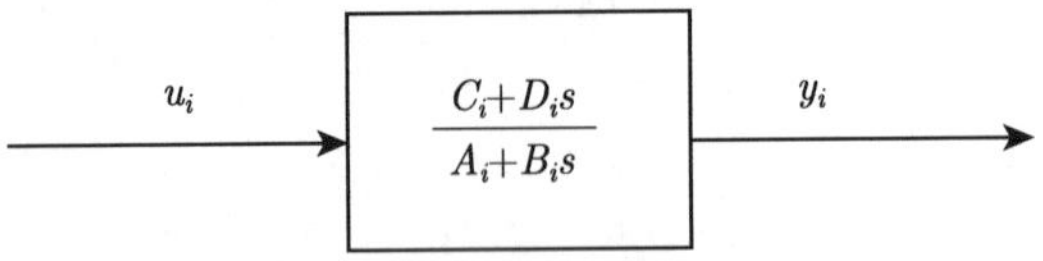

图 2-10　超前–滞后环节

写成矩阵形式为

$$Ay + B\dot{y} = Cu + D\dot{u} \tag{2-14}$$

式中

$$A = \begin{bmatrix} A_1 & & & \\ & A_2 & & \\ & & \ddots & \\ & & & A_n \end{bmatrix}, \quad B = \begin{bmatrix} B_1 & & & \\ & B_2 & & \\ & & \ddots & \\ & & & B_n \end{bmatrix}$$

$$\boldsymbol{C} = \begin{bmatrix} C_1 & & & \\ & C_2 & & \\ & & \ddots & \\ & & & C_n \end{bmatrix}, \quad \boldsymbol{D} = \begin{bmatrix} D_1 & & & \\ & D_2 & & \\ & & \ddots & \\ & & & D_n \end{bmatrix}$$

将式 (2-12) 代入式 (2-14) 有

$$\boldsymbol{A}\boldsymbol{y} + \boldsymbol{B}\dot{\boldsymbol{y}} = \boldsymbol{C}\boldsymbol{W}\boldsymbol{y} + \boldsymbol{C}\boldsymbol{W}_0 y_0 + \boldsymbol{D}\boldsymbol{W}\dot{\boldsymbol{y}} + \boldsymbol{D}\boldsymbol{W}_0\dot{y}_0 \tag{2-15}$$

整理后可得

$$(\boldsymbol{B} - \boldsymbol{D}\boldsymbol{W})\dot{\boldsymbol{y}} = (\boldsymbol{C}\boldsymbol{W} - \boldsymbol{A})\boldsymbol{y} + \boldsymbol{C}\boldsymbol{W}_0 y_0 + \boldsymbol{D}\boldsymbol{W}_0\dot{y}_0 \tag{2-16}$$

或

$$\dot{\boldsymbol{y}} = (\boldsymbol{B} - \boldsymbol{D}\boldsymbol{W})^{-1}(\boldsymbol{C}\boldsymbol{W} - \boldsymbol{A})\boldsymbol{y} + (\boldsymbol{B} - \boldsymbol{D}\boldsymbol{W})^{-1}\boldsymbol{C}\boldsymbol{W}_0 y_0 + (\boldsymbol{B} - \boldsymbol{D}\boldsymbol{W})^{-1}\boldsymbol{D}\boldsymbol{W}_0\dot{y}_0 \tag{2-17}$$

这也是一个标准的一阶常系数微分方程, 很便于用数值积分法对它求解。它和状态方程 (2-13) 的不同之处在于, 在它的右端项出现了输入信号函数的一次导数。但在控制系统中, 输入信号一般都不会施加在具有微分性质的环节中, 所以即使输入信号是阶跃函数, 也不会有碍上述方程的求解。

当系统中有纯比例环节和纯微分环节时可以发生逆矩阵 $(\boldsymbol{B} - \boldsymbol{D}\boldsymbol{W})^{-1}$ 不存在的情况。但是纯比例环节并不是动态环节, 它只表示了两个动态环节之间的非动态联系; 至于微分环节, 理想的 "纯微分环节" 在物理上是难以实现的, 通常总带有一个小惯性, 也就是真实微分环节, 如果微分环节的惯性足够小, 以至于可以看做理想微分环节, 那么也可以把它和相邻的惯性环节合并成一个形如 $D_i s/(A_i + B_i s)$ 的典型环节。这样, 不仅可以避免上述问题, 而且降低了矩阵的维数, 对计算工作也是有好处的。

仍采用例 2-1 来确定由 $\dfrac{C_i + D_i s}{A_i + B_i s}$ 这样的典型环节所构成的系统状态方程。系统结构图改写后如图 2-11 所示。

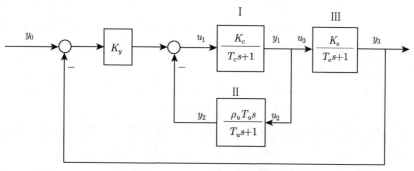

图 2-11　由超前–滞后环节构成的控制系统结构图

这里不将纯比例环节 K_y 看做动态环节, 这样系统由三个动态环节构成, 将各个环节进

行编号可得到各系数矩阵和连接矩阵:

$$\boldsymbol{A} = \begin{bmatrix} 1 & 0 & 0 \\ 0 & 1 & 0 \\ 0 & 0 & 1 \end{bmatrix}, \quad \boldsymbol{B} = \begin{bmatrix} T_c & 0 & 0 \\ 0 & T_u & 0 \\ 0 & 0 & T_e \end{bmatrix}, \quad \boldsymbol{C} = \begin{bmatrix} K_c & 0 & 0 \\ 0 & 0 & 0 \\ 0 & 0 & K_e \end{bmatrix}, \quad \boldsymbol{D} = \begin{bmatrix} 0 & 0 & 0 \\ 0 & \rho_u T_u & 0 \\ 0 & 0 & 0 \end{bmatrix}$$

$$\boldsymbol{W} = \begin{bmatrix} 0 & -1 & -K_y \\ 1 & 0 & 0 \\ 1 & 0 & 0 \end{bmatrix}, \quad \boldsymbol{W}_0 = \begin{bmatrix} K_y \\ 0 \\ 0 \end{bmatrix}$$

将各环节代入有

$$\boldsymbol{B} - \boldsymbol{DW} = \begin{bmatrix} 1.4 & 0 & 0 \\ 0 & 0.64 & 0 \\ 0 & 0 & 0.84 \end{bmatrix} - \begin{bmatrix} 0 & 0 & 0 \\ 0 & 0.7424 & 0 \\ 0 & 0 & 0 \end{bmatrix} \begin{bmatrix} 0 & -1 & -14.1 \\ 1 & 0 & 0 \\ 1 & 0 & 0 \end{bmatrix}$$

$$= \begin{bmatrix} 1.4 & 0 & 0 \\ -0.7424 & 0.64 & 0 \\ 0 & 0 & 0.84 \end{bmatrix}$$

显然, 这里逆矩阵 $(\boldsymbol{B} - \boldsymbol{DW})^{-1}$ 是存在的, 经过矩阵运算, 可得系统的状态方程为

$$\begin{bmatrix} \dot{y}_1 \\ \dot{y}_2 \\ \dot{y}_3 \end{bmatrix} = \begin{bmatrix} -0.7143 & -17.357 & 244.74 \\ -0.8287 & -21.7 & 283.937 \\ 0.5452 & 0 & -1.1905 \end{bmatrix} \begin{bmatrix} y_1 \\ y_2 \\ y_3 \end{bmatrix} + \begin{bmatrix} 244.74 \\ 283.94 \\ 0 \end{bmatrix} y_0 + \begin{bmatrix} 0 \\ 0 \\ 0 \end{bmatrix} \dot{y}_0$$

在进行数字仿真时, 上面的矩阵求逆和运算可以由计算机自动完成。可以看出, 采用超前–滞后环节为典型环节后, 从系统结构图转化为状态方程的过程将会变得复杂, 因此, 这不是一种很好的方法。还应指出, 不必过分强调通过连接矩阵建立状态方程, 并根据该状态方程求解的必要性。实际上, 控制系统中通常存在着非线性因素, 把仿真研究局限在线性系统的范围内, 将使数字仿真这一强有力的工具不能充分发挥它的作用。例如, 在发动机转速控制系统中, 液压随动器的反馈是具有死区和饱和非线性的非线性反馈, 而不是如前所述的柔性反馈, 当反馈量较小时, 反馈呈现刚性特性, 只有当反馈量大于某个值时, 才呈现柔性特性, 这时系统的特性如果采用线性模型是不可能表现出来的。其实, 在仿真研究中把非线性因素考虑进去并不麻烦, 而正是由于对非线性系统进行理论分析的困难和数字仿真的方便, 才使仿真技术显示出强大的生命力。

前面已经说明, 任何一个非线性微分方程式都可以用积分器和非线性函数发生器的某种组合来求解, 这就是说, 非线性控制系统的仿真模型可以通过积分环节 (线性动态环节) 和非线性动态环节连接不同的组合构成。在线性控制系统的仿真模型里, 连接矩阵中的每一个连接系数都表示了某个线性的非动态联系, 对于非线性控制系统, 系统中某些环节之间的非动态联系变成了非线性关系或逻辑函数关系, 因此不能简单地采用连接矩阵来处理。无论非线性函数关系, 还是逻辑函数关系, 甚至是两者结合而成的更为复杂的函数, 只要能把它的数字表达式或 (和) 逻辑关系式写出来, 就可以编写在数字计算机上对它们进行运算的子

程序，用这些子程序代替连接矩阵中的连接系数，把有关积分环节的数值积分子程序连接起来，仍然保留那些只具有线性非动态环节的各个环节的连接矩阵，从而可以构成一个完整的仿真模型，这就是非线性控制系统，同时是所有系统在最一般意义下的仿真模型。

2.3　连续系统数值积分法的基本概念

连续系统的时域数学模型的基本形式是高阶微分方程或状态空间表达式，高阶微分方程能转换成一阶微分方程组，即状态方程，所以连续系统时域数学模型的基本形式是状态空间表达式。对于 n 阶连续系统的状态空间表达式的状态方程是由 n 个一阶微分方程组成的方程组。

连续系统数字仿真的数值积分法就是常微分方程 (组) 的数值解法。数值积分法有多种形式，在介绍各种方法之前，先简要地阐明数值积分法的基本概念。

如 2.1 节所述，数字仿真的研究对象是动力学系统，它总是可以由 n 个一阶微分方程组来描述，向量形式为

$$\frac{\mathrm{d}\boldsymbol{x}}{\mathrm{d}t} = \boldsymbol{f}(\boldsymbol{x}, t) \tag{2-18}$$

式中，$\boldsymbol{x} = \begin{bmatrix} x_1 & x_2 & \cdots & x_n \end{bmatrix}^{\mathrm{T}}$；$\boldsymbol{f} = \begin{bmatrix} f_1 & f_2 & \cdots & f_n \end{bmatrix}^{\mathrm{T}}$

控制系统的数字仿真大多数是初值问题，上述向量形式的微分方程的初值条件可以表示为

$$\boldsymbol{x}(t_0) = \boldsymbol{x}_0 \tag{2-19}$$

利用数字计算机来进行连续系统的仿真，从本质上讲，就是要在数字计算机上构造几个数字积分器，也就是让数字计算机进行几次数值积分运算。可见，连续系统数字仿真中最基本的算法是数值积分法。为使叙述简单，可以先从标量形式说起，然后推广到向量形式。

假设有一系统，它的数学模型可用式 (2-20) 来表示：

$$\begin{cases} \dot{x} = f(x, t) \\ x(t_0) = x_0 \end{cases} \tag{2-20}$$

现在要求出 x 随时间变化的过程 $x(t)$。最直观的想法是：首先求出初始点 (t_0, x_0) 的斜率 $f(t_0, x_0)$。如果 t_1 十分靠近 t_0(即 Δt 足够小)，那么在 t_0 附近，曲线 $x(t)$ 可以近似地用切线表示。已知切线斜率 $\dot{x}_0 = f(t_0, x_0)$，切线方程为

$$x = x_0 + f(t_0, x_0)(t - t_0)$$

利用这个方程可以获得 $t = t_1$ 时 $x(t_1)$ 的近似值 x_1：

$$x_1 = x_0 + f(t_0, x_0)(t_1 - t_0) \cong x(t_1)$$

计算过程如图 2-12 所示。

重复上述过程，当 $t = t_2$ 时，有

$$x_2 = x_1 + f(t_1, x_1)(t_2 - t_1) \cong x(t_2)$$

而
$$x_{k+1} = x_k + f(t_k, x_k)(t_{k+1} - t_k) \cong x(t_{k+1}) \tag{2-21}$$
令 $t_{k+1} - t_k = h_k$，称为第 k 步的计算步距。

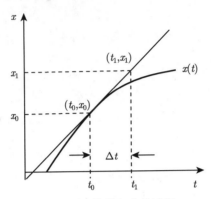

图 2-12   数值积分的过程

按照上述过程即可求出整个 $x(t)$ 的曲线。这种最简单的数值积分法称为欧拉法。

由于上述算法是针对式 (2-20) 所示的微分方程在已知初值的情况下进行数值求解的，因此也称为微分方程初值问题数值计算法。为统一起见，本书将其称为数值积分法。

2.4   龙格–库塔法

在 2.3 节中已经描述，在连续系统的仿真中，主要的数值计算工作是对 $\dfrac{\mathrm{d}x}{\mathrm{d}t} = f(x, t)$ 的一阶微分方程进行求解。因为

$$x(t_{k+1}) = x(t_k) + \int_{t_k}^{t_{k+1}} f(t, x)\mathrm{d}t$$

若令

$$x_k \cong x(t_k)$$
$$Q_k \cong \int_{t_k}^{t_{k+1}} f(t, x)\mathrm{d}t$$

则有

$$x(t_{k+1}) \cong x_{k+1} = x_k + Q_k \tag{2-22}$$

因此主要问题就是如何对 Q_k 进行数值求解，即如何对 $f(x, t)$ 进行积分。

数值积分法可分为两类：单步法和多步法。单步法可以由前一时刻的函数值 x_k 逐步求出 x_{k+1} 的近似值；多步法在求 x_{k+1} 时刻近似值时不仅要用到前一时刻值 x_k，而且要已知 x_k 以前的函数值 x_{k-1}，$\cdots$。

下面将分别介绍这两类方法中最常用的算法。

仍以式 (2-20) 的微分方程为例。假设从 t_0 跨出一步，$t_1 = t_0 + h$，t_1 时刻为 $x_1 = x(t_0 + h)$，可以在 t_0 附近进行泰勒级数展开，只保留 h^2 项，则有

$$x_1 = x_0 + f(t_0, x_0)h + \frac{1}{2}\left(\frac{\partial f}{\partial x}\frac{\mathrm{d}x}{\mathrm{d}t} + \frac{\partial f}{\partial t}\right)_0 h^2 \tag{2-23}$$

式中, 括号后的下标 0 表示括号中的函数将用 $t = t_0$, $x = x_0$ 代入。

假设这个解可以写成如下形式:

$$x_1 = x_0 + (a_1 k_1 + a_2 k_2)h \tag{2-24}$$

式中

$$k_1 = f(t_0, x_0),$$
$$k_2 = f(t_0 + b_1 h, x_0 + b_2 k_1 h).$$

对 k_2 式右端的函数在 $t = t_0$, $x = x_0$ 处进行泰勒级数展开, 保留 h 项, 可得

$$k_2 \cong f(t_0 + x_0) + \left(b_1 \frac{\partial f}{\partial t} + b_2 k_1 \frac{\partial f}{\partial x}\right)_0 h$$

将 k_1、k_2 代入式 (2-24) 则有

$$x_1 = x_0 + a_1 h f(t_0, x_0) + a_2 h \left[f(t_0, x_0) + \left(b_1 \frac{\partial f}{\partial t} + b_2 k_1 \frac{\partial f}{\partial x}\right)_0 h\right]$$

将上式与式 (2-23) 进行比较可得

$$\begin{cases} a_1 + a_2 = 1 \\ a_2 b_1 = 1/2 \\ a_2 b_2 = 1/2 \end{cases}$$

可见有四个未知数 a_1、a_2、b_1、b_2, 但只有三个方程, 因此有无穷多个解, 若限定 $a_1 = a_2$, 则可得其中一个解为

$$a_1 = a_2 = \frac{1}{2}, \quad b_1 = b_2 = 1$$

将它们代入式 (2-24) 可得一组计算公式:

$$x_1 = x_0 + \frac{h}{2}(k_1 + k_2)$$

式中, $k_1 = f(t_0, x_0)$; $k_2 = f(t_0 + h, x_0 + k_1 h)$。写成一般递推形式为

$$x(t_{k+1}) \cong x_{k+1} = x_k + \frac{h}{2}(k_1 + k_2) \tag{2-25}$$

式中, $k_1 = f(t_k, x_k)$; $k_2 = f(t_k + h, x_k + k_1 h)$。

由于式 (2-23) 只取了 h、h^2 两项, 而将 h^3 以上的高阶项略去, 所以这种递推公式的截断误差正比于 h^3, 又由于计算时只取了 h、h^2 两项, 故这种方法被称为二阶龙格–库塔法。

根据上述原理, 若在进行泰勒级数展开时保留 h 项, 称为一阶龙格–库塔公式; 若保留 h、h^2 及 h^3 项, 称为三阶龙格–库塔公式, 若保留 h、h^2、h^3 及 h^4 项, 称为四阶龙格–库塔公式, 依次类推。下面给出数字仿真中常采用的几个龙格–库塔公式。

一阶龙格–库塔公式 (欧拉公式):

$$x_{n+1} = x_n + hf(x_n, t_n) \tag{2-26}$$

二阶龙格–库塔公式 (改进欧拉公式):

$$
\begin{aligned}
x_{n+1} &= x_n + \frac{h}{2}(k_1 + k_2) \\
k_1 &= f(x_n, t_n) \\
k_2 &= f(x_n + k_1 h, t_n + h)
\end{aligned}
\tag{2-27}
$$

三阶龙格–库塔公式:

$$
\begin{aligned}
x_{n+1} &= x_n + \frac{h}{6}(k_1 + 4k_2 + k_3) \\
k_1 &= f(x_n, t_n) \\
k_2 &= f\left(x_n + k_1\frac{h}{2}, t_n + \frac{h}{2}\right) \\
k_3 &= f(x_n - k_1 h + 2k_2 h, t_n + h)
\end{aligned}
\tag{2-28}
$$

四阶龙格–库塔公式 (古典公式):

$$
\begin{aligned}
x_{n+1} &= x_n + \frac{h}{6}(k_1 + 2k_2 + 2k_3 + k_4) \\
k_1 &= f(x_n, t_n) \\
k_2 &= f\left(x_n + k_1\frac{h}{2}, t_n + \frac{h}{2}\right) \\
k_3 &= f\left(x_n + k_2\frac{h}{2}, t_n + \frac{h}{2}\right) \\
k_4 &= f(x_n + k_3 h, t_n + h)
\end{aligned}
\tag{2-29}
$$

四阶龙格–库塔公式 (吉尔公式):

$$
\begin{aligned}
x_{n+1} &= x_n + \frac{h}{6}(k_1 + (2-\sqrt{2})k_2 + (2+\sqrt{2})k_3 + k_4) \\
k_1 &= f(x_n, t_n) \\
k_2 &= f\left(x_n + k_1\frac{h}{2}, t_n + \frac{h}{2}\right) \\
k_3 &= f\left(x_n + \frac{h}{2}(\sqrt{2}-1)k_1\left(1-\frac{\sqrt{2}}{2}\right)k_2, t_n + \frac{h}{2}\right) \\
k_4 &= f\left(x_n - \frac{\sqrt{2}}{2}k_2 + \left(1+\frac{\sqrt{2}}{2}\right)k_3, t_n + h\right)
\end{aligned}
\tag{2-30}
$$

在此需要说明的是，四阶以下的龙格–库塔公式，其阶数与每前进一步所需的计算函数值的次数是一致的，四阶以上的龙格–库塔公式所需计算函数值的次数比阶数多，对于大量的实际工程的仿真问题，四阶以下的龙格–库塔公式已可以满足精度要求，一般不采用四阶以上的龙格–库塔公式。如果将上述的一维方法推广到 n 维，便可以写出向量微分方程 (2-18) 的各阶龙格–库塔公式。以四阶龙格–库塔公式为例，其向量形式的计算公式可以写成

$$\boldsymbol{x}_{n+1} = \boldsymbol{x}_n + \frac{h}{6}(\boldsymbol{k}_1 + 2\boldsymbol{k}_2 + 2\boldsymbol{k}_3 + \boldsymbol{k}_4) \tag{2-31}$$

$$\boldsymbol{k}_1 = \boldsymbol{f}(\boldsymbol{x}_n, t_n)$$

$$\boldsymbol{k}_2 = \boldsymbol{f}\left(\boldsymbol{x}_n + \boldsymbol{k}_1\frac{h}{2}, t_n + \frac{h}{2}\right)$$

$$\boldsymbol{k}_3 = \boldsymbol{f}\left(\boldsymbol{x}_n + \boldsymbol{k}_2\frac{h}{2}, t_n + \frac{h}{2}\right)$$

$$\boldsymbol{k}_4 = \boldsymbol{f}(\boldsymbol{x}_n + \boldsymbol{k}_3 h, t_n + h)$$

式 (2-31) 中出现的变量，除 h 和 t 外全是向量，这在计算和编程时要特别注意。

对于线性微分方程，如状态方程：

$$\dot{\boldsymbol{x}} = \boldsymbol{A}\boldsymbol{x} + \boldsymbol{B}\boldsymbol{u}$$

$$\boldsymbol{y} = \boldsymbol{c}\boldsymbol{x}$$

即系统的数学模型可以用一阶线性微分方程组来描述：

$$\begin{cases} \dot{x}_1 = a_{11}x_1 + a_{12}x_2 + \cdots + a_{1n}x_n + b_1 u \\ \dot{x}_2 = a_{21}x_1 + a_{22}x_2 + \cdots + a_{2n}x_n + b_2 u \\ \quad\vdots \\ \dot{x}_n = a_{n1}x_1 + a_{n2}x_2 + \cdots + a_{nn}x_n + b_n u \end{cases} \tag{2-32}$$

对于式 (2-32) 也可用数值积分法来计算，即对于第一式，可将 $a_{11}x_1 + a_{12}x_2 + \cdots + a_{1n}x_n + b_1 u$ 看做 $f(t_1, x_1, x_2, \cdots, x_n, u)$。当已知 $x_1, x_2, \cdots, x_n$ 的初值及 $u(t)$ 后，就可求出 $x_1, x_2, \cdots, x_n$ 随时间变化的整个过程。

为了帮助读者更好地掌握这些方法，下面对龙格–库塔法的特点进行介绍。

(1) 所有的龙格–库塔公式都有以下三个特点。

① 在计算 x_{k+1} 时只用到 x_k，而不直接用到 x_{k-1}、x_{k-2} 等项。换句话说，在后一步的计算中，仅利用前一步的计算结果，所以称为单步法。显然它不仅能使存储量减小，而且此法可以自启动，即已知初值后，不必用别的方法来帮助，而直接利用此法进行仿真。

② 步长 h 在整个计算中并不要求固定，可以根据精度要求改变，但是在一步中，为计算若干个系数 k_i(称为龙格–库塔系数)，则必须用同一个步长 h。

③ 无论几阶龙格–库塔法，计算公式总是由两部分构成的。第一部分为上一步的结果 x_k，第二部分是 $[t_k, t_{k+1}]$ 中对 $f(t, x)$ 的积分，它是步长 h 乘以各点斜率的加权平均。如四阶龙格–库塔法，取四点之斜率：k_1、k_2、k_3、k_4，然后对 k_2、k_3 取两份，k_1、k_4 取一份，进行加权平均。

(2) 龙格–库塔法的精度取决于步长 h 的大小及解决的方法。许多计算实例表明，为达到相同的精度，四阶方法可以比二阶方法的 h 大 10 倍，而四阶方法的每步计算量仅比二阶方法大 2 倍，所以总的计算量仍比二阶方法小。正是由于上述原因，一般系统进行数字仿真

常用四阶龙格–库塔公式。值得指出的是，高于四阶的方法由于每步计算量将增加较多，而精度提高不快，因此使用得比较少。

（3）欧拉公式只取泰勒级数的 h 项，是一阶龙格–库塔公式，它的截断误差正比于 h^2，是精度最低的一种数值积分公式。读者也许会问，如果将步长 h 取得十分小，那么用欧拉公式是否也能获得很高的计算精度呢？从理论上讲，h 取得十分小，用欧拉公式也可达到很高的计算精度，但是实际上由于计算机字长有限，在计算中存在舍入误差，它是与计算次数成正比的，计算步长小，则一个系统的过渡过程就要计算许多步。因此，舍入误差就会十分明显，这样一来，用欧拉法即使 h 很小，也很难保证有较高的精度。

2.5　亚当姆斯法

欧拉法虽然精度很低，但却给了我们一些启发。解 $\dfrac{\mathrm{d}x}{\mathrm{d}t}=f(t,x)$ 这个微分方程可改成求函数 $x(t)$ 在 $[t_k,t_{k+1}]$ 中的积分值，若用矩形公式来求此定积分，则可得

$$
\begin{aligned}
x(t_{k+1}) &\cong x_k + \int_{t_k}^{t_{k+1}} f(t,x)\mathrm{d}t \\
&= x_k + f(t_k,x_k)(t_{k+1}-t_k) \\
&= x_k + f(t_k,x_k)h
\end{aligned}
$$

其计算过程如图 2-13 所示。

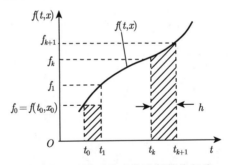

图 2-13　用矩形公式来进行数值积分

由图 2-13 可知，用矩形公式进行数值积分，误差是十分明显的，为了提高计算精度，很自然地会想到用梯形公式来代替矩形，即在求积分时使用：

$$
\int_{t_k}^{t_{k+1}} f(t,x)\mathrm{d}t \cong \frac{h}{2}[f(t_{k+1},x_{k+1})+f(t_k,x_k)] = \frac{h}{2}(f_{k+1}+f_k) \tag{2-33}
$$

因此整个数值积分公式变成

$$
x(t_{k+1}) \cong x_{k+1} = x_k + \frac{h}{2}[f(t_{k+1},x_{k+1})+f(t_k,x_k)] \tag{2-34}
$$

式 (2-34) 称为梯形积分公式或二阶隐式亚当姆斯法公式。

下面对这个公式的特点进行分析。

(1) 它的截断误差正比于 h^3。

(2) 此公式的右端包含 $f(t_{k+1}, x_{k+1})$，当 x_{k+1} 尚未求出时，右端中的 $f(t_{k+1}, x_{k+1})$ 也无法求出。因此这个公式不是显式的，而是隐式的。对于这种隐式公式在计算机上通常是采用迭代法来求解，即先猜一个初值 $x_{k+1}^{(0)}$，然后用下式求出 $x_{k+1}^{(1)}$：

$$x_{k+1}^{(1)} = x_k + \frac{h}{2}[f(t_{k+1}, x_{k+1}^{(0)}) + f(t_k, x_k)]$$

然后用 $x_{k+1}^{(1)}$ 再去求出 $x_{k+1}^{(2)}$：

$$x_{k+1}^{(2)} = x_k + \frac{h}{2}[f(t_{k+1}, x_{k+1}^{(1)}) + f(t_k, x_k)]$$

如此重复下去，直到 $x_{k+1}^{(n)}$ 与 $x_{k+1}^{(n-1)}$ 相差甚小，此时即可认为 $x_{k+1}^{(n)} = x_{k+1}$。

与二阶隐式亚当姆斯法相对应的还有二阶显式亚当姆斯法，它的计算公式如下：

$$x(t_{k+1}) \cong x_{k+1} = x_k + \frac{h}{2}[3f(t_k, x_k) - f(t_{k-1}, x_{k-1})] \tag{2-35}$$

表 2-2 列出了各阶亚当姆斯法的计算公式中的各个系数。式 (2-36) 是亚当姆斯法的统一形式：

$$x_{k+1} = x_k + h[B_{-1}f(t_{k+1}, x_{k+1}) + B_0 f(t_k, x_k) + \cdots + B_{N-1}f(t_{k-N+1}, x_{k-N+1})] \tag{2-36}$$

由式 (2-36) 可知，亚当姆斯法是一种多步法，即为了计算 x_{k+1}，不仅要知道 x_k，还要知道 $x_{k-1}, x_{k-2}, \cdots$，因此不仅要保存 x_k，还要保存 $x_{k-1}, x_{k-2}, \cdots$，阶次越高，过去的结果就要保存得越多。多步法的最大缺点是不能自启动，即开始几次要利用单步法，然后才能转到多步法。

表 2-2　亚当姆斯法系数表

名称	B_{-1}	B_0	B_1	B_2	B_3
一阶显式	0	1	0	0	0
二阶显式	0	3/2	−1/2	0	0
三阶显式	0	23/12	−16/12	5/12	0
四阶显式	0	55/24	−59/24	37/2	−9/24
一阶隐式	1	0	0	0	0
二阶隐式	1/2	1/2	0	0	0
三阶隐式	5/12	8/12	−1/12	0	0
四阶隐式	9/24	19/24	−5/24	1/24	0

隐式多步法不仅不能自启动，还不能直接求解，要采用迭代法求解。为了简化计算，通常采用显式多步法来计算初值，然后用隐式多步法只进行一次校正计算。例如，利用一阶显式来计算初值，即

$$x_{k+1}^{(0)} = x_k + hf(t_k, x_k) \tag{2-37}$$

然后用二阶隐式计算一次，作为 x_{k+1}，即

$$x_{k+1} = x_k + \frac{h}{2}[f(t_k, x_k) + f(t_k + h, x_{k+1}^{(0)})] \tag{2-38}$$

将式 (2-37) 及式 (2-38) 与二阶龙格–库塔公式 (2-25) 相比较可知, 这两种方法完全相同。从这点可以说明, 上述计算方法是可行的。

这种用显式来计算初值 (或称预报值), 而用隐式来计算最后的值 (或称校正值) 的方法被称为预报–校正法。

预报–校正法与龙格–库塔法相比, 如果同样采用四阶精度的算法, 取相同的步长 h, 那么前者每步只要计算两次右端函数, 而后者每步则要计算四次右端函数, 因此这种方法仍有它的可取之处。

2.6　数值积分法中的若干问题

对以微分方程或状态方程描述的连续控制系统, 为了按上述各种数值积分法编制能在数字计算机上运行的仿真程序, 还必须考虑以下问题, 这些问题比较复杂, 涉及因素较多, 这里仅进行简略介绍。

2.6.1　计算收敛性与稳定性

这里所指的收敛性和稳定性不是指被仿真的系统的响应曲线是否收敛于某一值和被仿真的系统是否具有稳定性。这里的收敛性是指, 对于给定的系统方程, 采用一种数值积分法经过相当多步运算, 求出 $x(k)$ 近似解 x_p, 这里的 $x(k)$ 是原方程初值问题的精确解, 而 x_p 是计算公式的精确解 (即认为没有舍入误差的影响), $x(k)$ 与 x_p 的差别仅由计算公式的截断误差所造成, 它与步长有关, 当步长 $h \to 0$ 时, 如果 $x_p \to x(k)$, 或者说通过选取足够小的步长, 可使 x_p 达到任意的精度, 则认为这种方法是收敛的, 可以证明, 前面所述的各种数值方法都具有计算收敛性。

在进行数字仿真时常会发生这样的现象, 本来是稳定的系统, 但仿真结果却得出不稳定的结论, 这种现象通常是由计算步长选得太大造成的。为什么步长选得太大, 会引起计算不稳定呢? 这就要分析各种数值积分方法的稳定性。

首先要说明什么是计算的稳定性。在实际计算中, 给出的初值 $x(t_0) = x_0$ 不一定很准确 (即有初始误差); 同时, 由于计算机字长有限, 在计算中会有舍入误差; 另外, 若 $h \neq 0$ 那么还会有截断误差。所有这些误差都会在逐步的计算中传播下去, 对以后的计算结果产生影响。如果计算结果对初值误差或计算误差不敏感, 那么就认为该计算方法是稳定的, 否则就认为是不稳定的。对于不稳定的算法, 误差就会恶性发展, 以致计算失败。

下面对各种数值积分方法稳定域的计算进行介绍。

以一阶显式亚当姆斯法为例。假定系统的微分方程为 $\dfrac{\mathrm{d}y}{\mathrm{d}t} = \mu y$, $\mu = \alpha + \mathrm{j}\beta$, 且 $\mathrm{Re}\,\mu = \alpha < 0$, 即系统是稳定的。用一阶显式亚当姆斯法进行仿真, 它的递推计算公式为

$$y_{k+1} = y_k + h f(t_k, y_k)$$

由系统的微分方程可知, $f(t_k, y_k) = \mu y_k$, 故有

$$y_{k+1} = y_k + h \mu y_k \tag{2-39}$$

假定 $y_k (k = 0, 1, 2, \cdots)$ 为它的一个解, 另外设 $y_k + \varepsilon_k$ 是一个受扰解, 即

$$y_{k+1} + \varepsilon_{k+1} = (y_k + \varepsilon_k) + h\mu(y_k + \varepsilon_k) \tag{2-40}$$

用式 (2-40) 减去式 (2-39) 可得

$$\varepsilon_{k+1} = \varepsilon_k + h\mu\varepsilon_k$$

即

$$\varepsilon_{k+1} = \varepsilon_k + h\mu\varepsilon_k \tag{2-41}$$

现在求解扰动序列 ε_k，令

$$\varepsilon_{k+1} = q^{k+1}\varepsilon, \quad \varepsilon_k = q^k\varepsilon$$

则有

$$q^{k+1} - (1+\mu h)q^k = 0$$

即

$$q - (1+\mu h) = 0$$

上式就是式 (2-41) 的特征方程。显然，为了使扰动 ε_k 不随 k 增加而增长，必须要求它的根 $q = 1 + \mu h$ 在单位圆内，即

$$|1 + \mu h| \leqslant 1 \tag{2-42}$$

它所对应的域就称为稳定域，如图 2-14 所示。

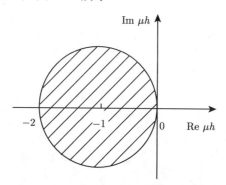

图 2-14　一阶显式亚当姆斯法稳定域

由图 2-14 可知，若系统方程的 $\mu = \alpha(\alpha < 0)$，即为实根，对于一阶显式亚当姆斯法，为保证计算稳定，要求 $h \leqslant 2|1/\alpha|$，即要求 h 小于等于系统时间常数的 2 倍。

其他数值积分法可以用同样的方法求出它们的稳定域，如图 2-15 所示 (图中，N 为方法的阶次，由于图中的曲线上下对称，因此只画了上半部分)。

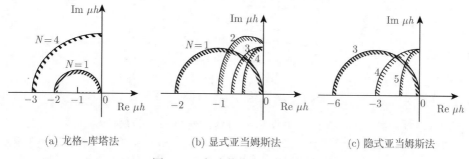

(a) 龙格–库塔法　　　　(b) 显式亚当姆斯法　　　　(c) 隐式亚当姆斯法

图 2-15　各阶数值积分的稳定域

由图 2-15 可知:

(1) 除隐式一阶、二阶亚当姆斯法为恒稳法外，其他方法都是条件稳定方法；

(2) 除恒稳法外，其他方法的 h 应限制在系统中的最小时间常数数量级；

(3) 对于龙格–库塔法，N 越大则稳定域略微增大；而对于亚当姆斯法，N 越大则稳定域反而缩小。

2.6.2　计算精度

将连续系统的数字模型转换为仿真模型在计算机上进行仿真，其实质就是用差分方程的解序列来代替微分方程精确解的采样值。显然两者不是完全一致的，差分方程的解序列与微分方程精确解的采样值之间的偏差就是数字仿真误差。数字仿真误差主要包括截断误差和舍入误差。无论是龙格–库塔法还是多步法，都是用有限多项代替无穷级数，这种由于抛弃了其后段而引起的误差就是截断误差。截断误差可以通过数值计算理论估计，它是与积分步长和积分函数特性有关的。无论计算机如何精确，在每次计算中，截断误差总是存在的，但更重要的是这种误差总的积累，对积累误差的估计是困难的，一般通过将积分步长控制在一定的范围内使积累误差有界来保证数值计算的稳定性。此外，由于不同的计算方法所取级数的近似程度不同，截断误差也就不同。在相同的积分步长条件下，算法的阶数越高，截断误差越小。因此，当需要高精度的计算结果时，通常可以采用高阶的数值积分法，并可以用较小的积分步长来提高计算精度。舍入误差是由数字计算机的有限字长而引起的。一个给定的数在计算机内表示时，最后一位总是四舍五入的。舍入误差影响着每次计算，在积分步长较小时，它表现得特别重要，特别是计算机字长位数较小时更是如此。一般说，舍入误差是在计算过程中逐步积分，并且随着计算时间的增长、数值积分方法的阶次的提高和积分步长的减小而逐步增大，既然总的数字仿真误差是截断误差和舍入误差之和，那么积分步长和仿真误差之间就不是单调关系了，而是一个具有极值的函数，如图 2-16 所示。

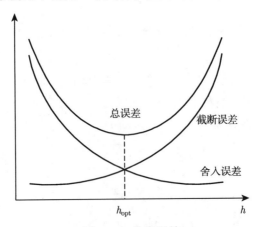

图 2-16　仿真误差

由图 2-16 可知，理论上存在一个使总的仿真误差为最小的最佳积分步长，当积分步长小于该值时，由于舍入误差大而使总误差增加，而当积分步长大于该值时，又由于截断误差变大而使总误差增加。这个最佳积分步长与所采用的数值积分法有关，同时与所使用的数字计算机特性有关。

2.6.3　积分方法、步长、阶数的选择

在数字仿真过程中，所涉及的仿真对象是千变万化的，显然不可能有一种万能的方法能适应对象系统的要求。一般地讲，如何选择积分方法、步长和阶数应根据问题和精度要求而定。对具体问题进行数字仿真，方法确定后，也不能说是积分方法的阶数越高，积分步长越小，其数值解的精度就越高，效果就越好。如果一个问题对计算结果本来要求不高，就不一定非要选择精度高的计算公式了。下面简要说明如何选择积分方法、步长和阶数。

1. 关于积分方法的选择

(1) 普通的问题。

所谓普通的问题是指比较简单的问题，而且计算工作量不大。它们即使采用最差的求解方法，计算所耗费的时间也很少，决定最合适方法的原则是要尽量减少准备程序的时间，因此具有定步长的古典龙格-库塔法是最方便的一种方法，如果不需要那么高的精度，则可将积分步长加倍再往下计算，当然也可以使用其他不需要特别计算出发值的方法。若问题虽然简单 (如线性情况)，但条件很坏 (如 Stiff 方程)，此时若采用龙格-库塔法就会因为稳定性的要求，积分步长被迫缩得非常小，会使舍入误差积累过大，而变得不合适，在这种情况下可改用梯形法 (即二阶龙格-库塔法) 或用直接方法解出。

(2) 具有间断点的问题。

不少问题在许多点上有间断的导数，如火箭轨道，当机器开启和关闭时，二阶导数将出现问题，使用泰勒展开式所得的公式在经过这种间断点时，阶数就必须加以限制。如火箭问题在计算到不连续点时，就不能用高于一阶的方法，如果使用 k 步公式，当在 $[t_{n-k}, t_n]$ 中出现间断点时，也只能限于使用一阶方法，所以对于间断问题使用单步公式最为合适，对于这种问题，龙格-库塔法及外推法都是合适的。

(3) 高阶问题。

高阶问题一般总是将其转换成一阶方程组来处理，而在有些情形，也可以对高阶问题进行直接处理，此时，亚当姆斯多步法的多值推广是最方便的。

(4) Stiff 问题。

在实际工程控制系统中，常存在相差很大的时间常数，这种系统的方程称为 Stiff 方程，也称为坏条件方程和病态方程。关于 Stiff 方程的数值解法，需要针对具体问题，采取不同的措施。

2. 积分步长的选择

在具体应用仿真技术时，首先会遇到一个实际问题，即如何选择积分步长？一般来讲，积分步长 h 的选择应遵循以下两个原则。

(1) 首先要求保证计算稳定。例如，当采用四阶龙格-库塔法时，就要求步长 h 小于系统中最小时间常数的 2.78 倍。

(2) 要求有一定的计算精度。通常，采用数值积分法时，舍入误差比较小，可忽略不计，因此主要误差是截断误差，它将随 h 加大而加大，使截断误差超过允许值。

以上两条都是要求限制 h 不能过大。但是，这并不是说步长 h 越小越好，因为 h 越小，计算量越大。所以最好的选择应该是，在保证计算稳定性及计算精度的要求下，选最大

步长。

在选择积分步长时，除计算精度外需要考虑的另一个重要因素就是仿真系统的动态响应。如果系统的动态响应较快，导数变化较为激烈，不仅积分步长要先选用较小的值，而且仿真方法也应采用高阶数值积分法。但由于一般的控制系统阶跃响应曲线如图 2-17 所示，即一开始 $y(t)$ 变化较陡，如果采用同一积分步长仿真整个过程，那么为了达到较高的计算精度，就必须按起始阶段来选取步长，这样在仿真的后期就显得十分浪费了。一般可以采用变步长的方法，按系统的过渡过程粗略地将其分为几段，每一段都预先给定一个积分步长，当过渡过程进入该段后就自动地改变积分步长为预先给定的数值。

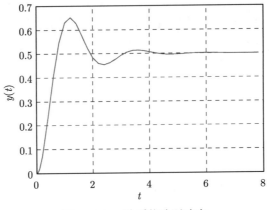

图 2-17　二阶系统阶跃响应

对于一般工程系统的仿真，常采用固定步长的方法，但由于不同的计算方法的步长与精度的关系不同，为了达到同样的仿真精度，步长也应根据所用方法来选取。若采用四阶龙格–库塔法，为保证计算精度在 0.5% 左右，可采用以下经验公式：

$$h \leqslant \frac{t_s}{40} \text{或} \frac{1}{5\omega_c} \tag{2-43}$$

式中，t_s 为系统在阶跃函数作用下的调节时间；ω_c 为系统开环频率特性的截止频率 (若系统中有小闭环，则 ω_c 及 t_s 均应按反应最快的小闭环考虑)，如果采用的数值积分方法的阶数较低，则积分步长 h 也要相应减小。

由于复杂仿真系统的 t_s 及 ω_c 很难估计，或者由于系统是非线性的，根本无法估计 t_s 及 ω_c，因此最为可靠的方法是通过对截断误差的估计来自动改变步长、控制步长。但由于计算是在不知道真解的情况下进行的，因此估计计算精度是十分重要的。目前，有许多计算方法都是根据估计截断误差来调整积分步长的。如通过半步长计算，比较计算结果，若差异超过允许精度范围则继续减半步长，直到计算结果满足精度。如用步长 $h=0.2$ 计算函数值，然后再用 $h=0.1$ 计算，若两者差达到预先给定的精度指标，则以此结果为该时刻的函数值，否则再以 $h=0.05$ 为步长计算，直到相邻时刻的计算函数值达到精度指标。采用这种方法可以每计算一步就比较一步，不断调整积分步长，使计算精度满足要求，当然计算工作量增加很多。当函数 $f(x,t)$ 为 x 线性函数时可以采用龙格–库塔–梅森公式方便地在计算过程中估计误差，从而决定缩小或放大步长，以达到控制误差的目的。龙格–库塔–梅森公式是一个四阶龙格–库塔型公式，在计算过程中只多算一个函数值，就能给出每一步的误差，它的具体公

式为

$$\eta_0 = x_n, \quad K_0 = f(\eta_0)$$
$$\eta_1 = \eta_0 + K_0/3, \quad K_1 = hf(\eta_1)$$
$$\eta_2 = \eta_0 + (K_0 + K_1)/6, \quad K_2 = hf(\eta_2)$$
$$\eta_3 = \eta_0 + \frac{1}{8}(K_0 + 3K_2), \quad K_3 = hf(\eta_3)$$
$$\eta_4 = \eta_0 + \frac{1}{2}(K_0 - 3K_2 + 4K_3), \quad K_4 = hf(\eta_4)$$
$$x_{n+1} = \eta_5 = \eta_0 + \frac{1}{6}(K_0 + 4K_3 + K_4)$$

易证:

$$\eta_1 = x\left(t_n + \frac{h}{3}\right) + o(h^2)$$
$$\eta_2 = x\left(t_n + \frac{h}{3}\right) + o(h^3)$$
$$\eta_3 = x\left(t_n + \frac{h}{2}\right) + o(h^4)$$
$$\eta_4 = x(t_n + h) + o(h^5)$$
$$\eta_5 = x_{n+1} = x(t_{n+1}) + o(h^6)$$

若

$$f(x, t) = ax + bt$$

则

$$\eta_4 = x(t_{n+1}) + o(h^5)$$

梅森曾证明:

$$\eta_4 = x(t_{n+1}) - \frac{1}{120}h^5 x^{(5)} + o(h^6)$$
$$\eta_5 = x(t_{n+1}) - \frac{1}{720}h^5 x^{(5)} + o(h^6)$$

因此, $\eta_5 - \eta_4$ 就可以用来估计局部误差, 如果这个量过大, 则将 h 缩小, 反小则将 h 放大。

在此还需要重提的是, 不能盲目地靠缩小步长来减小数值积分误差, 当积分步长小于最佳积分步长时, 由于舍入误差的主导作用, 仿真误差还是增加的。

3. 阶数的选择

对于给定的问题, 究竟选择多高阶数的方法, 应按所要求的精度来确定才是合理的。一般讲, 当精度要求不高时, 可取低阶方法, 相反就要考虑高阶的方法, 不过这里存在一个计算工作量的问题, 阶数越高的方法给计算机造成的负担也就越大。另外, 也不能绝对地说, 对于给定的步长, 阶数越高的方法所得的精度就一定越高, 图 2-18 给出了这方面的说明。

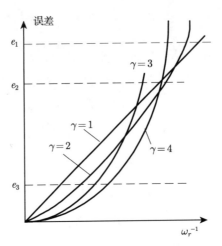

图 2-18   阶数与误差的关系

图 2-18 中，ω_r^{-1} 表示计算工作量的倒数，γ 表示方法的阶数。从图中可以看出，得到误差 e_1 最经济的方法是一阶方法，而得到 e_2 最经济的方法是二阶方法，得到 e_3 最经济的方法是四阶方法。

2.6.4   Stiff 方程

对于方程 $\mathrm{d}x/\mathrm{d}t = \lambda x$，有解 $x(t) = Ce^{\lambda t}$，如果 λ 是负的，则 $T = -1/\lambda$ 称为时间常数，显然 $|\lambda|$ 越大，时间常数越小。

在实际工程控制系统中，常存在相差很大的时间常数，本书将用来描述这种系统的方程称为 Stiff 方程。

例如，考虑系统的方程：

$$\begin{aligned}\dot{x}_1 &= -x_1 \\ \dot{x}_2 &= -10000x_2\end{aligned} \tag{2-44}$$

初始条件为

$$x_1(0) = 1, \quad x_2(0) = 1$$

对于第一个方程，可以求得其时间常数 $T_1 = 1$，由第二个方程求得其时间常数 $T_2 = 0.0001$，由于

$$\frac{T_1}{T_2} = \frac{1}{0.0001} = 10^4 \gg 1 \tag{2-45}$$

所以，可以认为式 (2-44) 属于 Stiff 方程。

又如，考虑：

$$\begin{aligned}\dot{y}_1 &= 9998y_1 + 19998y_2 \\ \dot{y}_2 &= -9999y_1 - 19999y_2\end{aligned} \tag{2-46}$$

由于式 (2-46) 是由式 (2-44) 经过

$$\begin{bmatrix} y_1 \\ y_2 \end{bmatrix} = \begin{bmatrix} 2 & -1 \\ -1 & 1 \end{bmatrix} \begin{bmatrix} x_1 \\ x_2 \end{bmatrix}$$

导出的，因此，y_1、y_2 有类似的性质，它们的解为

$$y_1 = 2\mathrm{e}^{-t} - \mathrm{e}^{-10000t}$$

$$y_2 = \mathrm{e}^{-t} + \mathrm{e}^{-10000t}$$

可见，两个分量都含有快变和慢变分量，所以式 (2-46) 也属于 Stiff 方程。下面给出 Stiff 方程的一般定义。

对于方程组：

$$\begin{cases} \dfrac{\mathrm{d}\boldsymbol{x}}{\mathrm{d}t} = \boldsymbol{F}(\boldsymbol{x}, t) \\ \boldsymbol{x}(t_0) = \boldsymbol{x}_0 \end{cases} \tag{2-47}$$

式中，$\boldsymbol{x} = (x_1, x_2, \cdots, x_n)^{\mathrm{T}}$；$\boldsymbol{F} = (f_1, f_2, \cdots, f_n)^{\mathrm{T}}$。

若 Jacobi 矩阵：

$$\frac{\partial \boldsymbol{F}}{\partial \boldsymbol{x}} = \begin{bmatrix} \dfrac{\partial f_1}{\partial x_1} & \dfrac{\partial f_1}{\partial x_2} & \cdots & \dfrac{\partial f_1}{\partial x_n} \\ \dfrac{\partial f_2}{\partial x_1} & \dfrac{\partial f_2}{\partial x_2} & \cdots & \dfrac{\partial f_2}{\partial x_n} \\ \vdots & \vdots & & \vdots \\ \dfrac{\partial f_n}{\partial x_1} & \dfrac{\partial f_n}{\partial x_2} & \cdots & \dfrac{\partial f_n}{\partial x_n} \end{bmatrix} \tag{2-48}$$

的特征值 $\lambda_k = \alpha_k + \mathrm{j}\beta_k (k = 1, 2, \cdots, n)$，当存在

$$\mathrm{Re}\lambda_k = \alpha_k < 0, \quad k = 1, 2, \cdots, n$$

而

$$S = \frac{\max |\mathrm{Re}\lambda_k|}{\min |\mathrm{Re}\lambda_k|} \gg 1 \tag{2-49}$$

时，则称式 (2-47) 是 Stiff 方程。

从物理上讲，特征值的实部 $\mathrm{Re}\lambda_k = \alpha_k$，当 $\alpha_k > 0$ 时表示运动振幅的增长，反之 $\alpha_k < 0$ 则表示振幅衰减；特征值的虚部 $\mathrm{Im}\lambda_k = \beta_k$ 表示周期性振荡的频率，而 $|\mathrm{Re}\lambda_k|$ 就是一个与物理系统时间常数所关联的量。

由于 $S \gg 1$，求这类问题的数值解就成了一个困难的问题。在使用通常的数值解法时，要受到对稳定性的要求限制，即 $|h\lambda_k|(k = 1, 2, \cdots, n)$ 不得超过某个量。所以，在发生上述情况时，积分步长就需要取得很小，其结果造成舍入误差的大量积累，致使得到的数值解失真。然而，从方法满足一定的精度的要求出发，h 并不需要取得这么小，从物理上讲这更是非本质的，有时人们也称 Stiff 方程为坏条件方程和病态方程。

关于 Stiff 方程的数值解法，也是针对具体问题，采取不同的措施。如式 (2-44)，由于第一式与第二式是独立的，当然可以分别取不同的积分步长，分别进行积分，但是实际工程系统往往是式 (2-46) 的类别，所以要求有更有效的解决方法，由于本章篇幅有限，只介绍适用于不同情况的 Stiff 方程的线性方法——Treanor 方法。

由于许多 Stiff 方程都具有如下形式：

$$\frac{\mathrm{d}\boldsymbol{x}}{\mathrm{d}t} = -\boldsymbol{P}(\boldsymbol{x} - \tilde{\boldsymbol{x}}) \tag{2-50}$$

式中，$\boldsymbol{P}$ 为相当大的一个数；$\tilde{\boldsymbol{x}}$ 为 t 的变化缓慢的函数，它可以用 t 的含有未知参数的幂级数来逼近，而这些参数可以在积分过程中确定。

Treanor 方法就是建立在上述假设下的适合于 Stiff 方程的龙格–库塔公式的一种变形，在正常条件下，它还原成龙格–库塔公式。

设

$$\frac{\mathrm{d}x_i}{\mathrm{d}t} = f_i(x_i, t)$$

在每一个子区间 $[t_n, t_{n+1}]$ 中可以用

$$\frac{\mathrm{d}x_i}{\mathrm{d}t} = -(P_i)_n x_i + (a_i)_n + (b_i)_n t + (c_i)_n t^2 \tag{2-51}$$

来逼近，其中四个常数 a_i、b_i、c_i、P_i 可以用 $f_i(x,t)$ 在区间 $[t_n, t_n + h]$ 中的四个点来确定，这里与四阶龙格–库塔方法一样，可选用 t_n、$t_n + h/2$、$t_n + h/2$、t_{n+1} 这四个点，于是向量 $\boldsymbol{x}$ 的每个分量可以用下面的公式来计算：

$$x_{n+1/2}^{(1)} = x_n + \left(\frac{h}{2}\right) f_n$$

$$f_{n+1/2}^{(1)} = f\left(x_{n+1/2}^{(1)}, t_n + \frac{h}{2}\right)$$

$$x_{n+1/2}^{(2)} = x_n + \left(\frac{h}{2}\right) f_{n+1/2}^{(1)} \tag{2-52}$$

$$f_{n+1/2}^{(2)} = f\left(x_{n+1/2}^{(2)}, t_n + \frac{h}{2}\right)$$

$$x_{n+1}^{(3)} = x_n + h\left[2f_{n+1/2}F_2 + 2f_{n+1/2}^{(1)}PhF_2 + f_n\left(F_1 - 2F_2\right)\right]$$

$$f_{n+1/2}^{(3)} = f(x_{n+1}^{(3)}, t_n + h)$$

$$x_{n+1} = x_n + hf_nF_1 + hV_3\left(Px_n + f_n\right) + hV_2\left(P_2x_{n+1/2}^{(1)} + f_{n+1/2}^{(1)}\right)$$
$$+ hV_2\left(Px_{n+1/2}^{(2)} + f_{n+1/2}^{(2)}\right) + hV_1\left(Px_{n+1}^{(3)} + f_{n+1}^{(3)}\right)$$

式中

$$F_1 = \frac{\mathrm{e}^{-ph} - 1}{-ph}, \quad F_2 = \frac{\mathrm{e}^{-ph} - 1 + ph}{(ph)^2}$$

$$F_3 = \frac{\mathrm{e}^{-ph} - 1 + ph - \frac{1}{2}(ph)^2}{-(ph)^3}$$

$$V_1 = -F_2 + 4F_3$$

$$V_2 = 2(F_2 - 2F_3)$$

$$V_3 = 4F_3 - 3F_2$$

在上述公式中出现的 P 为

$$P_i = \frac{f_{i,n+1/2}^{(2)} - f_{i,n+1/2}^{(1)}}{x_{i,n+1/2}^{(2)} - x_{i,n+1/2}^{(1)}}$$

中的最大值, 对 m 个方程均使用同一标量 P 是为了保证 m 个方程都有同样的差分步长, 若所有的 P_i 均为负的, 即 $\partial F/\partial x$ 的差分近似:

$$\frac{f_{i,n+1/2}^{(2)} - f_{i,n+1/2}^{(1)}}{x_{i,n+1/2}^{(2)} - x_{i,n+1/2}^{(1)}}$$

均为正数, 所以问题为非 Stiff 方程, 可用寻常的方法积分, 此时令 $P=0$, 通过极限运算得到

$$F_1 = 1, \quad F_2 = 1/2, \quad F_3 = 1/6$$
$$V_1 = 1/6, \quad V_2 = 1/3, \quad V_3 = 5/6$$

此时, Treanor 公式就还原成四阶龙格–库塔公式。

Treanor 方法的具体计算步骤如下:

(1) 选取一个初始积分步长 h;

(2) 由式 (2-52) 的前二个方程计算 $x_{n+1/2}^{(1)}$ 及 $x_{n+1/2}^{(2)}$;

(3) 计算 P_i 的最大值 P, 若所有的 $P_i < 0$, 则令 $P = 0$;

(4) 由式 (2-52) 的最后一个方程计算 x_{n+1};

(5) 若每一个 $(x_{n+1} - x_n)/|x_{n+1}| > \varepsilon_{\max}$, 令 $h = h/2$ 并转向第 (2) 步, 若每一个 $(x_{n+1} - x_n)/|x_{n+1}| < \varepsilon_{\min}$, 令 $h = 2h$ 并转向第 (2) 步。

Treanor 方法的优点是由于它是显式的, 便于程序设计。特别地, 对于一般条件好的方程, 它就还原为四阶龙格–库塔方法, 而对于坏条件方程它又增加了稳定性。最后需要强调的是, 近年来, 随着控制系统仿真技术的不断发展, 出现了各种求解 Stiff 方程的数值方法, 有兴趣的读者可以查阅相关文献, 这里不再赘述。

2.7　数字仿真程序

对于一个用常系数微分方程 (组) 描述的控制系统, 进行数字仿真的最核心的问题是建立求解这类方程 (组) 的数值方法和编制通用仿真程序。本节将根据前两节介绍的系统数学模型和数值积分法来编制仿真系统。通过分析完整的控制系统仿真程序的结构, 了解建立仿真程序的基本思想和方法。

2.7.1　面向传递函数的仿真程序

面向传递函数的仿真程序见程序 2-1, 扫二维码可见。程序流程图见图 2-19。

1. 用途

本程序可以对单输入单输出的线性系统进行数字仿真。具体地说, 当已知一个线性系统的闭环传递函数时, 可以由本程序解出该系统对阶跃函数输入信号的响应。

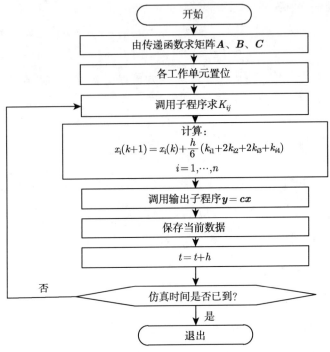

图 2-19 仿真程序 2-1 流程图

2. 原理

已知线性系统由如下传递函数所描述：

$$G(s) = \frac{Y(s)}{U(s)} = \frac{c_1 s^{n-1} + c_2 s^{n-2} + \cdots + c_{n-1} s + c_n}{s^n + a_1 s^{n-1} + a_2 s^{n-2} + \cdots + a_{n-1} s + a_n}$$

易化成状态方程和输出方程：

$$\dot{\boldsymbol{x}} = \boldsymbol{A}\boldsymbol{x} + \boldsymbol{B}\boldsymbol{u}$$
$$\boldsymbol{y} = \boldsymbol{C}^{\mathrm{T}}\boldsymbol{x}$$

式中

$$\boldsymbol{A} = \begin{bmatrix} 0 & 1 & 0 & 0 & \cdots & 0 \\ 0 & 0 & 1 & 0 & \cdots & 0 \\ \vdots & \vdots & \vdots & & \vdots & \\ \vdots & \vdots & \vdots & & \vdots & \\ 0 & 0 & 0 & 0 & \cdots & 1 \\ -a_n & -a_{n-1} & -a_{n-2} & -a_{n-3} & \cdots & -a_1 \end{bmatrix}, \quad \boldsymbol{B} = \begin{bmatrix} 0 \\ 0 \\ \vdots \\ \vdots \\ 0 \\ 1 \end{bmatrix}, \quad \boldsymbol{C} = \begin{bmatrix} c_n \\ c_{n-1} \\ \vdots \\ \vdots \\ c_2 \\ c_1 \end{bmatrix}$$

采用定步长四阶龙格–库塔法求解状态方程，并由输出方程得到输出响应。

3. 功能

本程序只需输入系统阶数及传递函数各系数即可求出其阶跃响应，计算结果以数据文件形式输出，使用十分方便。

为保证数值计算精度，积分步长 h 应小于 $t_s/100$ 或 $1/5\omega_c$；其中 t_s 为系统阶跃响应的调节时间，ω_c 为系统的最大截止频率。

4. 程序说明

程序中部分变量说明如下：

n：系统阶数；

h：计算步长；

t：计算时间；

$t_{\max}$：计算总时间；

U：输入阶跃函数的幅度。

5. 使用说明

(1) 将系统以闭环传递函数形式表示，并使 $a_0=1$；

(2) 输入参数：n、h、U、$t_{\max}$ 等；

(3) 输入传递函数系数：将 $a_n, a_{n-1}, \cdots, a_1$ 依次输入 $\boldsymbol{A}$ 数组中；将 $c_n, c_{n-1}, \cdots, c_1$ 依次输入 $\boldsymbol{C}$ 数组中；

(4) 输入参数完毕后即可进行运行。

(5) 以上程序认为系统是零初始条件，如果系统不是零初始条件，则必须将 $u^{(1)}(0)$ 和 $y^{(1)}(0)$ 表示的初值按式 (2-8) 换成状态量 x_i 的初值，但此时矩阵 $\boldsymbol{A}$、$\boldsymbol{B}$、$\boldsymbol{C}$ 的内容已变化，应按式 (2-8) 和式 (2-9) 设置，输入状态量初值 $x_i(0)$，这时程序要进行改编和扩充，有兴趣的读者可以自行编制，其原理是相同的。

6. 应用举例

对例 2-1 给出的发动机转速控制系统进行仿真，系统的传递函数为

$$G(s) = \frac{N(s)}{N_0(s)} = \frac{133.439s + 208.50}{s^3 + 23.602s^2 + 161.235s + 209.827}$$

输入数据为 $n = 3$，$\mathrm{d}t = 0.001, U = 1, a_3 = 209.827$，$a_2 = 161.235$，$a_1 = 23.6016$，$c_2 = 208.50$，$c_1 = 133.439$。将运算结果绘制成曲线，如图 2-20 所示。

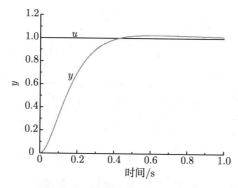

图 2-20　仿真程序 2-1 运行结果

2.7.2　面向状态方程的仿真程序

面向状态方程的仿真程序清单见程序 2-2，扫二维码可见。程序流程图见图 2-21。

当已知一个系统的状态方程时 (可以不是线性系统)，可以由本程序解出该系统对任何输入信号的响应。

已知系统由如下状态方程描述：

$$\dot{\boldsymbol{x}} = \boldsymbol{f}(\boldsymbol{x}, \boldsymbol{u})$$
$$\boldsymbol{y} = \boldsymbol{C}\boldsymbol{x} + \boldsymbol{D}\boldsymbol{u}$$

采用定步长四阶龙格–库塔法求解状态方程，并由输出方程得到输出响应。

这里，状态方程由函数 dif() 实现，如已知系统的状态方程为

$$\begin{bmatrix} \dot{x}_1 \\ \dot{x}_2 \end{bmatrix} = \begin{bmatrix} 0 & 1 \\ -4 & -2.828 \end{bmatrix} \begin{bmatrix} x_1 \\ x_2 \end{bmatrix} + \begin{bmatrix} 0 \\ 4 \end{bmatrix} \boldsymbol{u}$$

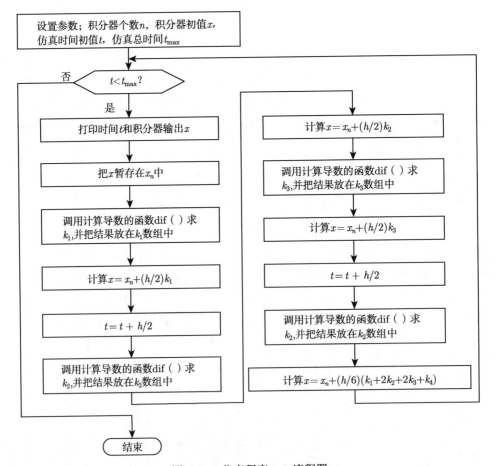

图 2-21　仿真程序 2-2 流程图

对该系统进行仿真，函数 dif() 可以写为如下形式：

```
void dif()
{
double u;
u=1;                    //可以输入任何形式的输入
dotx[0]=x[1];           //可以是线性或非线性的状态方程
dotx[1]=4*u-2.828*x[1]-4*x[0];
}
```

程序中使用的变量含义如下：i、n 分别为循环控制和积分器个数变量；h、t、$t_{\max}$ 分别为步长、时间和仿真总时间变量；$x_n[10]$ 表示 t_n 时刻 x 值的临时变量数组。

程序运行结果如图 2-22 所示。

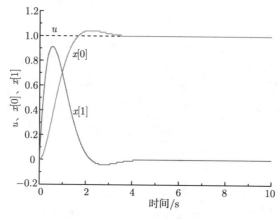

图 2-22　仿真程序 2-2 运行结果

2.8　循序渐进仿真航空动力控制系统

2.8.1　电液伺服阀

现代航空发动机中，控制器通过控制系统中的执行机构来控制发动机的工作状态。这些执行机构包括燃油流量控制装置 (计量阀)、矢量喷口控制装置、风扇可调叶片控制装置、进气道控制装置以及涡轮间隙主动控制装置等。在这些控制装置 (系统) 中，控制元件或测量元件输出的信号如位移、力或电量等的驱动功率都很小，一般不足以推动执行机构，如柱塞泵的斜盘、燃油控制装置中的油门等的动作。因此，需要放大器对微小信号进行放大，系统才能正常工作。

放大器的种类有很多，发动机控制系统中常用的有液压放大器和电动放大器等。液压放大器是以液体作为工作介质，由于燃油控制系统本身就是一个液压系统，而且可以直接利用高压燃油的能量，因此在发动机控制系统中，液压放大器尤其是滑阀式和喷嘴挡板式液压放大器应用得最为广泛。液压放大器的主要优点是结构紧凑、功率密度大。当控制元件或测量元件的输出端是电信号时，不能直接用液压放大器，而需要采用电液伺服阀、高速电磁阀等。

电液伺服阀既是电液转换元件, 也是功率放大器。它能够将小功率的电信号输入转换为大功率的液压能 (流量与压力) 输出, 在电液伺服系统中, 将电气部分与液压部分连接起来实现电液信号的转换与放大。

电液伺服阀具有体积小、结构紧凑、功率放大系数高、直线性好、死区小、灵敏度高、动态性能好、响应速度快等优点, 因此在发动机数字式电子控制系统中得到了广泛应用。

1. 电液伺服阀结构及工作原理

图 2-23 和图 2-24 分别为典型双喷嘴挡板两级力反馈式电液伺服阀的外观图和剖面图。图 2-25 为滑阀和衬套组件。图 2-26 为电液伺服阀的结构原理图, 它由电磁和液压两部分组成。电磁部分是永磁式力矩马达, 由永久磁铁、衔铁、控制线圈和弹簧管组成。液压部分是结构对称的两级液压放大器, 前置级是双喷嘴挡板阀, 功率级是四通滑阀。滑阀通过反馈杆与衔铁挡板组件相连。

图 2-23   电液伺服阀外观图

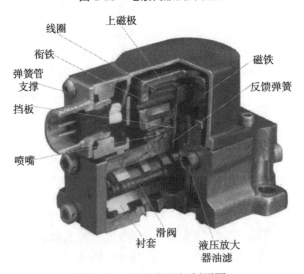

图 2-24   电液伺服阀剖面图

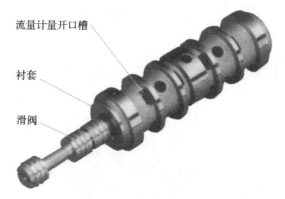

图 2-25　滑阀和衬套组件

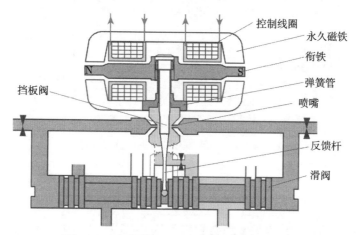

图 2-26　力反馈两级电液伺服阀结构原理图

力反馈两级电液伺服阀的工作原理如下。

(1) 给力矩马达线圈通电,通过线圈的电流产生电磁力作用在衔铁上,如图 2-27 所示;

(2) 衔铁和挡板组件绕着弹簧管衬套旋转,图 2-27 所示为逆时针旋转;

(3) 挡板关小右边的喷嘴,使流向该喷嘴的油液转而流向滑阀;

(4) 在油液的作用下,滑阀移动,打开一个开口使进油 p_s 流入,并打开另一个开口使回油 R 流出;

(5) 滑阀移动时,带动反馈杆末端移动,弹簧变形产生力矩作用在衔铁挡板组件上;

(6) 滑阀移动位移越大,弹簧力矩越大,使挡板朝中间位置移动;

(7) 弹簧力矩和电磁电矩平衡时,挡板回到中间位置,如图 2-28 所示;

(8) 滑阀位移与输入电流成正比;

(9) 当供油压力 p_s 一定时,流向负载的流量与滑阀位移成正比。

2. 电液伺服阀数学模型

(1) 力矩马达。

力矩马达输出力矩 T_m 与输入电流差 $\Delta i = i_1 - i_2$ 成正比:

$$T_{\mathrm{m}}(s) = K_1 \Delta I(s) \tag{2-53}$$

$$\frac{T_{\mathrm{m}}(s)}{\Delta I(s)} = K_1 \tag{2-54}$$

式中，K_1 为力矩马达增益。

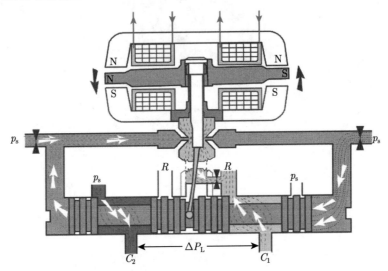

图 2-27　当电流输入时滑阀的位置变化

C_1 表示从负载来的油液；C_2 表示流向负载的油液；ΔP_{L} 表示 C_1 和 C_2 之间的压力差

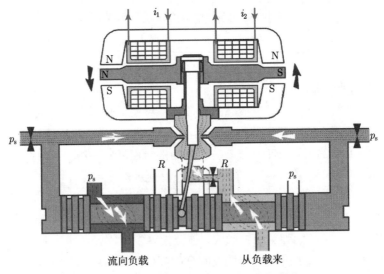

图 2-28　在反馈杆作用下滑阀的位置变化

(2) 衔铁–挡板组件。

衔铁–挡板组件在喷嘴处的位移 X_{f} 与其受到的合力矩 ΔT 的关系为

$$\frac{\Delta T(s)}{X_{\mathrm{f}}(s)} = \frac{1/K_{\mathrm{f}}}{1 + \dfrac{2\zeta}{\omega_{\mathrm{n}}}s + \dfrac{s^2}{\omega_{\mathrm{n}}^2}} \tag{2-55}$$

式中，K_f 为衔铁–挡板组件的净刚度；ζ 为阻尼比；ω_n 为自然频率。

$$\omega_n = \sqrt{\frac{K_f}{I_f}}, \quad \zeta = \frac{1}{2}\frac{b_f}{K_f}\omega_n$$

式中，I_f 为衔铁–挡板组件的转动惯量；b_f 为衔铁–挡板组件的净阻尼。

(3) 喷嘴挡板阀–滑阀。

双喷嘴挡板阀作为液压放大器驱动滑阀，滑阀的流量 ΔQ 与挡板位移成正比：

$$\frac{\Delta Q(s)}{X_f(s)} = K_2 \tag{2-56}$$

式中，K_2 为液压放大器的流量增益。

(4) 滑阀位移 X_s 是滑阀流量 ΔQ 的积分 (当有流体流向滑阀时，位移会一直变化)：

$$\frac{X_s(s)}{\Delta Q(s)} = \frac{1}{As} \tag{2-57}$$

式中，A 为滑芯端部面积。

(5) 反馈杆产生的弹簧力矩 T_b 与滑阀位移 X_s 成正比：

$$\frac{T_b(s)}{X_s(s)} = K_w \tag{2-58}$$

式中，K_w 为反馈杆的刚度。

(6) 从滑阀流向负载的流量 Q_v 与滑阀位移 X_s 的关系：

$$\frac{Q_v(s)}{X_s(s)} = K_3 \tag{2-59}$$

式中，K_3 为滑阀的流量增益。

3. 基于四阶龙格–库塔法的电液伺服阀仿真

表 2-3 列出了 MOOG30 型电液伺服阀的各个参数。

整个伺服阀传递函数的结构框图如图 2-29 所示。

代入表 2-3 所示参数可得到图 2-30 所示的结构框图。

将图 2-29 改为积分环节表示的结构图，如图 2-31 所示。图中，$T = 1/\omega_n$。

由此写出微分方程组：

$$\begin{cases} \dot{X}_1 = -\dfrac{2\zeta}{T}X_1 - \dfrac{1}{T}X_f - \dfrac{K_wK}{T}X_s + \dfrac{K_1K}{T}\Delta i_1 \\[2mm] \dot{X}_f = \dfrac{1}{T}X_1 \\[2mm] \dot{X}_s = \dfrac{K_2}{A}X_f \end{cases} \tag{2-60}$$

表 2-3   MOOG30 型电液伺服阀的各参数的数值或范围

参数符号	数值/范围 (英制单位)	数值/范围 (公制单位)
Δi	$\pm 10\text{mA}$	$\pm 10\text{mA}$
X_s	$\pm 0.015\text{in}$	$\pm 0.000381\text{m}$
Q_v	$\pm 4\text{gpm}$	$\pm 0.00006667\text{kg/s}$
K_1	0.025in-lbs/mA	$2.82\ \text{N·m/A}$
K_2	$150\dfrac{\text{in}^3/\sec}{\text{in}}$	$0.09677\dfrac{\text{m}^3/\text{s}}{\text{m}}$
K_3	$42.47\dfrac{\text{in}^3/\sec}{\text{in}}$	$0.0274\dfrac{\text{m}^3/\text{s}}{\text{m}}$
A	0.026in^2	0.00001677m^2
K_f	115in-lbs/in	$510.76\ \text{N·m/m}$
K_w	16.7in-lbs/in	$74.17\ \text{N·m/m}$
b_f	$0.016\dfrac{\text{in}-\text{lbs}}{\text{in}/\sec}$	$0.07106\dfrac{\text{N·m}}{\text{m/s}}$
I_f	$4.4\times 10^{-6}\dfrac{\text{in}-\text{lbs}}{\text{in}/\sec}$	$1.9542\times 10^{-5}\dfrac{\text{N·m}}{\text{m/s}}$
ω_n	814Hz	5112rad/s
ζ	0.4	0.4
$K_\text{v}=\dfrac{K_2 K_\text{w}}{K_\text{f}A}$	$840\ \sec^{-1}$	$840\ \text{s}^{-1}$

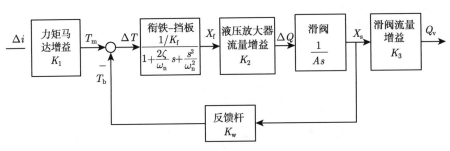

图 2-29   伺服阀的结构框图

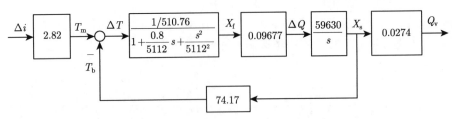

图 2-30   代入数值的伺服阀的结构框图

采用四阶龙格–库塔法对该控制系统进行仿真, 选仿真步长为 0.1ms, 仿真时间为 20ms, 输入为 10mA 的阶跃电流。

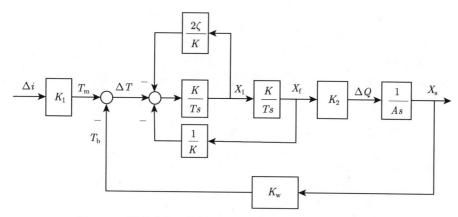

图 2-31　用积分器、比例器和加法器构成的伺服阀结构框图

　　MATLAB 仿真程序如下：

子函数 valve.m

```
function xdot=valve(x,di)

xdot= [0;0;0];
K = 1/510.76;
T = 1/5112.;
sita = 0.4;
K1 = 2.82;
K2 = 0.09677;
A = 0.00001677;
Kw = 74.17;

xdot(1) = -2*sita/T * x(1) - 1/T * x(2) - Kw*K/T * x(3) + K1*K/T * di;
xdot(2) = 1/T * x(1);
xdot(3) = 1/A*K2 * x(2);
```

主程序 simuvalve.m

```
clear;
xn = [0;0;0];
x  = [0;0;0];
dotx = [0;0;0];

h = 0.0001;
di = 0.01;
i=1;
for t=0:h:0.02
```

```
    xn = x;

    dotx = valve(x,di);
    k1 = dotx;
    x   = xn + (h/2)* k1;
    dotx = valve(x,di);
    k2 = dotx;
    x   = xn + (h/2)* k2;
    dotx = valve(x,di);
    k3 = dotx;
    x   = xn + h* k3;
    dotx = valve(x,di);
    k4 = dotx;

    x = xn + h/6 * (k1 + 2*k2 + 2*k3 + k4);

    tt(i) = t;
    xxf(i)= x(2);
    xxs(i) = x(3);
    i = i+1;
end

plot(tt,xxf,tt,xxs);
```

仿真结果如图 2-32 所示。

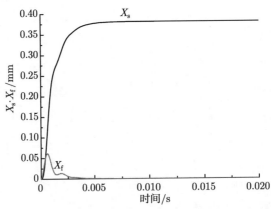

图 2-32　在阶跃电流作用下伺服阀的位移响应曲线

从图 2-32 中可以看出，当 10mA 的阶跃电流作用于电液伺服阀时，挡板位移 X_f 先变大，然后逐渐回到零位 (中间位置)，而滑阀位移 X_s 最终到达一个稳定值。

为什么选择仿真步长为 0.1ms 呢? 如果选择较大的仿真步长, 如 1ms, 仿真结果有什么不同呢?

从图 2-32 的仿真结果可以看到, 电液伺服阀的响应速度非常快, 阶跃响应的调节时间小于 5ms。实际上, 我们可以把图 2-29 作进一步简化。

衔铁–挡板组件的传递函数为

$$\frac{X_{\mathrm{f}}(s)}{\Delta T(s)} = \frac{1/510.76}{1 + \frac{0.8}{5112}s + \frac{s^2}{5112^2}} \tag{2-61}$$

由于其自然频率 (频率特性的带宽频率)ω_{n}=5112rad/s, 即该环节具有很大的带宽, 因此该传递函数可以近似为比例环节:

$$\frac{X_{\mathrm{f}}(s)}{\Delta T(s)} = 1/510.76 \tag{2-62}$$

求得图 2-30 所示系统的近似传递函数为

$$\frac{X_{\mathrm{s}}(s)}{\Delta I(s)} = \frac{0.0381}{0.0012s + 1} \tag{2-63}$$

即该电液伺服阀在 10mA 的阶跃电流作用下, 稳态输出为 0.0381×0.01=0.000381m, 调节时间为 1.2ms×3=3.6ms。

根据仿真步长要求 $h < \frac{1}{5\omega_{\mathrm{c}}} = \frac{T}{5} = 0.24$ms, 这里我们选择 0.1ms。如果步长过大, 将会导致该系统的仿真结果不稳定。

2.8.2　燃油计量装置

1. 燃油计量装置结构与工作原理

航空发动机燃油控制系统中, 若燃油泵为非变量泵, 通往燃烧室的燃油流量主要通过燃油计量装置控制, 其结构如图 2-33 所示。图中, 燃油计量装置主要由滑阀、液压缸、位移传感器、计量阀和等压差阀构成。滑阀、液压缸和位移传感器构成位置系统, 通过滑阀控制流向液压缸的油液流量和方向, 液压缸输出力和位移用于调节计量阀的开度, 位移传感器将液压缸输出杆位移 (即计量阀位移) 反馈给控制器, 实现该位移的高精度闭环控制。等压差阀保持计量阀前后的压差恒定, 因而由节流口流量方程可得

$$Q = C_{\mathrm{d}}\omega X_{\mathrm{v}}\sqrt{\frac{2}{\rho}(p_{\mathrm{m1}} - p_{\mathrm{m2}})} \tag{2-64}$$

式中, C_{d} 为伺服阀阀芯窗口的流量系数; ω 为阀口面积梯度; X_{v} 为阀芯位移; p_{m1} 和 p_{m2} 分别为计量阀前后压力。由式 (2-64) 可知流量由节流口的开度, 即液压缸输出杆的位移唯一决定。由燃油计量装置工作原理可知, 通过对伺服系统中位移的高精度闭环控制间接实现对燃油量的闭环控制。

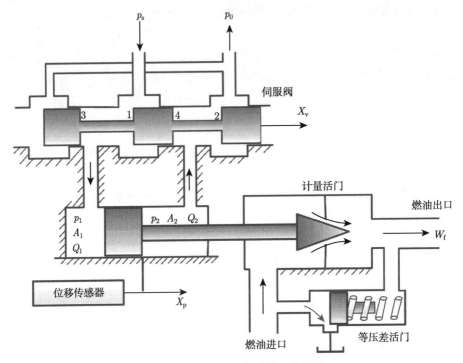

图 2-33 燃油计量装置的工作原理

2. 燃油计量装置数学模型

在燃油计量装置建模过程前,首先建立如下假设:

(1) 定压阀的供油压力 p_s 恒定不变,回油压力 $p_0 = 0 \sim 5\text{bar}(0 \sim 0.5\text{MPa})$;

(2) 阀口为理想的零开口四通滑阀,忽略阀的泄漏;

(3) 节流口处的流动为湍流;

(4) 阀具有理想的响应能力,即对应于阀芯位移和阀压降变化相应的流量变化能瞬间发生;

(5) 所有连接管道都短而粗,管道内的摩擦损失、液体质量影响和管道动态忽略不计。

相关符号参数说明如下: p_s,供油压力,Pa; p_0,回油压力,Pa; Q_1,活塞无杆腔流量,m³/s; Q_2,活塞有杆腔流量,m³/s; p_1,活塞无杆腔压力,Pa; p_2,活塞有杆腔压力,Pa; A_1,活塞无杆腔有效作用面积,m²; A_2,活塞有杆腔有效作用面积,m²; F,活塞与计量阀之间的作用力,N; X_v,阀芯位移,m; X_p,活塞位移,m; v,活塞运动速度,m/s; m,活塞的等效质量,kg; B,活塞运动的黏性阻尼系数,N·s/m。

下面列出各元件的数学方程。

1) 滑阀

当活塞按图 2-33 所示方向运动时,活塞杆伸出,活塞为正向运动。此时阀芯位移为 X_v,伺服阀进口的节流方程为

$$Q_1 = C_d \omega X_v \sqrt{\frac{2}{\rho}(p_s - p_1)} \tag{2-65}$$

伺服阀出口的节流方程为

$$Q_2 = C_d \omega X_v \sqrt{\frac{2}{\rho}(p_2 - p_0)} \tag{2-66}$$

式中，C_d 为伺服阀阀芯窗口的流量系数，无量纲；ω 为阀口面积梯度，m；ρ 为油液的密度，kg/m^3。

2) 液压缸力

液压缸中活塞力平衡方程为

$$p_1 A_1 = p_2 A_2 = m \ddot{X}_p + B \dot{X}_p + F \tag{2-67}$$

式中，F 由计量阀前后压差及所受的液动力决定。

考虑液压缸液压缸中流入和流出油液的可压缩下，流入和流出液压缸的流量连续方程为

$$Q_1 = A_1 \dot{X}_p + C_{ip}(p_1 - p_2) + C_{ep} p_1 + \frac{V_1}{\beta_e} \dot{p}_1 \tag{2-68}$$

$$Q_1 = A_2 \dot{X}_p + C_{ip}(p_1 - p_2) - C_{ep} p_2 - \frac{V_2}{\beta_e} \dot{p}_2 \tag{2-69}$$

式中，C_{ip} 为活塞内泄漏系数，m^3/(s·Pa)；C_{ep} 为活塞外泄漏系数，m^3/(s·Pa)；β_e 为油液的等效容积弹性系数，Pa；V_1 为活塞无杆腔及连接管道容积，m^3；V_2 为活塞有杆腔及连接管道容积，m^3。式 (2-69) 中，等号右边第一项是推动活塞运动所需的流量，第二项是经过活塞密封的内泄漏流量，第三项是经过活塞杆密封处的外泄漏流量，第四项是油液压缩和腔体变形所需的流量。

活塞的工作腔容积可写为

$$V_1 = V_{01} + A_1 X_p \tag{2-70}$$

$$V_2 = V_{02} - A_2 X_p \tag{2-71}$$

式中，V_{01} 为液压缸左腔初始容积，m^3；V_{02} 为液压缸右腔初始容积，m^3。

将初始容积表达式代入流量连续方程，并结合流量方程和力平衡方程可得下列状态方程组：

$$\begin{aligned}
&\dot{X}_p = v \\
&\dot{v} = \frac{1}{m}(p_1 A_1 - p_2 A_2 - Bv - F) \\
&\dot{p}_1 = \frac{\beta_e}{V_{01} + A_1 X}\left[C_d \omega_1 X_v \sqrt{\frac{2}{\rho}(p_s - p_1)} - A_1 v - C_{ip}(p_1 - p_2) - C_{ep} p_1 \right] \\
&\dot{p}_2 = \frac{\beta_e}{V_{02} - A_1 X}\left[A_2 v - C_d \omega_2 X_v \sqrt{\frac{2}{\rho}(p_2 - p_0)} + C_{ip}(p_1 - p_2) - C_{ep} p_2 \right]
\end{aligned} \tag{2-72}$$

以上数学模型是在 $x_v \geqslant 0$ 的情况下建立的。当 $X_v < 0$ 时，有

$$\begin{aligned}
&\dot{p}_1 = \frac{\beta_e}{V_{01} + A_1 X}\left[C_d \omega_1 X_v \sqrt{\frac{2}{\rho}(p_1 - p_0)} - A_1 v - C_{ip}(p_1 - p_2) - C_{ep} p_1 \right] \\
&\dot{p}_2 = \frac{\beta_e}{V_{02} - A_1 X}\left[A_2 v - C_d \omega_2 X_v \sqrt{\frac{2}{\rho}(p_s - p_2)} + C_{ip}(p_1 - p_2) - C_{ep} p_2 \right]
\end{aligned} \tag{2-73}$$

3. 基于四阶龙格–库塔法的燃油计量装置仿真

表 2-4 列出了某型燃油计量装置的各个参数。

表 2-4   某型燃油计量装置的各参数的数值

参数符号	数值（单位）	参数符号	数值（单位）
供油压力 p_s	50×10^5 Pa	回油压力 p_0	2×10^5 Pa
活塞无杆腔压力 p_1	50×10^5 Pa	油液等效容积弹性系数 β_e	0.1Pa
活塞有杆腔压力 p_2	2×10^5 Pa	活塞杆直径 d	70mm
活塞杆受合力 F	38468.8N	活塞直径 D	100mm
活塞运动黏性阻尼系数 B	50N·s/m	活塞最大位移 l	300mm
活塞运动速度 v	0.3m/s	伺服阀阀芯流量系数 C_d	0.62
活塞位移 X_p	0m	阀口面积梯度 ω_1、ω_2	0.62m
活塞内泄漏系数 C_{ip}	0.4×10^{-11} m³/(s·Pa)	活塞外泄漏系数 C_{ep}	0.4×10^{-11} m³/(s·Pa)
油液密度 ρ	870kg/m³		

选取仿真步长 $h = 0.02$s，并结合表 2-4 所示参数，式 (2-72) 可写为

$$\dot{X}_p = v$$

$$\dot{v} = 0.0021 p_1 - 0.0011 p_2 - 13.5135 v - 1.04 \times 10^4$$

$$\dot{p}_1 = \frac{1}{6 \times 10^{-4} + 7.9 \times 10^{-3} X_p} \left(3.844 \times 10^{-2} X_v \sqrt{1.15 \times 10^4 - 2.3 \times 10^{-3} p_1} \right.$$
$$\left. - 7.9 \times 10^{-3} v - 8 \times 10^{-12} p_1 + 4 \times 10^{-12} p_2 \right) \tag{2-74}$$

$$\dot{p}_2 = \frac{1}{6 \times 10^{-4} - 4 \times 10^{-3} X_p} \left(4 \times 10^{-3} v - 3.844 \times 10^{-2} X_v \sqrt{2.3 \times 10^{-3} p_2 - 460} \right.$$
$$\left. - 8 \times 10^{-12} p_2 + 4 \times 10^{-12} p_1 \right)$$

初始时刻取滑阀阀芯位移初值 $X_v(0) = 0.1$m，$v_1(0) = 0.3$m/s，$X_p(0) = 0$m，采用四阶龙格–库塔法进行式 (2-74) 所示的燃油计量装置仿真，其活塞杆输出位移和速度如图 2-34 和图 2-35 所示。仿真程序包括压力仿真子程序 padotsolve.m 和 pbdotsolve.m，以及活塞速度仿真子程序 vdotsolve.m 和活塞位移仿真子程序 xpdotsolve.m。仿真主程序为 simufuel.m。

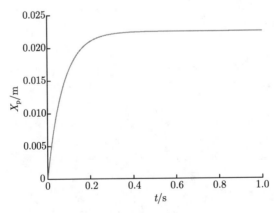

图 2-34   活塞杆输出位移 $X_p(t)$

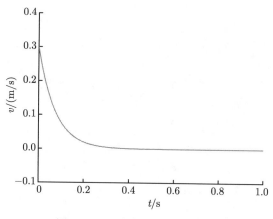

图 2-35　活塞杆输出速度 $v_1(t)$

MATLAB 仿真程序如下。

子函数 padotsolve.m：

```
function padot=padotsolve(xp,pa,pb,v,xv)
pi=3.1415926;
F=38550;                 %% 计量阀前后压差及所受的液动力,N
B=0.1;                   %% 活塞运动的黏性阻尼系数
m=10;                    %% 活塞等效质量
beta=7*10^8;             %% 油液的等效容积弹性系数
d=0.07;                  %% 活塞杆直径
D=0.1;                   %% 活塞直径
l=0.3;                   %% 活塞最大位移
A1=pi*d*d/4;             %% 活塞有杆腔有效作用面积
A2=pi*D*D/4;             %% 活塞无杆腔有效作用面积
V=A2*l;
V01=V/2;                 %% 液压缸左腔初始容积
V02=V/2;                 %% 液压缸右腔初始容积
Cd=0.62;                 %% 伺服阀阀芯窗口的流量系数
omiga1=0.62;             %% 阀口面积梯度
omiga2=0.62;             %% 阀口面积梯度
nuo=870;                 %% 油液密度
ps=5000000;              %% 供油压力,50*10^5Pa
p0=200000;               %% 回油压力,2*10^5Pa
Cip=0.4*10^(-11);        %% 活塞内泄漏系数
Cep=0.4*10^(-11);        %% 活塞外泄漏系数
padot=beta/(V01+A1*xp)*(Cd*omiga1*xv*sqrt(2/nuo*(ps-pa))-A1*v-Cip*(pa-pb)
    -Cep*pa);
```

子函数 pbdotsolve.m:

```
function pbdot=pbdotsolve(xp,pa,pb,v,xv)
pi=3.1415926;
F=38550;                    %% 计量阀前后压差及所受的液动力,N
B=0.1;                      %% 活塞运动的黏性阻尼系数
m=10;                       %% 活塞等效质量
beta=7*10^8;                %% 油液的等效容积弹性系数
d=0.07;                     %% 活塞杆直径
D=0.1;                      %% 活塞直径
l=0.3;                      %% 活塞最大位移
A1=pi*d*d/4;                %% 活塞有杆腔有效作用面积
A2=pi*D*D/4;                %% 活塞无杆腔有效作用面积
V=A2*l;
V01=V/2;                    %% 液压缸左腔初始容积
V02=V/2;                    %% 液压缸右腔初始容积
Cd=0.62;                    %% 伺服阀阀芯窗口的流量系数
omiga1=0.62;                %% 阀口面积梯度
omiga2=0.62;                %% 阀口面积梯度
nuo=870;                    %% 油液密度
ps=5000000;                 %% 供油压力,50*10^5Pa
p0=200000;                  %% 回油压力,2*10^5Pa
Cip=0.4*10^(-11);           %% 活塞内泄漏系数
Cep=0.4*10^(-11);           %% 活塞外泄漏系数
pbdot=beta/(V02-A2*xp)*(A2*v-Cd*omiga2*xv*sqrt(2/nuo*(pb-p0))+Cip*(pa-pb)
    -Cep*pb);
```

子函数 vdotsolve.m:

```
function vdot=vdotsolve(xp,pa,pb,v,xv)
pi=3.1415926;
F=38550;                    %% 计量阀前后压差及所受的液动力,N
B=0.1;                      %% 活塞运动的黏性阻尼系数
m=10;                       %% 活塞等效质量
beta=7*10^8;                %% 油液的等效容积弹性系数
d=0.07;                     %% 活塞杆直径
D=0.1;                      %% 活塞直径
l=0.3;                      %% 活塞最大位移
A1=pi*d*d/4;                %% 活塞有杆腔有效作用面积
A2=pi*D*D/4;                %% 活塞无杆腔有效作用面积
V=A2*l;
```

```
V01=V/2;                  %% 液压缸左腔初始容积
V02=V/2;                  %% 液压缸右腔初始容积
Cd=0.62;                  %% 伺服阀阀芯窗口的流量系数
omiga1=0.62;              %% 阀口面积梯度
omiga2=0.62;              %% 阀口面积梯度
nuo=870;                  %% 油液密度
ps=5000000;               %% 供油压力,50*10^5Pa
p0=200000;                %% 回油压力,2*10^5Pa
Cip=0.4*10^(-11);         %% 活塞内泄漏系数
Cep=0.4*10^(-11);         %% 活塞外泄漏系数
vdot=1/m*(pa*A1-pb*A2-B*v-F);
```

子函数 xpdotsolve.m:

```
function xpdot=xpdotsolve(xp,pa,pb,v)
xpdot=v;
```

主程序 simufuel.m:

```
clear all
clc
h=0.2;
xv=0.1;                   %% 阀芯位移,即输入量
v(1)=0.01;                %% 活塞运动速度
xp(1)=0;                  %% 随动活塞位移
pa(1)=5000000;            %% 活塞无杆腔压力, 取供油压力,即p1
pb(1)=200000;             %% 活塞有杆腔压力, 取回油压力,即p2

for i=2:1:501
    xp1=xp(i-1);
    k1=xpdotsolve(xp1,pa(i-1),pb(i-1),v(i-1));
    xp2=xp(i-1)+k1*h/2;
    k2=xpdotsolve(xp2,pa(i-1),pb(i-1),v(i-1));
    xp3=xp(i-1)+k2*h/2;
    k3=xpdotsolve(xp3,pa(i-1),pb(i-1),v(i-1));
    xp4=xp(i-1)+k2*h;
    k4=xpdotsolve(xp4,pa(i-1),pb(i-1),v(i-1));
    xp(i)=xp(i-1)+h/6*(k1+2*k2+2*k3+k4);     %% 以上为xp部分求解

    pa1=pa(i-1);
    k1=padotsolve(xp(i-1),pa1,pb(i-1),v(i-1),xv);
    pa2=pa(i-1)+k1*h/2;
```

```
        k2=padotsolve(xp(i-1),pa2,pb(i-1),v(i-1),xv);
        pa3=pa(i-1)+k2*h/2;
        k3=padotsolve(xp(i-1),pa3,pb(i-1),v(i-1),xv);
        pa4=pa(i-1)+k2*h;
        k4=padotsolve(xp(i-1),pa4,pb(i-1),v(i-1),xv);
        pa(i)=pa(i-1)+h/6*(k1+2*k2+2*k3+k4);          %% 以上为pa部分求解

        pb1=pb(i-1);
        k1=pbdotsolve(xp(i-1),pa(i-1),pb1,v(i-1),xv);
        pb2=pb(i-1)+k1*h/2;
        k2=pbdotsolve(xp(i-1),pa(i-1),pb2,v(i-1),xv);
        pb3=pb(i-1)+k2*h/2;
        k3=pbdotsolve(xp(i-1),pa(i-1),pb3,v(i-1),xv);
        pb4=pb(i-1)+k2*h;
        k4=pbdotsolve(xp(i-1),pa(i-1),pb4,v(i-1),xv);
        pb(i)=pb(i-1)+h/6*(k1+2*k2+2*k3+k4);          %% 以上为pb部分求解

        v1=v(i-1);
        k1=vdotsolve(xp(i-1),pa(i-1),pb(i-1),v1,xv);
        v2=v(i-1)+k1*h/2;
        k2=vdotsolve(xp(i-1),pa(i-1),pb(i-1),v2,xv);
        v3=v(i-1)+k2*h/2;
        k3=vdotsolve(xp(i-1),pa(i-1),pb(i-1),v3,xv);
        v4=v(i-1)+k2*h;
        k4=vdotsolve(xp(i-1),pa(i-1),pb(i-1),v4,xv);
        v(i)=v(i-1)+h/6*(k1+2*k2+2*k3+k4);            %% 以上为v部分求解
end
t=0:0.2:100;
plot(t,xp);
figure
plot(t,pa)
figure
plot(t,pb)
figure
plot(t,v)
```

2.8.3　带刚性反馈的滑阀式液压放大器

1. 带刚性反馈的滑阀式液压放大器结构和工作原理

传统液压机械式的航空发动机转速闭环控制系统中，离心飞重作为转速测量元件将转速转换为机械位移输出，但驱动功率小，不足以驱动柱塞泵的斜盘，进而改变供油量，实现转速调节。因此，系统中采用基于滑阀的液压放大器实现功率放大。图 2-36 为带刚性反馈的滑阀式液压放大器。它由滑阀 (阀芯、阀套)、液压缸 (活塞)、反馈杠杆和弹簧组成。通常阀芯与离心飞重的输出杆相连，用于感受转速的变化，而调节活塞输出杆与柱塞泵斜盘相连，其目的是驱动柱塞泵斜盘变化，改变供油量，从而调节转速。由此可知，滑阀式液压放大器在系统中起到功率放大的作用。

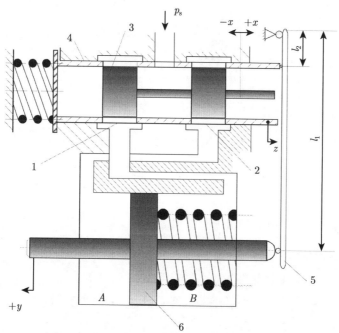

1-油窗；2-油窗；3-阀芯；4-阀套；5-反馈杠杆；6-活塞

图 2-36　带刚性反馈的滑阀式液压放大器

当发动机保持在某一恒定转速时，阀芯凸肩完全遮盖反馈套筒上通往调节活塞的油窗，使活塞处在某一位置不动，如图 2-36 所示。若转速增加，离心飞重输出位移增加，导致图 2-36 中阀芯左移。此时，油窗 (图 2-36 中 1 和 2) 被打开，调节活塞的左腔 (B 腔) 通高压油，A 腔回油，调节活塞左移。一方面，由于活塞杆与斜盘相连，斜盘倾角减小，转速逐渐减小，离心飞重也随之减小，即阀芯右移；另一方面，在反馈杠杆的作用下，滑阀套筒左移，使得油窗开口减小。阀套和阀芯的相对移动，使得油窗开口快速减小，当阀芯的位移和套筒的位移相等，使得油窗关闭时，转速调节过程结束，系统又趋于稳定。

由此滑阀式液压发动机工作原理可知，反馈杠杆将随活塞的位移反馈为滑阀阀套位移，且使得阀口的开度减小，即构成负反馈系统。

需要注意到，当系统重新稳定时，阀芯和阀套的位置不再是初始的位置，这也就意味着转速不再是原来的转速，所以这种刚性反馈的液压放大器是存在稳态误差的。

2. 带刚性反馈的滑阀式液压放大器建模

如图 2-36 所示，设阀芯向右位移 $+x$，由于阀套随活塞运动，因此阀口实际开启面积为 $\omega(x-z)$，则流向活塞的负载流量为

$$Q_{\mathrm{L}} = \mu\omega(x-z)\sqrt{2\frac{p_{\mathrm{s}}-p_B}{\rho}} \tag{2-75}$$

不考虑活塞的泄漏和油的压缩性，活塞位移与负载流量的关系为

$$Q_{\mathrm{L}} = A\frac{\mathrm{d}y}{\mathrm{d}x} \tag{2-76}$$

设杠杆比 $l_2/l_1 = i$，则阀套位移和活塞位移有 $z = iy$，再从式 (2-75) 和式 (2-76) 中消去 Q_{L}，可得

$$A\frac{\mathrm{d}x}{\mathrm{d}y} + \mu\omega iy\sqrt{2\frac{p_{\mathrm{s}}-p_B}{\rho}} = \mu\omega x\sqrt{2\frac{p_{\mathrm{s}}-p_B}{\rho}} \tag{2-77}$$

即得系统的动态方程为

$$T\frac{\mathrm{d}y}{\mathrm{d}t} + y = Kx \tag{2-78}$$

式中，$T = \dfrac{A}{\mu\omega i\sqrt{2\dfrac{p_{\mathrm{s}}-p_B}{\rho}}}$ 为带刚性反馈的滑阀式液压放大器的时间常数；$K = \dfrac{1}{i}$ 为带刚性反馈的滑阀式液压放大器的放大系数。

3. 基于四阶龙格–库塔法的带刚性反馈的滑阀式液压放大器仿真

表 2-5 列出了某型燃油计量装置的各个参数。

表 2-5　带刚性反馈的液压放大器中各参数的数值

参数符号	数值 (单位)	参数符号	数值 (单位)
活塞直径 d	100mm	滑阀流量系数 μ	0.65
滑阀窗口宽度 ω	0.62	航空煤油密度 ρ	870kg/m^3
供油压力 p_{s}	50×10^{5}Pa	B 腔压力 p_B	1×10^{5}Pa
杠杆比 i	0.2	放大系数 K	1/i=5

代入数据得动态方程为

$$9.2\times10^{-4}\frac{\mathrm{d}y}{\mathrm{d}t} + y = 5x$$

选取仿真步长为 0.2ms，系统初始参数为 $x=0.5$m，输出 $y(0)=0$，其中

$$x - z = x - yi$$

仿真结果如图 2-37 和图 2-38 所示。仿真程序包括随活塞位移仿真子程序 ydotsolve.m 和主程序 SolidFD-RK4.m。

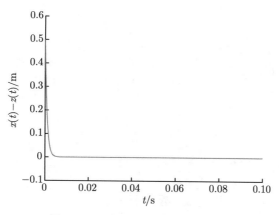

图 2-37　滑阀阀口开度 $x(t) - z(t)$

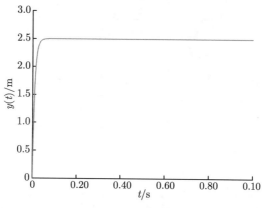

图 2-38　随活塞位移 $y(t)$

MATLAB 仿真程序如下。

子程序 ydotsolve.m：

```
functionydot=ydotsolve(y)
    pi=3.1415926;
    d=0.1;                  %% 活塞直径,现取100mm
    A=pi*d*d/4;             %% 活塞面积
    miu=0.65;               %% 滑阀流量系数
    omiga=0.62;             %% 窗口宽度
    ps=5000000;             %% 供油压力,取50*10^5Pa
    pb=100000;              %% B腔压力, 取1*10^5Pa
    nuo=870;                %% 航空煤油密度, kg/m^3
    i=0.2;                  %% 杠杆比
                           %% 带刚性反馈的滑阀式液压放大器的时间常数
    T=A/(miu*omiga*i*sqrt(2*(ps-pb)/nuo));
    K=1/i;                  %% 放大系数
```

```
u=1;
ydot=-1/T*y+K/T*u;
```

主程序 SolidFD-RK4.m:

```
clear all
clc
pi=3.1415926;
d=0.1;                   %% 活塞直径,现取100mm
A=pi*d*d/4;              %% 活塞面积
miu=0.65;               %% 滑阀流量系数
omiga=0.62;             %% 窗口宽度
ps=5000000;             %% 供油压力,取50*10^5Pa
pb=100000;              %%  B腔压力, 取1*10^5Pa
nuo=870;                %% 航空煤油密度, kg/m3
i=0.2;                  %% 杠杆比
                        %% 带刚性反馈的滑阀式液压放大器的时间常数
T=A/(miu*omiga*i*sqrt(2*(ps-pb)/nuo));
K=1/i;                  %% 放大系数
h=0.0002;               %% 时间间隔
u=1;                    %% 输入
y(1)=0;                 %% 输出
for i=2:1:501
y1=y(i-1);
k1=ydotsolve(y1);
y2=y(i-1)+k1*h/2;
k2=ydotsolve(y2);
y3=y(i-1)+k2*h/2;
k3=ydotsolve(y3);
y4=y(i-1)+k2*h;
k4=ydotsolve(y4);
y(i)=y(i-1)+h/6*(k1+2*k2+2*k3+k4);
Xz(i)=u-y(j)*i;
end

t=0:0.0002:0.1;
plot(t,y);
axis([0 0.1 0 3]);
figure
plot(t,Xz);
```

```
axis([0 0.1 -0.2 0.5]);
```

习　题

2.1　将图 2-4 所示的控制系统转化为积分环节表示的结构图，并求其动态过程。

2.2　假设单位反馈系统的开环传递函数为

$$G(s) = \frac{10(s+4)}{(s+1)(s+2)(s+3)}$$

当输入为单位阶跃函数时，试编程求其动态响应。

2.3　某系统由下列微分方程表示：

$$F(s) = \frac{Y(s)}{U(s)} = \frac{100}{s^2 + 3s + 100}$$

其输入函数为 $U(t) = 1 - \mathrm{e}^{-100t}$。试用四阶龙格–库塔法求 $Y(t)$。

2.4　某控制系统结构图如图 2-39 所示，试编程求其动态响应。

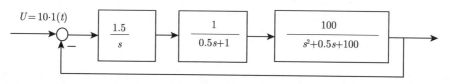

图 2-39　习题 2.4 图

2.5　已知某系统的表达式为

$$\begin{cases} \dot{x}_1 = x_2 \\ \dot{x}_2 = -10.24x_1 - 0.1x_2 \end{cases}$$

初始条件 $x_1(0) = 0.1$，$x_2(0) = 0.2$。试对系统进行数字仿真。

第3章 连续系统的离散化仿真

第 2 章介绍了连续系统数值积分法仿真的原理和方法，通过对这些方法的讨论可以看出，在数值积分法的计算中，只计算了采样点的值，相当于对系统模型进行了离散化处理，所以从本质上说，数值积分法也是离散化方法，只不过它是从数值积分的角度出发，没有明确提出"离散"这个概念，而本章则是从连续系统离散化的角度来探讨数字仿真的方法。

同离散化仿真相比，数值积分法比较成熟，精度也比较高，但是它的计算公式比较复杂，因而计算量比较大，所以这种方法通常是在纯数字仿真时应用。例如，系统设计出来之后，在离线情况下，即非实时要求下估计系统的性能，可以获得较高的精度。而在进行实时仿真时，或者在计算机控制系统中要将控制器以数字算法的形式实现时，要求算法的计算速度很快，以保证在一个采样周期内完成计算任务。在这种场合中，数值积分法往往不能满足要求，因此要寻求新的快速的数字仿真方法。

本章所介绍的离散化仿真先将连续系统的数学模型进行离散化处理，得到比较简单的近似计算公式，以便在计算机上快速运算。该方法有两点基本要求：一是每一步的计算量要小；二是算法的稳定性要好，允许采用较大的计算步距，也要能够保证必要的精度。可见，离散化仿真方法的首要要求是快速性，对精度的要求一般较低，所以很多资料中也把离散化仿真方法称为快速数字仿真法。

本章的内容包括连续系统离散化仿真的替换法、根匹配法、离散相似法、状态方程离散法、增广矩阵法、结构图模型离散法。这些离散化方法既可用在连续系统仿真中，也可用在计算机控制系统数字控制器的实现上。

3.1 替 换 法

连续系统最常见的模型之一是传递函数 $G(s)$。一般情况下，$G(s)$ 转换成脉冲传递函数 $G(z)$ 的方法有两种：一种是由 $G(s)$ 求出 $g(t)$，然后按照公式

$$G(z) = \sum_{n=0}^{\infty} g(nT)z^{-n}$$

求出 $G(z)$，其中，T 为采样周期；另一种是将 $G(s)$ 展成部分分式形式，再通过查 z 变换表得到 $G(z)$。对于高阶系统，采用这种转换方法都比较困难，而且麻烦。若能很方便地由 $G(s)$ 推导出 $G(z)$，就可以很快获得数字仿真模型，这对于数字仿真是很有利的。

从 $G(s)$ 直接推导出 $G(z)$ 的方法一般有两种：一种为替换法，这种方法是找到 s 与 z 的对应公式，将 $G(s)$ 中的 s 对换为 z，进而求得 $G(z)$；另一种为根匹配法，即要找到一个与 $G(s)$ 的零极点相匹配的 $G(z)$。本节介绍替换法。

通过自动控制原理课程的学习，可知 z 与 s 之间的基本关系为

$$z = \mathrm{e}^{sT} \tag{3-1a}$$

$$s = \frac{1}{T} \ln z \tag{3-1b}$$

式中，T 为采样周期。这是一个超越函数，如果直接替换，计算会很麻烦，所以必须寻找一种与之近似的比较简单的替换公式。不同的替换公式形成了不同的替换方法。本节先从最简单的一种方法入手，对替换法的基本特点、稳定性问题进行讨论，然后介绍常用的双线性变换法。

3.1.1　简单替换法

简单替换法的公式可由 Euler 公式推导出来。

对微分方程 $\dot{x}(t) = u(t)$ 运用 Euler 公式可得

$$x(k+1) = x(k) + Tu(k) \tag{3-2}$$

对式 (3-2) 进行 z 变换得到

$$zX(z) = X(z) + TU(z)$$

即

$$\frac{X(z)}{U(z)} = \frac{T}{z-1} \tag{3-3}$$

又由于

$$\frac{X(s)}{U(s)} = \frac{1}{s} \tag{3-4}$$

比较式 (3-3) 和式 (3-4) 可得

$$s = \frac{z-1}{T} \tag{3-5a}$$

或

$$z = Ts + 1 \tag{3-5b}$$

这就是简单替换法 s 与 z 的替换关系。

式 (3-5a) 和式 (3-5b) 虽然很简单，但并不实用，因为这种简单替换所得的 $G(z)$ 在采样周期较大时会不稳定。下面讨论简单替换法的稳定性。

设

$$s = \sigma + \mathrm{j}\omega \tag{3-6}$$

将式 (3-6) 代入式 (3-5b) 则有

$$|z|^2 = (\sigma T + 1)^2 + (\omega T)^2 \tag{3-7}$$

由线性离散系统稳定性的充要条件可知，若 $G(z)$ 的所有极点均在单位圆内，则它所表示的系统是稳定的，即要求式 (3-7) 满足

$$|z|^2 < 1$$

$$\left(\sigma + \frac{1}{T}\right)^2 + \omega^2 < \left(\frac{1}{T}\right)^2 \tag{3-8}$$

式 (3-8) 在 s 平面上表示的区域是以 $(-1/T, \text{j}0)$ 为圆心，以 $1/T$ 为半径的圆的内部，如图 3-1 所示。

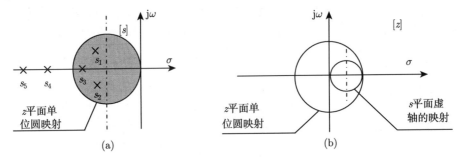

图 3-1　简单替换法的映射关系

因此，z 平面上的单位圆按简单替换法的公式映射到 s 平面上是一个以 $(-1/T, \text{j}0)$ 为圆心，$1/T$ 为半径的圆。换言之，在 s 平面的左半平面上通过简单替换法只有图中阴影部分的面积才能映射到 z 平面的单位圆内。

若某连续系统 $G(s)$ 的极点分布如图 3-1 所示，显然 $G(s)$ 是稳定的。经过替换后，所得的 $G(z)$ 将有三个极点在单位圆内，两个极点在单位圆外，所以 $G(z)$ 是不稳定的。一个原来稳定的系统经过变换得到的仿真模型 $G(z)$ 却不稳定，这说明用简单替换法建立的仿真模型失真较大。

由图 3-1 可知，为了使 $G(z)$ 稳定，可增大 $1/T$ 来达到这一目的，但这就要减小 T，违背了离散化仿真的基本要求，因此这种简单替换法不实用。

比较简单而且实用的替换法是双线性变换法，又称 Tustin 法。

3.1.2　双线性变换法

首先给出双线性变换法的变换公式。

将式 (3-1b) 中的 $\ln z$ 展成无穷级数：

$$\ln z = 2\left[\frac{z-1}{z+1} + \frac{1}{3}\frac{(z-1)^3}{(z+1)^3} + \cdots + \frac{1}{(2n-1)}\frac{(z-1)^{2n-1}}{(z+1)^{2n-1}} + \cdots\right]$$

若只取级数的第一项，则可以得到从 s 平面到 z 平面的一种近似映射关系：

$$s = \frac{2}{T}\frac{z-1}{z+1} \tag{3-9a}$$

$$z = \frac{1 + \dfrac{Ts}{2}}{1 - \dfrac{Ts}{2}} \qquad (3\text{-}9\text{b})$$

这就是双线性变换法 s 平面与 z 平面的映射关系。

将式 (3-6) 代入式 (3-9b) 得

$$z = \frac{1 + \dfrac{T}{2}(\sigma + \mathrm{j}\omega)}{1 - \dfrac{T}{2}(\sigma + \mathrm{j}\omega)}$$

$$|z|^2 = \frac{\left(1 + \dfrac{T}{2}\sigma\right)^2 + \left(\dfrac{T}{2}\omega\right)^2}{\left(1 - \dfrac{T}{2}\sigma\right)^2 + \left(\dfrac{T}{2}\omega\right)^2} \qquad (3\text{-}10)$$

由式 (3-10) 可知

$$\sigma < 0 \text{时}, \ |z| < 1$$

$$\sigma = 0 \text{时}, \ |z| = 1$$

$$\sigma > 0 \text{时}, \ |z| > 1$$

即 s 平面的左半平面映射到 z 平面的单位圆内部，s 平面的虚轴映射到 z 平面的单位圆周，而 s 平面的右半平面映射到 z 平面的单位圆外部，如图 3-2 所示。

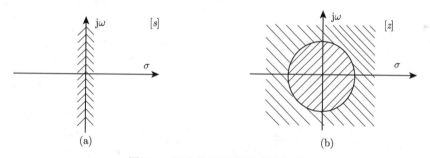

图 3-2 双线性变换法的映射关系

这种映射关系说明，若原系统 $G(s)$ 的根都在 s 平面的左半平面，则无论采样周期 T 取多大，双线性变换后所得的脉冲传递函数 $G(z)$ 的根必然都在 z 平面的单位圆内，这就保证了稳定的连续系统不会因离散化而变得不稳定。所以，双线性变换是一种恒稳的方法，允许采用大的步长或大的采样周期，这是双线性变换的重要优点，也是这一方法能在实践中得到广泛应用的主要原因。

双线性变换还具有以下特点。

(1) 由 $G(s)$ 经双线性变换得到的 $G(z)$，其分子、分母阶次相同，且稳态增益不变。设

$$G(s) = \frac{B_0 s^m + B_1 s^{m-1} + \cdots + B_{m-1} s + B_m}{A_0 s^n + A_1 s^{n-1} + \cdots + A_{n-1} s + A_n}$$

式中，$n \geqslant m$。进行双线性变换有

$$G(z) = \frac{B_0\left(\dfrac{2}{T}\dfrac{z-1}{z+1}\right)^m + B_1\left(\dfrac{2}{T}\dfrac{z-1}{z+1}\right)^{m-1} + \cdots + B_{m-1}\left(\dfrac{2}{T}\dfrac{z-1}{z+1}\right) + B_m}{A_0\left(\dfrac{2}{T}\dfrac{z-1}{z+1}\right)^n + A_1\left(\dfrac{2}{T}\dfrac{z-1}{z+1}\right)^{n-1} + \cdots + A_{n-1}\left(\dfrac{2}{T}\dfrac{z-1}{z+1}\right) + A_n} \tag{3-11}$$

$$G(z) = \frac{B_0}{A_0}\left[(z+1)^{n-m}\frac{\displaystyle\prod_{i=1}^{m}(z-z_i)}{\displaystyle\prod_{i=1}^{n}(z-p_i)}\right] \tag{3-12}$$

可见，$G(z)$ 的分子、分母阶次相同，均为 n 次，在分子上增添了 $n-m$ 个 $z=-1$ 的零点。

$G(s)$ 的稳态增益为 B_m/A_n，由式 (3-11) 可知，$G(z)$ 的稳态增益也为 B_m/A_n，所以变换前后的稳态增益不变。

(2) 双线性变换具有串联性。

如图 3-3 所示，$G_1(s)$、$G_2(s)$ 相互串联，若令

$$G(s) = G_1(s)G_2(s)$$

则

$$G(z) = G_1(z)G_2(z)$$

式中，$G(z)$、$G_1(z)$、$G_2(z)$ 分别为 $G(s)$、$G_1(s)$、$G_2(s)$ 的双线性变换结果。

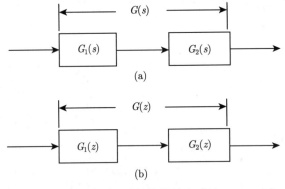

图 3-3 双线性变换的串联性

双线性变换的这一特点允许用简单的低阶环节组成复杂的高阶系统，从而给使用带来很大方便。

(3) 双线性变换后得到的脉冲传递函数的频率特性与原连续系统的频率特性相接近，特别是在低频段，所以双线性变换主要用于一些有限带宽的网络。

【例 3-1】 已知连续系统的传递函数为

$$G(s) = \frac{s}{s^2 + 2s + 1} \tag{3-13}$$

进行双线性变换, 将式 (3-9a) 代入式 (3-13) 可得脉冲传递函数为

$$G(z) = \frac{\dfrac{2}{T}\dfrac{z-1}{z+1}}{\left(\dfrac{2}{T}\dfrac{z-1}{z+1}\right)^2 + 2\left(\dfrac{2}{T}\dfrac{z-1}{z+1}\right) + 1}$$

$$= \frac{2T(z-1)(z+1)}{[(T+2)z+(T-2)]^2} = \frac{\dfrac{2T}{(2+T)^2}(z-1)(z+1)}{\left(z - \dfrac{2-T}{2+T}\right)^2} \tag{3-14}$$

写出差分方程为

$$y_k = 2\left(\frac{2-T}{2+T}\right)y_{k-1} - \left(\frac{2-T}{2+T}\right)^2 y_{k-2} + \frac{2T}{(2+T)^2}(u_k - u_{k-2}) \tag{3-15}$$

式中, u_k、u_{k-2} 分别为 k 时刻和 $k-2$ 时刻的输入值。

由式 (3-14) 可知, 因为

$$\left|\frac{2-T}{2+T}\right| < 1$$

所以, $G(z)$ 是稳定的。

$G(s)$ 的分子为 1 阶, 分母为 2 阶; 而 $G(z)$ 的分子、分母阶次相同, 均为 2 阶, 有一个 $z = -1$ 处的零点。$G(s)$ 的稳态增益为 0, $G(z)$ 的稳态增益也为 0。

为了进一步考查仿真模型的精度, 下面比较 $G(s)$ 和 $G(z)$ 的频率特性。

将 $s = \mathrm{j}\omega$ 和 $z = \mathrm{e}^{\mathrm{j}\omega T}$ 分别代入式 (3-13) 和式 (3-14) 可得

$$G(\mathrm{j}\omega) = \frac{\mathrm{j}\omega}{(\mathrm{j}\omega)^2 + 2(\mathrm{j}\omega) + 1} = \frac{2\omega^2 + \mathrm{j}(\omega - \omega^3)}{(1+\omega^2)^2} \tag{3-16}$$

$$G(\mathrm{e}^{\mathrm{j}\omega T}) = \frac{\dfrac{2T}{(2+T)^2}(\mathrm{e}^{\mathrm{j}\omega T} - 1)(\mathrm{e}^{\mathrm{j}\omega T} + 1)}{\left(\mathrm{e}^{\mathrm{j}\omega T} - \dfrac{2-T}{2+T}\right)^2} z \tag{3-17}$$

令 $T=1\mathrm{s}$, 将 $\mathrm{e}^{\mathrm{j}\omega T}$ 用 $\cos\omega T + \mathrm{j}\sin\omega T$ 代替, 分别求出式 (3-16)、式 (3-17) 的幅频特性和相频特性, 如表 3-1 和图 3-4 所示。

表 3-1　仿真模型与实际连续系统的频率特性比较

特性	$\omega/(\mathrm{rad/s})$	0.1	0.3	0.6	0.8	1.0	1.2	1.5
幅频特性	$|G(\mathrm{j}\omega)|$	0.09901	0.2752	0.4412	0.4878	0.5	0.4918	0.4615
	$|G(\mathrm{e}^{\mathrm{j}\omega T})|$	0.0991	0.277	0.447	0.493	0.498	0.476	0.417
相频特性	$\angle G(\mathrm{j}\omega)$	78.58°	56.60°	28.07°	12.68°	0°	−10.39°	−22.62°
	$\angle G(\mathrm{e}^{\mathrm{j}\omega T})$	78.57°	56.36°	26.51°	9.57°	−5.06°	−17.67°	−33.56°

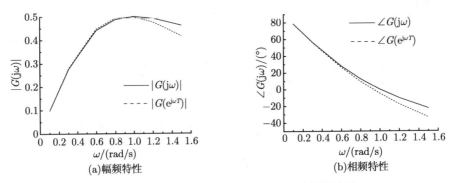

图 3-4 仿真模型与实际连续系统的频率特性比较

由表 3-1 可知，在 $T=1s$ 的条件下，$G(s)$ 和 $G(z)$ 的频率特性在低于 1rad/s 的频段内是十分接近的，幅值相差不超过 1.5%，相位相差不超过 5.06°。这说明，用双线性变换所得的仿真模型既简单，又能满足一定的精度要求。

双线性变换法不仅可以方便地用于系统的传递函数模型，而且可以用于状态空间表达式模型。本书只给出结论，详细的推导过程可参阅其他有关资料。

若系统的状态空间表达式为

$$\dot{\boldsymbol{x}}(t) = \boldsymbol{A}\boldsymbol{x}(t) + \boldsymbol{B}\boldsymbol{u}(t)$$

$$\boldsymbol{y}(t) = \boldsymbol{C}\boldsymbol{x}(t) + \boldsymbol{D}\boldsymbol{u}(t) \tag{3-18}$$

式中，$\boldsymbol{x}$、$\boldsymbol{y}$、$\boldsymbol{u}$ 分别为状态向量、输出向量、输入向量，维数分别是 n、r、m；$\boldsymbol{A}$、$\boldsymbol{B}$、$\boldsymbol{C}$、$\boldsymbol{D}$ 的维数分别为 $n\times n$、$n\times m$、$r\times n$、$r\times m$。对式 (3-18) 用双线性变换法所得的离散状态空间表达式为

$$\boldsymbol{x}(k+1) = \boldsymbol{F}\boldsymbol{x}(k) + \boldsymbol{G}\boldsymbol{u}(k) \tag{3-19}$$

$$\boldsymbol{y}(k) = \boldsymbol{H}\boldsymbol{x}(k) + \boldsymbol{E}\boldsymbol{u}(k)$$

式中

$$\boldsymbol{F} = \boldsymbol{F}_1^{-1}\boldsymbol{F}_2$$

$$\boldsymbol{G} = 2\boldsymbol{F}_1^{-1}\boldsymbol{G}_1$$

$$\boldsymbol{H} = \boldsymbol{C}$$

$$\boldsymbol{E} = \boldsymbol{D} + \boldsymbol{C}\boldsymbol{F}_1^{-1}\boldsymbol{G}_1$$

其中

$$\boldsymbol{F}_1 = \boldsymbol{I} - \frac{\boldsymbol{A}T}{2}$$

$$\boldsymbol{F}_2 = \boldsymbol{I} + \frac{\boldsymbol{A}T}{2}$$

$$\boldsymbol{G}_1 = \frac{\boldsymbol{B}T}{2}$$

T 为采样周期。

3.2　根 匹 配 法

根匹配法也是一种从系统传递函数 $G(s)$ 直接推导出脉冲传递函数 $G(z)$ 的方法，是一种常用的离散化仿真方法。

根匹配法的基本思想就是要使离散化模型的动态特性与稳态值和原连续系统保持一致，更明确地说，就是要使离散化所得的脉冲传递函数与原连续系统传递函数的零点和极点相匹配。所以，这种方法又称为零极点匹配法。

连续系统的动态性能和静态性能完全由其传递函数的零点、极点位置和增益大小所决定，如果能找到一种简单的映射关系 $z = f(s)$，将连续系统 $G(s)$ 的零极点映射为脉冲传递函数 $G(z)$ 的零极点，再根据一定的原则确定 $G(z)$ 的增益，则能很快地求出与 $G(s)$ 相对应的 $G(z)$，使二者的动态特性和静态特性保持一致。

在式 (3-1a) 中给出了 s 与 z 的基本关系，为了叙述方便，现在重写如下：

$$z = \mathrm{e}^{sT} \tag{3-20}$$

利用这一转换关系，就可确定与 s 平面的零极点对应的 z 平面零极点的位置。下面具体说明用根匹配法建立离散化模型的步骤，并对该方法的一些问题进行讨论。

3.2.1　根匹配法的步骤

用根匹配法对连续系统进行离散化，首先要求出该系统的零点和极点，即将系统的传递函数变为如下零极点形式：

$$G(s) = \frac{Y(s)}{U(s)} = K \frac{(s - z_1)(s - z_2) \cdots (s - z_m)}{(s - p_1)(s - p_2) \cdots (s - p_n)} \tag{3-21}$$

其次，由式 (3-20) 在 z 平面上一一对应地确定零极点的位置。对于式 (3-21) 表示的系统，与 $z_1, z_2, \cdots, z_m$ 相对应的零点为 $\mathrm{e}^{z_1 T}, \mathrm{e}^{z_2 T}, \cdots, \mathrm{e}^{z_m T}$，与 $p_1, p_2, \cdots, p_n$ 相对应的极点为 $\mathrm{e}^{p_1 T}, \mathrm{e}^{p_2 T}, \cdots, \mathrm{e}^{p_m T}$，得到

$$G(z) = K_z \frac{(z - \mathrm{e}^{z_1 T})(z - \mathrm{e}^{z_2 T}) \cdots (z - \mathrm{e}^{z_m T})}{(z - \mathrm{e}^{p_1 T})(z - \mathrm{e}^{p_2 T}) \cdots (z - \mathrm{e}^{p_n T})} \tag{3-22}$$

然后，在 $G(z)$ 的分子上配上 $n - m$ 个附加零点，使 $G(z)$ 的分子、分母阶次相同。当 $n > m$，即连续系统分母的阶次高于分子时，在 s 平面的无穷远处还存在 $n - m$ 个零点。因此，在 z 平面上必须再配上 $n - m$ 个相应的零点。如果认为零点位于 s 平面负实轴的无穷远处，即

$$s = -\infty$$

那么 z 平面上相应的零点由

$$z = \mathrm{e}^{-\infty T} = 0$$

知零点应配在原点处，于是脉冲传递函数为

$$G(z) = K_z \frac{(z - \mathrm{e}^{z_1 T})(z - \mathrm{e}^{z_2 T}) \cdots (z - \mathrm{e}^{z_m T}) z^{n-m}}{(z - \mathrm{e}^{p_1 T})(z - \mathrm{e}^{p_2 T}) \cdots (z - \mathrm{e}^{p_n T})} \tag{3-23}$$

最后，在相同输入的作用下，应用终值定理确定原连续系统和离散化系统的终值，根据终值相等的原则确定 $G(z)$ 的增益系数 K_z。

【例 3-2】 设一连续系统的微分方程为

$$T_1 \dot{y}(t) + y(t) = f(t)$$

$$\dot{y}(0) = 0$$

用根匹配法确定离散化模型。

首先写出系统的传递函数：

$$G(s) = \frac{1}{T_1 s + 1} = \frac{1}{T_1(s + 1/T_1)}$$

有一个极点，$p_1 = -1/T_1$；一个无穷远处的零点。

由式 (3-23) 可得脉冲传递函数：

$$G(z) = K_z \frac{z}{(z - \mathrm{e}^{-T/T_1})}$$

式中，T 为采样周期。

用终值定理分别求出 $G(s)$ 和 $G(z)$ 在单位阶跃作用下的终值，进而确定 K_z。

根据拉普拉斯变换的终值定理可得

$$\lim_{s \to 0} s G(s) \frac{1}{s} = \lim_{s \to 0} s \frac{1}{T_1 s + 1} \frac{1}{s} = 1$$

而根据 z 变换的终值定理可得

$$\lim_{z \to 1} \frac{z-1}{z} G(z) \frac{z}{z-1} = \lim_{s \to 1} \frac{z-1}{z} \frac{K_z z}{z - \mathrm{e}^{-T/T_1}} \frac{z}{z-1} = \frac{K_z}{1 - \mathrm{e}^{-T/T_1}}$$

令两终值相等，有

$$\frac{K_z}{1 - \mathrm{e}^{-T/T_1}} = 1$$

最后，求得的离散化模型为

$$G(z) = \frac{(1 - \mathrm{e}^{-T/T_1})z}{(z - \mathrm{e}^{-T/T_1})} \tag{3-24}$$

根据 $G(z)$ 可进一步求出差分方程：

$$y_k = \mathrm{e}^{-T/T_1} y_{k-1} + (1 - \mathrm{e}^{-T/T_1}) f_k \tag{3-25}$$

式 (3-25) 可直接用于仿真计算。

【**例 3-3**】　二阶系统的传递函数为

$$G(s) = \frac{Y(s)}{U(s)} = \frac{\omega_n^2}{s^2 + s\zeta\omega_n s + \omega_n^2}, \quad 0 < \zeta < 1$$

用根匹配法求离散化模型。

首先，将原系统的传递函数写为零极点：

$$G(s) = \frac{\omega_n^2}{(s - p_1)(s - p_2)}$$

式中

$$p_{1,2} = -\zeta\omega_n \pm j\omega_n\sqrt{1 - \zeta^2}$$

根据式 (3-22) 得到 z 平面上的两个极点：

$$z_1 = e^{p_1 T} = e^{-\zeta\omega_n T}e^{j\omega_n T\sqrt{1-\zeta^2}}$$

$$z_2 = e^{p_2 T} = e^{-\zeta\omega_n T}e^{-j\omega_n T\sqrt{1-\zeta^2}}$$

于是

$$G(z) = \frac{K_z}{z^2 - [2e^{-\zeta\omega_n T}\cos(\omega_n T\sqrt{1 - \zeta^2})]z + e^{-2\zeta\omega_n T}}$$

原系统有两个无穷远处的零点，相应地应在 z 平面配上两个原点处的零点，则脉冲传递函数变为

$$G(z) = \frac{K_z z^2}{z^2 - [2e^{-\zeta\omega_n T}\cos(\omega_n T\sqrt{1 - \zeta^2})]z + e^{-2\zeta\omega_n T}}$$

根据终值定理分别求单位阶跃下的终值为

$$\lim_{s \to 0} sG(s)\frac{1}{s} = 1$$

$$\lim_{z \to 1} \frac{z-1}{z}G(z)\frac{z}{z-1} = \frac{K_z}{1 - a + b}$$

式中，$a = 2e^{-\zeta\omega_n T}\cos(\omega_n T\sqrt{1 - \zeta^2})$；$b = e^{-2\zeta\omega_n T}$。

令两终值相等，得

$$\frac{K_z}{1 - a + b} = 1$$

于是

$$K_z = 1 - a + b$$

最后得离散化模型为

$$G(z) = \frac{(1 - a + b)z^2}{z^2 - az + b} = \frac{Y(z)}{U(z)}$$

用于仿真计算的差分方程为

$$y_k = ay_{k-1} - by_{k-2} + (1 - a + b)u_k$$

上面的例子都是用阶跃输入的终值来确定增益系数 K_z。下面来看阶跃响应的终值为零时如何确定 K_z。

【例 3-4】 一个连续系统的传递函数为

$$G(s) = \frac{Y(s)}{U(s)} = \frac{s}{(s+1)^2}$$

用根匹配法求离散化模型。

根据式 (3-20) 及 $G(s)$ 的零极点可得

$$G(s) = K_z \frac{z-1}{(z - \mathrm{e}^{-T})^2}$$

再配上一个 $z = 0$ 处的零点：

$$G(s) = K_z \frac{(z-1)z}{(z - \mathrm{e}^{-T})^2}$$

在利用终值定理确定 K_z 时应注意到，由于在 s 平面上存在一个原点处的零点，这使得加阶跃输入时，终值为零。为使终值取得非零的有限值，应当加入斜坡输入，即

$$u(t) = t, \quad U(s) = 1/s^2$$

根据终值定理可知

$$\lim_{s \to 0} sG(s)\frac{1}{s^2} = \lim_{s \to 0} s\frac{1}{(s+1)^2}\frac{1}{s^2} = 1$$

而根据 z 变换的终值定理可得

$$\lim_{z \to 1} \frac{z-1}{z}G(z)\frac{Tz}{(z-1)^2} = \lim_{s \to 1} \frac{z-1}{z}\frac{K_z(z-1)z}{(z - \mathrm{e}^{-T})^2}\frac{Tz}{(z-1)^2} = \frac{K_z T}{(1 - \mathrm{e}^{-T})^2}$$

令两终值相等，有

$$K_z = \frac{(1 - \mathrm{e}^{-T})^2}{T}$$

于是离散化模型为

$$G(z) = \frac{(1 - \mathrm{e}^{-T})^2}{T}\frac{(z-1)z}{(z - \mathrm{e}^{-T})^2} \tag{3-26}$$

3.2.2　根匹配法的稳定性和精度

根匹配法有一个突出的优点，即无论采样周期 T 取多大，只要原系统稳定，则离散化模型一定稳定。若 $G(s)$ 是稳定的，即它的全部极点都位于 s 平面的左半平面，也就是说式 (3-21) 中的 $p_1, p_2, \cdots, p_n$ 都具有负实部，那么由式 (3-20) 所得的 z 平面上的极点 $\mathrm{e}^{p_1 T}, \mathrm{e}^{p_2 T}, \cdots, \mathrm{e}^{p_n T}$ 必然都在单位圆内。所以，由式 (3-23) 所得的 $G(s)$ 也一定是稳定的。这表明，用根匹配法建立的仿真模型本身不存在不稳定情况，即根匹配法是一种恒稳的方法，且允许选用较大的采样周期进行仿真。应当注意的是，这种方法只适用于线性稳定系统。

除了良好的稳定性之外，根匹配法还具有一定的精度。这里以例 3-4 中的系统为例，比较 $G(s)$ 和 $G(z)$ 的频率特性。

取采样周期 $T = 1\mathrm{s}$，由式 (3-26) 得

$$G(z) = (1 - \mathrm{e}^{-1})^2 \frac{(z-1)z}{(z - \mathrm{e}^{-1})^2} = 0.4 \frac{z(z-1)}{(z-0.3679)^2} \tag{3-27}$$

$G(s)$ 和 $G(z)$ 的幅频特性和相频特性如表 3-2 和图 3-5 所示。

表 3-2　几种不同根匹配法的比较

频率特性		$\omega/(\mathrm{rad/s})$						
		0.1	0.3	0.6	0.8	1.0	1.2	2.0
幅频特性	$\|G(\mathrm{j}\omega)\|$	0.09901	0.2752	0.4412	0.4878	0.5	0.4918	0.4
	$\|G(\mathrm{e}^{\mathrm{j}\omega T})\|$	0.09537	0.2659	0.4307	0.4812	0.5	0.5001	0.449
	$\|G_1(\mathrm{e}^{\mathrm{j}\omega T})\|$	0.1085	0.2996	0.4688	0.505	0.5	0.47	0.2765
	$\|G_2(\mathrm{e}^{\mathrm{j}\omega T})\|$	0.107	0.2955	0.464	0.501	0.5	0.474	0.3024
相频特性	$\angle G(\mathrm{j}\omega)$	78.58°	56.60°	28.07°	12.68°	0°	−10.39°	−22.62°
	$\angle G(\mathrm{e}^{\mathrm{j}\omega T})$	80.5°	62.37°	39.6°	27.9°	19.10°	12.45°	0.35°
	$\angle G_1(\mathrm{e}^{\mathrm{j}\omega T})$	77.64°	53.78°	22.41°	5.08°	−6.02°	−6.55°	−11.17°
	$\angle G_2(\mathrm{e}^{\mathrm{j}\omega T})$	78.53°	56.45°	27.88°	12.53°	0.05°	−9.96°	−31.20°

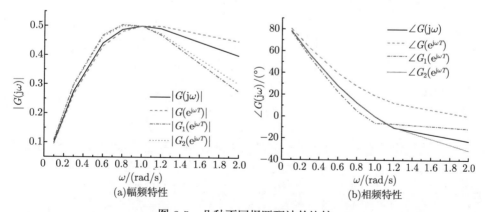

图 3-5　几种不同根匹配法的比较

比较表 3-2 中 $G(s)$ 与附加零点配在原点的离散化模型 $G(z)$ 的特性可知，二者的幅频特性是比较接近的，而在相频特性上，离散化模型有较大的超前。例如，在 $\omega = 1\mathrm{rad/s}$ 时，$G(s)$ 的相移为 0°，而 $G(z)$ 的相移为 19.10°。一般地，如果 T 取得较大，计算精度还会降低。

为了改善根匹配法的精度，可将 $n-m$ 个附加零点配在 $z=-1$ 处，其根据是，在双线性变换中有

$$\frac{1}{s} = \frac{T}{2}\frac{z+1}{z-1}$$

成立，该式就是在分子上乘了 $z+1$，相当于在 $z=-1$ 处配了一个附加零点。这样 $G(z)$ 就变为

$$G(z) = K_z\frac{(z-\mathrm{e}^{z_1T})(z-\mathrm{e}^{z_2T})\cdots(z-\mathrm{e}^{z_mT})(z+1)^{n-m}}{(z-\mathrm{e}^{p_1T})(z-\mathrm{e}^{p_2T})\cdots(z-\mathrm{e}^{p_nT})} \tag{3-28}$$

仍以例 3-4 的 $G(s)$ 为例，可得脉冲传递函数：

$$G_1(z) = K_z\frac{(z-1)(z+1)}{(z-\mathrm{e}^{-T})^2}$$

令斜坡输入作用下的终值相等，可确定增益：

$$K_z = \frac{(1-\mathrm{e}^{-T})^2}{2T}$$

仍取 $T=1\mathrm{s}$，则 $K_z=0$，于是

$$G_1(z) = 0.2\frac{(z-1)(z+1)}{(z-0.3679)^2} \tag{3-29}$$

将式 (3-29) 的幅频特性与相频特性也列于表 3-2 中。

比较表 3-2 中的数据可知，$G(z)$ 的附加零点配在 $z=-1$ 时，相位有一些滞后，如 $\omega=1\mathrm{rad/s}$ 时，相位应为 $0°$，但 $G_1(z)$ 的相位为 $-6.02°$。

为了使离散化模型的相位既不超前也不滞后，可以将附加零点配在 $(0,-1)$ 范围，即在 $G(z)$ 的分子上乘以 $(z+\sigma)^{n-m}$，其中，σ 满足

$$0 < \sigma < 1$$

则 $G(z)$ 变为

$$G(z) = K_z\frac{(z-\mathrm{e}^{z_1T})(z-\mathrm{e}^{z_2T})\cdots(z-\mathrm{e}^{z_mT})(z+\sigma)^{n-m}}{(z-\mathrm{e}^{p_1T})(z-\mathrm{e}^{p_2T})\cdots(z-\mathrm{e}^{p_nT})} \tag{3-30}$$

对于例 3-4 的系统，就有

$$G_2(z) = K_z\frac{(z-1)(z+\sigma)}{(z-\mathrm{e}^{-T})^2} \tag{3-31}$$

式 (3-31) 中包含两个待定参数 K_z 和 σ，它们可以通过频率特性来确定。具体方法是：首先求出当 $\omega=1\mathrm{rad/s}$ 时，$G(s)$ 的幅值和相位 $|G(\mathrm{j}\omega)|$、$\angle G(\mathrm{j}\omega)$；其次，求出 $\omega=1\mathrm{rad/s}$ 时，$G_2(z)$ 的幅值和相位 $|G_2(\mathrm{e}^{\mathrm{j}\omega T})|$、$\angle G_2(\mathrm{e}^{\mathrm{j}\omega T})$。为使 $G(s)$ 和 $G_2(z)$ 相匹配，令

$$|G(\mathrm{j}\omega)| = |G_2(\mathrm{e}^{\mathrm{j}\omega T})| \tag{3-32a}$$

$$\angle G(\mathrm{j}\omega) = \angle G_2(\mathrm{e}^{\mathrm{j}\omega T}) \tag{3-32b}$$

由上述两式即可确定 K_z 和 σ。

用这种方法求出例 3-4 中的 $K_z=0.2828$，$\sigma=0.5272$，则离散化模型为

$$G_2(z) = 0.2828\frac{(z-1)(z+0.5272)}{(z-0.3679)^2} \tag{3-33}$$

将其频率特性也列于表 3-2 中。由表 3-2 中数据可知，附加零点配在 $z = -0.5272$ 处，幅值误差和相位都很小。

3.3　离散相似法

本章介绍的仿真方法都是先将连续系统的数学模型进行离散化处理，把连续系统模型近似等价为一个离散系统模型，如将连续系统函数 $G(s)$ 变为脉冲传递函数 $G(z)$，或将微分方程变为差分方程。本节从连续系统离散化的角度出发，用采样系统的理论和方法介绍另一种常用的离散化仿真方法，这就是离散相似法。

3.3.1　离散相似法的含义和特点

在图 3-6 所示的输入为 $u(t)$、输出为 $y(t)$ 的连续系统中，用一采样周期为 T 的采样开关将输入、输出分别离散化，得到图 3-7 所示的形式，要求输出 $y^*(t)$ 在采样时刻的值等于原输出 $y(t)$ 在同一时刻的值，即有

$$y^*(t) = y(kT), \quad t = kT \tag{3-34}$$

成立，式中，$k = 0, 1, 2, \cdots$

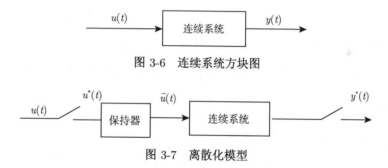

图 3-6　连续系统方块图

图 3-7　离散化模型

显然，如果只是简单地在原系统的输入、输出端人为地加上一个采样开关，输出 $y^*(t)$ 很难与原系统的输出 $y(t)$ 相同。因为输入 $u(t)$ 经过采样开关后离散为 $u^*(t)$，若将 $u^*(t)$ 真接入原系统，其输出当然不会再保持原来的变化规律，这样就只有离散而谈不上相似。

为了使输入信号不失真，需要再加一个保持器，其目的是使输入信号在采样间隔仍保持连续性。由于保持器所能延续的规律不一定与原输入信号 $u(t)$ 完全一致，因此实际加到连续系统去的输入信号 $\tilde{u}(t)$ 一般不等同于 $u(t)$，而只是近似相同。

由以上分析可知，连续系统经过离散相似法后得到的仿真模型必然具有一定的近似性，其近似程序取决于采样周期和保持器的特性。

必须明确的是，用离散相似法对连续系统进行数字仿真时，所加的采样开关和保持器都是虚拟的，是为了对系统进行离散化处理而采取的手段，在实际系统中并没有相应的物理装置。

3.3.2　连续系统状态方程离散化

设连续系统的状态方程为

$$\dot{\boldsymbol{x}} = \boldsymbol{A}\boldsymbol{x} + \boldsymbol{B}u(t) \tag{3-35}$$

对该微分方程求解，有

$$x(t) = \mathrm{e}^{A(t-t_0)}x(t_0) + \int_{t_0}^{t} \mathrm{e}^{A(t-\tau)}Bu(\tau)\mathrm{d}\tau$$

令 $\varPhi(t) = \mathrm{e}^{At}$，有

$$x(t) = \varPhi(t - t_0)x(t_0) + \int_{t_0}^{t} \varPhi(t - \tau)Bu(\tau)\mathrm{d}\tau \tag{3-36}$$

对其进行离散化，令

$$t = (k+1)T, \quad t_0 = kT$$

则

$$x[(k+1)T] = \varPhi(T)x(t_0) + \int_{kT}^{(k+1)T} \varPhi[(k+1)T - \tau]Bu(\tau)\mathrm{d}\tau \tag{3-37}$$

若令 $\tau' = \tau - kT$，则式 (3-37) 中积分式可化为

$$\int_{T}^{T} \varPhi[T - \tau]Bu(\tau)\mathrm{d}\tau$$

则式 (3-37) 可写为

$$x[(k+1)T] = \varPhi(T)x(t_0) + \int_{0}^{T} \varPhi[T - \tau]Bu(\tau)\mathrm{d}\tau \tag{3-38}$$

在 $kT < \tau < (k+1)T$ 范围内应用零阶保持器和一阶保持器可得如下结论。

零阶保持器：

$$u(t) = u(kT)$$

一阶保持器：

$$u(t) = u(kT) + \dot{u}(kT)\tau$$

代入式 (3-38) 中，得到离散相似法的递推公式：

$$\boldsymbol{x}(k+1) = \varPhi(T)\boldsymbol{x}(k) + \varPhi_m(T)u(k) + \hat{\varPhi}_m(T)\dot{u}(k) \quad \text{（一阶保持器）} \tag{3-39}$$

$$\boldsymbol{x}(k+1) = \varPhi(T)\boldsymbol{x}(k) + \varPhi_m(T)u(k) \quad \text{（零阶保持器）} \tag{3-40}$$

式中

$$\varPhi(T) = \mathrm{e}^{AT} \tag{3-41}$$

$$\varPhi_m(T) = \int_{0}^{T} \varPhi(T - \tau)B\mathrm{d}\tau \tag{3-42}$$

$$\hat{\varPhi}_m(T) = \int_{0}^{T} \varPhi(T - \tau)B\tau\mathrm{d}\tau \tag{3-43}$$

3.3.3　典型环节的离散系数及差分方程

众所周知, 线性控制系统总是由一些典型环节组成的, 常见的典型环节有积分环节、比例–积分环节、惯性环节、比例–惯性环节、二阶环节等。若设在每一个典型环节的输入端加一个虚拟的采样器和保持器, 则可把每一个典型环节都离散化, 由相应的差分方程来描述, 从而得出系统的离散状态方程组成或一组递推算式, 就可以根据递推算式的次序编写仿真程序对系统进行数字仿真。

1. 积分环节

积分环节的结构图见图 3-8。

$$U(s) \quad \boxed{K} \quad \boxed{\dfrac{1}{s}} \quad Y(s)$$

图 3-8　积分环节结构图

传递函数为

$$G(s) = \frac{Y(s)}{U(s)} = \frac{K}{s}$$

状态方程和输出方程:

$$\dot{x} = Ku$$

$$y = x$$

与标准的状态方程 (3-35) 对比可知, 在积分环节中有

$$A = 0, \quad B = K$$

分别代入式 (3-41)、式 (3-42) 和式 (3-43) 求得

$$\Phi(T) = \mathrm{e}^{0T} = 1$$

$$\Phi_m(T) = \int_0^T \mathrm{e}^{A(T-\tau)} B\mathrm{d}\tau = \int_0^T K\mathrm{d}\tau = KT$$

$$\hat{\Phi}_m(T) = \int_0^T \mathrm{e}^{A(T-\tau)} B\tau\mathrm{d}\tau = \int_0^T K\tau\mathrm{d}\tau = \frac{1}{2}KT^2$$

故递推算式为

$$\boldsymbol{x}(k+1) = \boldsymbol{x}(k) + KTu(k) + \frac{1}{2}KT^2\dot{u}(k) \tag{3-44}$$

$$y(k+1) = x(k+1)$$

2. 比例–积分环节

比例–积分环节的结构图见图 3-9。

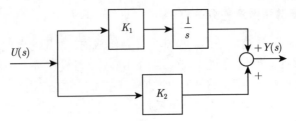

图 3-9　比例–积分环节结构图

传递函数为

$$G(s) = \frac{Y(s)}{U(s)} = \frac{K_1}{s} + K_2$$

状态方程和输出方程：

$$\dot{x} = K_1 u$$

$$y = x + K_2 u$$

与标准的状态方程 (3-35) 对比可知，在积分环节中有

$$A = 0, \quad B = K_1$$

分别代入式 (3-41)、式 (3-42) 和式 (3-43) 求得

$$\Phi(T) = \mathrm{e}^{0T} = 1$$

$$\Phi_m(T) = \int_0^T \mathrm{e}^{A(T-\tau)} B \mathrm{d}\tau = \int_0^T K_1 \mathrm{d}\tau = K_1 T$$

$$\hat{\Phi}_m(T) = \int_0^T \mathrm{e}^{A(T-\tau)} B \tau \mathrm{d}\tau = \int_0^T K_1 \tau \mathrm{d}\tau = \frac{1}{2} K_1 T^2$$

故递推算式为

$$\boldsymbol{x}(k+1) = \boldsymbol{x}(k) + K_1 T u(k) + \frac{1}{2} K_1 T^2 \dot{u}(k) \tag{3-45}$$

$$y(k+1) = x(k+1) + K_2 u(k)$$

　　由式 (3-44) 和式 (3-45) 对比可以看出，两者的离散状态方程式完全一样，只是输出方程不同，所以又可以将比例–积分环节视为积分环节的推广。

3. 惯性环节

惯性环节的结构图见图 3-10。

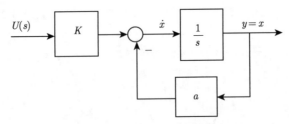

图 3-10　惯性环节的结构图

传递函数为

$$G(s) = \frac{Y(s)}{U(s)} = \frac{K}{s+a}$$

状态方程和输出方程：

$$\dot{x} = Ku - ax$$

$$y = x$$

与标准的状态方程 (3-35) 对比可知，在积分环节中有

$$A = -a, \quad B = K$$

分别代入式 (3-41)、式 (3-42) 和式 (3-43) 求得

$$\Phi(T) = \mathrm{e}^{-aT}$$

$$\Phi_m(T) = \int_0^T \mathrm{e}^{A(T-\tau)} B \mathrm{d}\tau = \int_0^T K\mathrm{e}^{-a(T-\tau)}\mathrm{d}\tau = \frac{K}{a}(1 - \mathrm{e}^{-aT})$$

$$\hat{\Phi}_m(T) = \int_0^T \mathrm{e}^{A(T-\tau)} B\tau \mathrm{d}\tau = \int_0^T K\mathrm{e}^{-a(T-\tau)}\tau \mathrm{d}\tau = \frac{K}{a^2}(\mathrm{e}^{-aT} - 1) + \frac{K}{a}T$$

则离散状态方程和输出方程为

$$\boldsymbol{x}(k+1) = \mathrm{e}^{-aT}\boldsymbol{x}(k) + \frac{K}{a}(1 - \mathrm{e}^{-aT})u(k) + \left[\frac{K}{a^2}(\mathrm{e}^{-aT} - 1) + \frac{K}{a}T\right]\dot{u}(k) \tag{3-46}$$

$$y(k+1) = x(k+1)$$

4. 比例–惯性环节

比例–惯性环节的结构图见图 3-11。

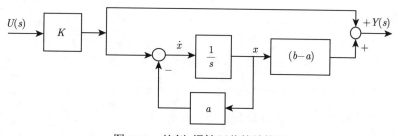

图 3-11　比例–惯性环节的结构图

传递函数为

$$G(s) = \frac{Y(s)}{U(s)} = \frac{K(s+b)}{s+a} = K\left(1 + \frac{b-a}{s+a}\right)$$

状态方程和输出方程：

$$\dot{x} = Ku - ax$$

$$y = (b-a)x + Ku$$

与标准的状态方程 (3-35) 对比可知，在积分环节中有

$$A = -a, \quad B = K$$

分别代入式 (3-41)、式 (3-42) 和式 (3-43) 求得

$$\Phi(T) = \mathrm{e}^{-aT}$$

$$\Phi_m(T) = \int_0^T \mathrm{e}^{A(T-\tau)} B \mathrm{d}\tau = \int_0^T K \mathrm{e}^{-a(T-\tau)} \mathrm{d}\tau = \frac{K}{a}(1 - \mathrm{e}^{-aT})$$

$$\hat{\Phi}_m(T) = \int_0^T \mathrm{e}^{A(T-\tau)} B\tau \mathrm{d}\tau = \int_0^T K \mathrm{e}^{-a(T-\tau)} \tau \mathrm{d}\tau = \frac{K}{a^2}(\mathrm{e}^{-aT} - 1) + \frac{K}{a}T$$

对比惯性环节和比例–惯性环节的离散系数发现两者完全一样，因而两者的离散状态方程也一样，差别仅在于输出方程，所以又可将比例–惯性环节视为惯性环节的推广。

5. 二阶环节 1

二阶环节 1 的结构图见图 3-12。

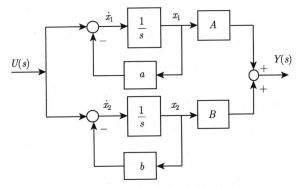

图 3-12　二阶环节 1 的结构图

传递函数为

$$G(s) = \frac{Y(s)}{U(s)} = \frac{cs + d}{(s+a)(s+b)} = \frac{A}{s+a} + \frac{B}{s+b}$$

式中

$$A = \frac{ac - d}{a - b}, \quad B = \frac{d - bc}{a - b}$$

根据图 3-12 可写出以下状态方程和输出方程：

$$\dot{x}_1 = -ax_1 + u$$

$$\dot{x}_2 = -bx_2 + u$$

$$y = Ax_1 + Bx_2$$

将两个状态方程写成矩阵形式：

$$\begin{bmatrix} \dot{x}_1 \\ \dot{x}_2 \end{bmatrix} = \begin{bmatrix} -a & 0 \\ 0 & -b \end{bmatrix} \begin{bmatrix} x_1 \\ x_2 \end{bmatrix} + \begin{bmatrix} 1 \\ 1 \end{bmatrix} u$$

由上式可知

$$A = \begin{bmatrix} -a & 0 \\ 0 & -b \end{bmatrix}, \quad B = \begin{bmatrix} 1 \\ 1 \end{bmatrix}$$

离散系数矩阵为

$$\Phi(T) = \begin{bmatrix} \mathrm{e}^{-aT} & 0 \\ 0 & \mathrm{e}^{-bT} \end{bmatrix}, \quad \Phi_m(T) = \begin{bmatrix} \dfrac{1}{a}(1 - \mathrm{e}^{-aT}) \\ \dfrac{1}{b}(1 - \mathrm{e}^{-bT}) \end{bmatrix}, \quad \hat{\Phi}_m(T) = \begin{bmatrix} \dfrac{1}{a^2}(\mathrm{e}^{-aT} - 1) + \dfrac{T}{a} \\ \dfrac{1}{b}(\mathrm{e}^{-bT} - 1) + \dfrac{T}{b} \end{bmatrix}$$

递推算式和输出方程为

$$\boldsymbol{x}(k+1) = \Phi(T)\boldsymbol{x}(k) + \Phi_m(T)u(k) + \hat{\Phi}_m(T)\dot{u}(k) \tag{3-47}$$

$$y = \boldsymbol{A}x_1 + \boldsymbol{B}x_2$$

6. 二阶环节 2

二阶环节 2 的结构图见图 3-13。

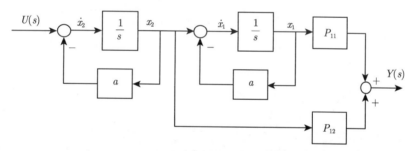

图 3-13 二阶环节 2 的结构图

传递函数为

$$G(s) = \frac{Y(s)}{U(s)} = \frac{cs + d}{(s + a)^2} = \frac{P_{11}}{(s + a)^2} + \frac{P_{12}}{s + a}$$

式中，$P_{11} = d - ac$；$P_{12} = c$。

根据图 3-13 可写出以下状态方程和输出方程：

$$\dot{x}_1 = -ax_1 + x_2$$

$$\dot{x}_2 = -ax_2 + u$$

$$y = P_{11}x_1 + P_{12}x_2$$

离散系数矩阵：

$$\Phi(T) = \begin{bmatrix} \mathrm{e}^{-aT} & T\mathrm{e}^{-aT} \\ 0 & \mathrm{e}^{-aT} \end{bmatrix}, \quad \Phi_m(T) = \begin{bmatrix} \dfrac{1}{a^2}(1 - \mathrm{e}^{-aT}) - \dfrac{T}{a}\mathrm{e}^{-aT} \\ \dfrac{1}{a}(1 - \mathrm{e}^{-aT}) \end{bmatrix}$$

$$\hat{\boldsymbol{\Phi}}_m(T) = \begin{bmatrix} \dfrac{1}{a^3}(\mathrm{e}^{-aT} - 1) + \dfrac{1}{a^2}(\mathrm{e}^{-aT} + 1) \\[2mm] \dfrac{1}{a^2}(\mathrm{e}^{-aT} - 1) + \dfrac{T}{a} \end{bmatrix}$$

递推算式和输出方程为

$$\boldsymbol{x}(k+1) = \boldsymbol{\Phi}(T)\boldsymbol{x}(k) + \boldsymbol{\Phi}_m(T)u(k) + \hat{\boldsymbol{\Phi}}_m(T)\dot{u}(k) \tag{3-48}$$

$$y = P_{11}x_1 + P_{12}x_2$$

7. 具有共轭复数极点的二阶环节

传递函数为

$$G(s) = \frac{Y(s)}{U(s)} = \frac{cs + d}{s^2 + as + b}$$

其状态变量见图 3-14。

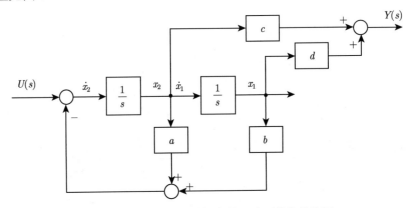

图 3-14   具有共轭复数极点的二阶环节的结构图

状态方程和输出方程为

$$\dot{x}_1 = -x_2$$

$$\dot{x}_2 = -bx_1 - ax_2 + u$$

$$y = dx_1 + cx_2$$

离散系数矩阵：

$$\boldsymbol{\Phi}(T) = \begin{bmatrix} a_7 + a_2a_6 & a_6/a_0 \\[1mm] -a_3a_6 & a_7 - a_2a_6 \end{bmatrix}, \quad \boldsymbol{\Phi}_m(T) = \begin{bmatrix} a_4(1 - a_2a_6 - a_7) \\[1mm] a_4(a_0 + a_1^2/a_0)a_6 \end{bmatrix}$$

$$\hat{\boldsymbol{\Phi}}_m(T) = \begin{bmatrix} a_5 + a_4^2[(a_1^2 - a_0^2)a_6 + 2a_0a_1a_7/a_0] \\[1mm] a_4[1 - (a_1^3/a_0 + a_6a_1)a_4a_6 - a_7] \end{bmatrix}$$

式中，$a_0 = \sqrt{\dfrac{b - a^2}{4}}$; $a_1 = \dfrac{a}{2}$; $a_2 = \dfrac{a}{2a_0}$; $a_3 = \dfrac{a_0}{b}$; $a_4 = \dfrac{1}{b}$; $a_5 = \dfrac{Tb - a}{b^2}$; $a_6 = \mathrm{e}^{-a_1 T}\sin(a_0 T)$; $a_7 = \mathrm{e}^{-a_1 T}\cos(a_0 T)$

递推算式和输出方程为

$$\boldsymbol{x}(k+1) = \varPhi(T)\boldsymbol{x}(k) + \varPhi_m(T)u(k) + \hat{\varPhi}_m(T)\dot{u}(k) \tag{3-49}$$
$$y = dx_1 + cx_2$$

以上诸典型环节中，以积分环节为最基本的环节，其他所有的动态环节均可由它组成。惯性环节次之，一般控制系统中包含较多。由以上所列递推公式可见，在积分环节和惯性环节中，$y = x$。因此状态方程和输出方程可以合二为一。在实际应用中，如果精度要求不是很高，或要求较快的运算速度，可以略去 $\hat{\varPhi}_m(T)$，即采用零阶保持器。

应该说明一点，由于状态变量的设置不是唯一的，因而状态矩阵 $\boldsymbol{A}$、控制矩阵 $\boldsymbol{B}$ 和输出矩阵 $\boldsymbol{C}$ 就可随状态变量的不同而不同，从而离散系数 $\varPhi(T)\varPhi_m(T)$ 不一样，但在同样输入信号作用下，系统仿真的输出响应应该是一样的。

3.3.4　典型非线性环节仿真

用离散相似法对系统进行仿真时，由于每个环节都是单独进入仿真程序，每增加一个计算步长都要计算出所有环节的输入和输出，因而很容易推广到具有本质非线性环节的非线性系统仿真，其方法是把非线性环节安排在某些线性环节的输入端或输出端，这时只需将对应线性环节的输入量或输出量通过非线性环节子程序算出其真正的数据即可。每一个线性环节均可由 3.3.2 节介绍的递推方程或代数方程组成。而一个本质非线性环节，则可由逻辑控制语句描述。纯时延环节将输入信号延迟若干个计算步长，也可以视为一种特殊的非线性环节。

1. 饱和非线性

如图 3-15(a) 所示，饱和非线性的函数关系为

$$y = \begin{cases} u, & |u| \leqslant c_1 \\ (\mathrm{sign}u)c_1, & |u| > c_1 \end{cases}$$

子程序框图见图 3-15(b)。

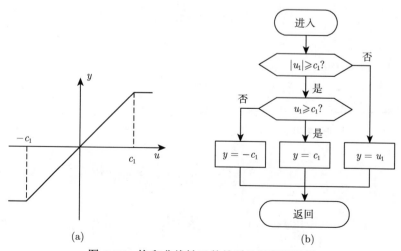

图 3-15　饱和非线性函数关系及程序流程图

仿真子程序:

```
double Saturate(double u,double c1)
 {
  if(fabs(u)<=c1) return u;
  else if(u>c1) return c1;
  else return -c1;
 }
```

2. 死区非线性

死区非线性函数关系及程序流程图见图 3-16。

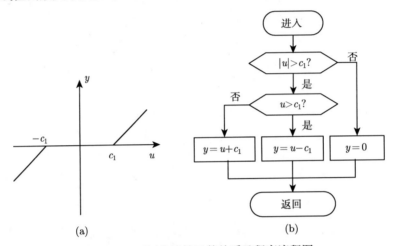

(a)　　　　　　　　　　　　　　(b)

图 3-16　死区非线性函数关系及程序流程图

如图 3-16(a) 所示, 死区非线性的函数关系为

$$y = \begin{cases} 0, & |u| \leqslant c_1 \\ u - c_1, & u > c_1 \\ u + c_1, & u < -c_1 \end{cases}$$

仿真子程序:

```
double DeadBand(double u,double c1)
 {
  if(fabs(u)<=c1) return 0;
  else if(u>c1) return u-c1;
  else return u+c1;
 }
```

3. 死区分段非线性

死区分段非线性如图 3-17 所示。图中, k_1 表示第一段的斜率, k_2 表示第二段的斜率, c_1 和 c_2 分别为拐点的横坐标。

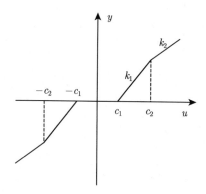

图 3-17　死区分段非线性

函数关系为

$$
y = \begin{cases}
0, & |u_1| \leqslant c_1 \\
k_1(u_1 - c_1), & c_1 < u_1 < c_2 \\
k_1(u_1 + c_1), & -c_2 < u_1 < -c_1 \\
k_1(c_2 - c_1) + k_2(u_1 - c_2), & u_1 \geqslant c_2 \\
k_1(-c_2 + c_1) + k_2(u_1 + c_2), & u_1 \leqslant -c_2
\end{cases}
$$

仿真子程序:

```
double DeadSaturate(double u1)
{
  double c1=1,c2=2,k1=1,k2=0.5;
  if(u1<=-c2) return  k1*(-c2+c1)+k2*(u1+c2);
  else if(u1<-c1) return k1*(u1+c1);
  else if(u1<=c1) return 0;
      else if(u1<c2) return k1*(u1-c1)
  else return k1*(c2-c1)+k2*(u1-c2);
}
```

4. 齿隙非线性

齿隙非线性如图 3-18 所示。函数关系为

$$
y = \begin{cases}
u_1 - c_1, & u_1 - u_2 > 0; u_1 \geqslant y_2 + c_1(BC段) \\
u_2 + c_1, & u_1 - u_2 < 0; u_1 \leqslant y_2 - c_1(DA段) \\
y_2, & 其他 (CD、AB段)
\end{cases}
$$

式中, u_2 为 u_1 的前一时刻值; y_2 为 y 的前一时刻值。

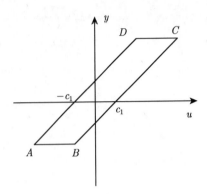

图 3-18　齿隙非线性

仿真子程序:

```
double Hys(double u)
{
 double c1=0.5;
 static double lastu,y2=0;
 if((u>lastu)&&(lastu>=y2+c1))      y2=u-c1;
 if((u<lastu)&&(lastu<=y2-c1))      y2=u+c1;
 lastu=u;
 return y2;
}
```

3.3.5　纯滞后环节仿真

纯滞后的传递函数:

$$G(s) = \frac{Y(s)}{U(s)} = \mathrm{e}^{-\tau s} = \mathrm{e}^{-(M_1+M_2)Ts} \tag{3-50}$$

式中, τ 为纯滞后时间; T 为采样时间; $\tau/T = M_1 + M_2$; M_1 为整数部分; M_2 为小数部分。

取 $G(s)$ 的 z 变换得

$$G(z) = \frac{Y(z)}{U(z)} = z^{-(M_1+M_2)} \tag{3-51}$$

由 z 变换的平移定理可得

$$y(k) = u[k - (M_1 + M_2)] \tag{3-52}$$

对式 (3-52) 分两种情况讨论。

1. 设 $M_2 = 0$

按纯滞后的定义:

$$y(k) = u(k - M_1) \tag{3-53}$$

由于滞后时间正好是采样周期 T 的整数倍, 所以只要记录前第 M_1 个采样时刻 u 的采样值, 即可给出此时刻的 y 值。为了这一过程连续不断地进行下去, 可以在计算机内

存中开设 $M_1 + 1$ 个内存单元，用来预先存放当前输入值 $u(k)$ 及前 M_1 个采样时刻的 u 值。这些内存中的内容必须依次存入，并且每计算一个采样周期 T 后，这些内存单元中的内容必须依次平移一步，以便和计算时刻同步，如图 3-19 所示，其顺序编号从左至右为 $1, 2, 3, \cdots, M_1 - 1, M_1, M_1 + 1$。

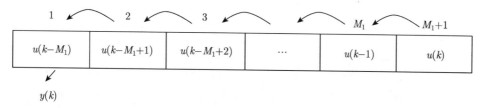

图 3-19　$M_2 = 0$ 时内存单元的存入–取出–平移

对于每一步计算，首先是将当前时刻的输入信号 $u(k)$ 存入第 $M_1 + 1$ 个内存单元中，然后从第一个内存单元中取出作为该时刻的输出 $y(k)$，最后，再将各内存单元中的内容自右向左平移一步，故总的操作次序为存入–取出–平移。很显然，经过如此 M_1 次操作以后，从第一个内存单元中取出的 u 值即为该时刻 M_1 个采样周期的输入 $u(k)$，即输出滞后于输入 M_1 个采样周期。将以上操作依次编成程序如下：

```
double delay(double u)
{
    static double U[100],y;
    U[M1+1]=u;
    y=U[1];
    for (i=1;i<M1+1;i++) U[i]=U[i+1];
    return y;
}
```

2. 设 $M_2 \neq 0$，则 $\tau/T = M_1 + M_2$

可以想象，如果仍和第一种情况一样，在 $M_1 + 1$ 号单元中存放当前输入量 $u(k)$，仍在第一号内存单元中取出作为该时刻的输出 $y(k)$，则实际上只滞后了 M_1 个采样周期，滞后时间不足，若再扩充一个 0 号单元，并参与平移存放，如图 3-20 所示。如果从第 0 号单元取数作为该时刻的输出 $y(k)$，很显然，是滞后了 $M_1 + 1$ 个采样周期，滞后时间又过多。那么怎样才能得到准确的滞后时刻的 $y(k)$ 值呢？这个问题涉及广义 z 变换问题，不属于本书讨论的范围。下面介绍一种近似的常用方法。从第一号单元取数 $u(k - M_1)$，再从第 0 号单元中取数 $u(k - M_1 - 1)$，并按以下线性插值公式来近似地取 $M_1 + M_2$ 时刻的输出值 $y(k)$：

$$y(k) = (1 - M_2)u(k - M_1) + M_2 u(k - M_1 - 1) \tag{3-54}$$

其操作次序为存入–取出–插值–平移。

将以上操作依次编成程序如下：

```
double delay(double u)
{
```

```
static double U[100],y;
U[M1+1]=u;
y=U[1]*(1-M2)+M2*U[0];
for (i=0;i<M1+1;i++) U[i]=U[i+1];
return y;
}
```

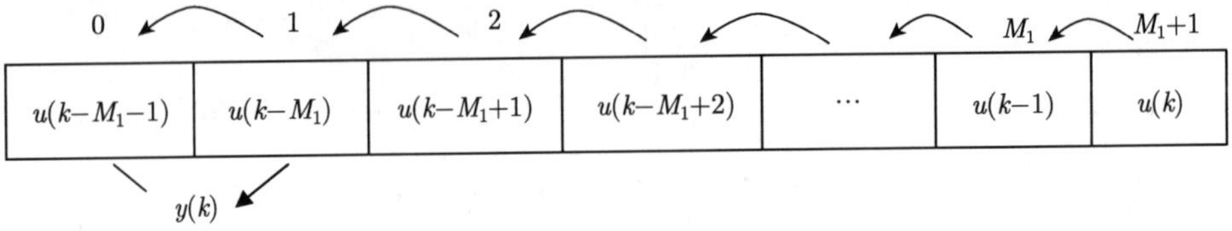

0	1	2			M_1	M_1+1
$u(k-M_1-1)$	$u(k-M_1)$	$u(k-M_1+1)$	$u(k-M_1+2)$	...	$u(k-1)$	$u(k)$

$y(k)$

图 3-20 $M_2 \neq 0$ 时内存单元的存入–取出–插值–平移

例如，设 τ/T=5.75，则

$$M_1 = 5.0, \quad M_2 = 0.75$$

从而有

$$y(k) = 0.25u(k - M_1) + 0.75u(k - M_1 - 1)$$

由以上分析可知，当 M_2=0 时，因为滞后时间是采样周期的整数倍，通过仿真可以得到采样时刻的准确信息，如图 3-21(a) 所示；当 $M_2 \neq 0$ 时，通过仿真可得到两采样时刻之间的信息，如图 3-21(b) 所示。

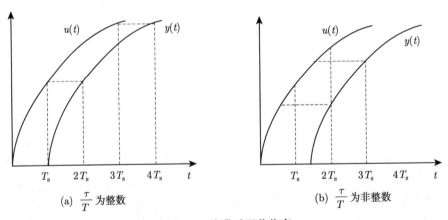

(a) $\dfrac{\tau}{T}$ 为整数   (b) $\dfrac{\tau}{T}$ 为非整数

图 3-21   纯滞后环节仿真

3.4   增广矩阵法

3.4.1   增广矩阵法的基本思想

3.3 节所讲的状态方程离散化方法得到了系统：

$$\dot{x} = Ax + Bu$$

$$y = \boldsymbol{C}\boldsymbol{x} + \boldsymbol{D}\boldsymbol{u}$$

的离散化模型：

$$\boldsymbol{x}(k+1) = \varPhi(T)\boldsymbol{x}(k) + \varPhi_m(T)u(k)$$

$$\boldsymbol{y}(k) = \boldsymbol{C}\boldsymbol{x}(k) + \boldsymbol{D}\boldsymbol{u}(k)$$

利用该模型即可进行仿真。

这种仿真的误差主要受两个因素的影响。第一，在离散化过程中引入了虚拟的采样器和保持器，这会引起输入信号失真，从而产生误差；第二，对于高阶系统，若不易分解成低阶子系统，则 $\varPhi(T)$ 和 $\varPhi_m(T)$ 不易用解析方法求出，需要采用数值方法进行计算，这就会引入截断误差。若分成多个低阶子系统，则引入的虚拟采样器和保持器过多，也会引起误差。

为了进一步提高仿真精度，考虑输入 $u = 0$ 的情况，即将状态方程变为齐次方程：

$$\dot{\boldsymbol{x}} = \boldsymbol{A}\boldsymbol{x} \tag{3-55}$$

此时与式 (3-55) 对应离散化状态方程为

$$\boldsymbol{x}(k+1) = \varPhi(T)\boldsymbol{x}(k) = \mathrm{e}^{\boldsymbol{A}T}\boldsymbol{x}(k) \tag{3-56}$$

可见，对齐次状态方程 (3-55) 进行离散化时，不需要引入虚拟的采样开关和保持器。因此，产生误差的第一个主要因素就被消除了。同时式 (3-56) 中没有 $\varPhi_m(T)u(k)$ 项，也就消除了用数值方法计算 $\varPhi_m(T)$ 时产生的截断误差。这样用式 (3-56) 仿真时，误差来源仅是用数值方法计算 $\varPhi(T)$ 时产生的截断误差和计算机产生的舍入误差，从而使仿真精度有较大提高。

正由于对齐次状态方程的仿真精度较高，所以希望通过将非齐次状态方程的输入变量"增广"为新的状态变量的方法，将原来的状态方程转变为增广形式的齐次状态方程：

$$\dot{\tilde{\boldsymbol{x}}} = \tilde{\boldsymbol{A}}\tilde{\boldsymbol{x}} \tag{3-57}$$

$$\boldsymbol{y} = \tilde{\boldsymbol{C}}\tilde{\boldsymbol{x}} \tag{3-58}$$

以获得较高的仿真精度。这就是增广矩阵法的基本思想。

式 (3-57) 称为增广状态方程，式 (3-58) 称为增广输出方程。其中，$\tilde{\boldsymbol{x}}$ 称为增广状态变量，它包括原有的状态变量和新增的状态变量；$\tilde{\boldsymbol{A}}$ 称为增广状态矩阵；$\tilde{\boldsymbol{C}}$ 称为增广输出矩阵。

3.4.2 不同输入信号下的增广状态方程

下面分别讨论在不同输入信号下如何选取增广状态变量，如何形成增广状态方程。设原系统中，$\boldsymbol{A}$ 为 $n \times n$ 阶矩阵，$\boldsymbol{B}$ 为 $n \times 1$ 阶矩阵，$\boldsymbol{C}$ 为 $1 \times n$ 阶矩阵，$\boldsymbol{D}$ 为 1×1 阶矩阵，$\boldsymbol{x}$ 为 n 维列向量。

1. 阶跃输入

$$u = U_0 \cdot 1(t)$$

系统原有 n 个状态变量，定义第 $n+1$ 个状态变量为

$$x_{n+1} = u(t) = U_0 \cdot 1(t) \tag{3-59}$$

则

$$\dot{x}_{n+1} = 0$$

于是增广状态方程和输出方程分别为

$$\begin{bmatrix} \dot{\boldsymbol{x}} \\ \dot{x}_{n+1} \end{bmatrix} = \begin{bmatrix} \boldsymbol{A} & \boldsymbol{B} \\ 0 & 0 \end{bmatrix} \begin{bmatrix} \boldsymbol{x} \\ x_{n+1} \end{bmatrix} \tag{3-60}$$

$$\boldsymbol{y} = \begin{bmatrix} \boldsymbol{C} & \boldsymbol{D} \end{bmatrix} \begin{bmatrix} \boldsymbol{x} \\ x_{n+1} \end{bmatrix} \tag{3-61}$$

初始条件为

$$\begin{bmatrix} \boldsymbol{x}(0) \\ x_{n+1}(0) \end{bmatrix} = \begin{bmatrix} \boldsymbol{x}_0 \\ U_0 \end{bmatrix} \tag{3-62}$$

若令

$$\tilde{\boldsymbol{x}} = \begin{bmatrix} \boldsymbol{x} \\ x_{n+1} \end{bmatrix}$$

$$\tilde{\boldsymbol{A}} = \begin{bmatrix} \boldsymbol{A} & \boldsymbol{B} \\ 0 & 0 \end{bmatrix}, \quad \tilde{\boldsymbol{C}} = \begin{bmatrix} \boldsymbol{C} & \boldsymbol{D} \end{bmatrix}$$

即可写成式 (3-57) 和式 (3-58) 的形式。

2. 斜坡输入

$$u = U_0 t$$

定义第 $n+1$ 和第 $n+2$ 个状态变量为

$$x_{n+1} = u(t) = U_0 t$$

$$x_{n+2} = \dot{x}_{n+1} = \dot{u}(t) = U_0$$

则

$$x_{n+1}(0) = 0$$
$$x_{n+2}(0) = U_0$$

得到增广后状态方程和输出方程：

$$\begin{bmatrix} \dot{\boldsymbol{x}} \\ \dot{x}_{n+1} \\ \dot{x}_{n+2} \end{bmatrix} = \begin{bmatrix} \boldsymbol{A} & \boldsymbol{B} & 0 \\ 0 & 0 & 1 \\ 0 & 0 & 0 \end{bmatrix} \begin{bmatrix} \boldsymbol{x} \\ x_{n+1} \\ x_{n+2} \end{bmatrix} \tag{3-63}$$

$$\boldsymbol{y} = \begin{bmatrix} \boldsymbol{C} & \boldsymbol{D} & 0 \end{bmatrix} \begin{bmatrix} \boldsymbol{x} \\ x_{n+1} \\ x_{n+2} \end{bmatrix} \tag{3-64}$$

初始条件为

$$\begin{bmatrix} \boldsymbol{x}(0) \\ x_{n+1}(0) \\ x_{n+2}(0) \end{bmatrix} = \begin{bmatrix} \boldsymbol{x}_0 \\ 0 \\ U_0 \end{bmatrix} \tag{3-65}$$

3. 加速度输入

$$u = \frac{1}{2} U_0 t^2$$

输入为加速度信号时，需要新增 3 个状态变量，令

$$x_{n+1} = u(t) = \frac{1}{2} U_0 t^2 \tag{3-66}$$

$$x_{n+2} = \dot{x}_{n+1} = U_0 t \tag{3-67}$$

$$x_{n+3} = \dot{x}_{n+2} = U_0 \tag{3-68}$$

而

$$\dot{x}_{n+3} = 0$$

有

$$x_{n+1}(0) = 0$$
$$x_{n+2}(0) = 0$$
$$x_{n+3}(0) = U_0$$

可写出增广状态方程和增广输出方程：

$$\begin{bmatrix} \dot{\boldsymbol{x}} \\ \dot{x}_{n+1} \\ \dot{x}_{n+2} \\ \dot{x}_{n+3} \end{bmatrix} = \begin{bmatrix} \boldsymbol{A} & \boldsymbol{B} & 0 & 0 \\ 0 & 0 & 1 & 0 \\ 0 & 0 & 0 & 1 \\ 0 & 0 & 0 & 0 \end{bmatrix} \begin{bmatrix} \boldsymbol{x} \\ x_{n+1} \\ x_{n+2} \\ x_{n+3} \end{bmatrix} \tag{3-69}$$

$$\boldsymbol{y} = \begin{bmatrix} \boldsymbol{C} & \boldsymbol{D} & 0 & 0 \end{bmatrix} \begin{bmatrix} \boldsymbol{x} \\ x_{n+1} \\ x_{n+2} \\ x_{n+3} \end{bmatrix} \tag{3-70}$$

初始条件为

$$\begin{bmatrix} \boldsymbol{x}(0) \\ x_{n+1}(0) \\ x_{n+2}(0) \\ x_{n+3}(0) \end{bmatrix} = \begin{bmatrix} \boldsymbol{x}_0 \\ 0 \\ 0 \\ U_0 \end{bmatrix} \tag{3-71}$$

4. 指数输入

$$u = U_0 \mathrm{e}^{-at}$$

定义第 $n+1$ 个状态变量为

$$x_{n+1} = u(t) = U_0 \mathrm{e}^{-at} \tag{3-72}$$

则

$$\dot{x}_{n+1} = -aU_0 \mathrm{e}^{-at} \tag{3-73}$$

$$x_{n+1}(0) = 0$$

由此得原系统的增广状态方程和增广输出方程为

$$\begin{bmatrix} \dot{\boldsymbol{x}} \\ \dot{x}_{n+1} \end{bmatrix} = \begin{bmatrix} \boldsymbol{A} & \boldsymbol{B} \\ 0 & -a \end{bmatrix} \begin{bmatrix} \boldsymbol{x} \\ x_{n+1} \end{bmatrix} \tag{3-74}$$

$$\boldsymbol{y} = \begin{bmatrix} \boldsymbol{C} & \boldsymbol{D} \end{bmatrix} \begin{bmatrix} \boldsymbol{x} \\ x_{n+1} \end{bmatrix} \tag{3-75}$$

初始条件为

$$\begin{bmatrix} \boldsymbol{x}(0) \\ x_{n+1}(0) \end{bmatrix} = \begin{bmatrix} \boldsymbol{x}_0 \\ U_0 \end{bmatrix} \tag{3-76}$$

令

$$\tilde{\boldsymbol{x}} = \begin{bmatrix} \boldsymbol{x} \\ x_{n+1} \end{bmatrix}$$

$$\tilde{\boldsymbol{A}} = \begin{bmatrix} \boldsymbol{A} & \boldsymbol{B} \\ 0 & 0 \end{bmatrix}, \quad \boldsymbol{C} = \begin{bmatrix} \boldsymbol{C} & \boldsymbol{D} \end{bmatrix}$$

则

$$\dot{\tilde{\boldsymbol{x}}} = \tilde{\boldsymbol{A}}\tilde{\boldsymbol{x}}$$

$$\boldsymbol{y} = \tilde{\boldsymbol{C}}\tilde{\boldsymbol{x}}$$

5. 正弦输入

$$u = A\sin(\omega t + \varphi)$$

定义第 $n+1$ 和第 $n+2$ 个状态变量为

$$x_{n+1} = u(t) = A\sin(\omega t + \varphi) \tag{3-77}$$

$$x_{n+2} = \dot{x}_{n+1} = A\omega \cos(\omega t + \varphi) \tag{3-78}$$

则有

$$\dot{x}_{n+2} = -A\omega^2 \sin(\omega t + \varphi)$$

且

$$x_{n+1}(0) = A\sin\varphi$$
$$x_{n+2}(0) = A\omega\cos\varphi$$

得增广后状态方程和增广输出方程为

$$\begin{bmatrix} \dot{\boldsymbol{x}} \\ \dot{x}_{n+1} \\ \dot{x}_{n+2} \end{bmatrix} = \begin{bmatrix} \boldsymbol{A} & \boldsymbol{B} & 0 \\ 0 & 0 & 1 \\ 0 & -\omega^2 & 0 \end{bmatrix} \begin{bmatrix} \boldsymbol{x} \\ x_{n+1} \\ x_{n+2} \end{bmatrix} \tag{3-79}$$

$$\boldsymbol{y} = \begin{bmatrix} \boldsymbol{C} & \boldsymbol{D} & 0 \end{bmatrix} \begin{bmatrix} \boldsymbol{x} \\ x_{n+1} \\ x_{n+2} \end{bmatrix} \tag{3-80}$$

初始条件为

$$\begin{bmatrix} \boldsymbol{x}(0) \\ x_{n+1}(0) \\ x_{n+2}(0) \end{bmatrix} = \begin{bmatrix} \boldsymbol{x}_0 \\ A\sin\varphi \\ A\omega\cos\varphi \end{bmatrix} \tag{3-81}$$

增广矩阵法是一种精度较高的方法，若采用解析法计算矩阵指数 $e^{\bar{A}T}$，那么这种方法就成为一种准确的方法，不会因采样周期 T 的增大而增加计算误差；相反，因 T 增大使总的仿真步数减少，会减少计算机舍入误差的积累。对于高阶系统，一般只能用数值法计算 $e^{\bar{A}T}$，这时会引入截断误差，但已有一些有效算法可把误差控制在要求范围内。因此，增广矩阵法允许采用较大的步长进行仿真。

$e^{\bar{A}T}$ 可以预先一次计算出来，在递推计算的过程中不需要反复计算，因此每一步的计算量不大，只有一些代数运算。

由以上分析可知，增广矩阵法很适用于对连续系统进行快速数字仿真，而且能得到较高的仿真精度。增广矩阵法也可用于刚性系统和多输入多输出系统的仿真。

但是增广矩阵法也有局限性，它只适用于一些输入为典型函数的系统，对于一般的非典型输入函数的系统或输入为表格函数的系统，因为不容易或者不能选取到合适的增广状态变量，不能得到增广状态方程，因而也就不能用增广矩阵法进行仿真。

3.5　数字仿真程序设计

在了解了如何应用离散相似法将系统结构图式的数学模型转化为递推算式后，即可根据递推算式来编写数字仿真程序。采用离散相似法的仿真程序，也可以写成通用程序的形式，但由于通用程序往往占用内存较多，运算速度低，并且往往有一定的限制，所以对一些小规模的系统进行数字仿真时，经常是针对具体的系统编写专用程序。本节分别就专用程序设计方法和通用程序设计原理给予介绍。

3.5.1 线性系统的离散相似法仿真程序设计

图 3-22 为发动机转速控制系统结构图。现针对这一具体的系统来说明专用仿真程序的设计方法和步骤。

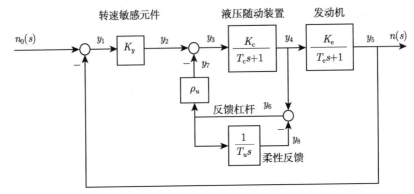

图 3-22　发动机转速控制系统结构图

众所周知，系统的结构图不仅给出了组成系统的各元部件的静、动态特性 (由传递函数描述)，而且给出了该系统的信号流程 (由箭头表示)。对以结构图描述的系统进行数字仿真时，可以先按离散相似法写出各典型环节的递推式及子程序，再根据信号流程安排递推算式及子程序的计算次序，最后按时间序列进行差分方程的迭代运算，就可以求得系统在给定输入作用下的响应序列。

对于图 3-22 所示的转速控制系统，其专用程序的设计方法和步骤如下。

(1) 首先检查系统中各环节是否都是以典型环节表示的，否则都必须将典型环节转化为典型环节，此处仅就 3.3.3 节介绍的几种典型环节进行研究；

(2) 按系统的信号流程给各信号点进行编号，如图 3-22 中的 $y_0, y_1, y_2, \cdots, y_7, y_8$；

(3) 对各典型环节按离散相似法写出差分方程；

(4) 根据信号流程安排差分方程的计算次序。

根据以上四个步骤可以编写出转速控制系统数字仿真程序的运算块如下：

(1) $y_1(k+1) = n_0(k+1) - y_5(k)$;

(2) $y_2(k+1) = K_y y_1(k+1)$;

(3) $y_3(k+1) = y_2(k+1) - y_7(k)$;

(4) $y_4(k+1) = \mathrm{e}^{-\frac{T}{T_c}} y_4(k) + K_c(1 - \mathrm{e}^{-\frac{T}{T_c}}) y_3(k+1)$;

(5) $y_5(k+1) = \mathrm{e}^{-\frac{T}{T_e}} y_5(k) + K_e(1 - \mathrm{e}^{-\frac{T}{T_e}}) y_4(k+1)$;

(6) $y_6(k+1) = y_4(k+1) - y_8(k)$;

(7) $y_7(k+1) = \rho_u y_6(k+1)$;

(8) $y_8(k+1) = y_8(k+1) + \dfrac{T}{T_u} y_6(k+1)$。

以上诸公式中下标 k 和 $k+1$ 分别表示第 kT 和 $(k+1)T$ 采样时刻。在此运算块的基础上，在其前端嵌入初始程序块和输入程序块，在其后部嵌入输出程序块和终了程序块，就形成了一个完整的转速控制系统专用仿真程序。

应该说明的是，对于一个大型的复杂系统，设计专用程序不会如此简单，调试一个专用程序更不是一件容易的事，此时可以选用适当的通用程序。

3.5.2 非线性系统离散相似法仿真程序设计

图 3-22 所示的发动机转速控制系统模型是简化后的线性模型，较符合实际的系统结构图由图 3-23 表示。很显然，这是一个非线性控制系统，其程序设计的前三步与线性系统一样。第四步仍然是根据信号流程安排差分方程的计算顺序，此时应注意的是，若在某线性环节之前或之后有非线性环节，则此时应将上一个线性环节的输出转到相应的非线性环节子程序进行仿真，算出非线性环节的输出，再顺序转入下一个环节进行运算。

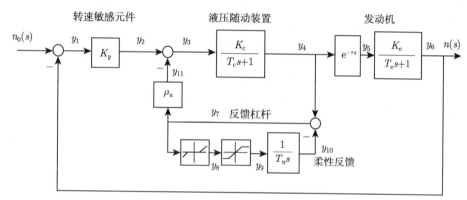

图 3-23　带非线性环节的发动机转速控制系统结构图

对应于图 3-23 的仿真程序运算块如下：

(1) $y_1(k+1) = n_0(k+1) - y_6(k)$；

(2) $y_2(k+1) = K_y y_1(k+1)$；

(3) $y_3(k+1) = y_2(k+1) - y_{11}(k)$；

(4) $y_4(k+1) = \mathrm{e}^{-\frac{T}{T_c}} y_4(k) + K_c(1 - \mathrm{e}^{-\frac{T}{T_c}}) y_3(k+1)$；

(5) $y_5(k+1) = f_1(y_4(k+1))$；

(6) $y_6(k+1) = \mathrm{e}^{-\frac{T}{T_e}} y_6(k) + K_e(1 - \mathrm{e}^{-\frac{T}{T_e}}) y_5(k+1)$；

(7) $y_7(k+1) = y_4(k+1) - y_{10}(k)$；

(8) $y_8(k+1) = f_2(y_7(k+1))$；

(9) $y_9(k+1) = f_3(y_8(k+1))$；

(10) $y_{11}(k+1) = \rho_u y_7(k+1)$；

(11) $y_{10}(k+1) = y_{10}(k+1) + \dfrac{T}{T_u} y_9(k+1)$。

由于各环节的系数均为常数，因而差分方程中的离散系数也都是常数，就可以在迭代运算前一次算出，以便于加快仿真速度。

相应于图 3-22 的仿真源程序见程序 3-1，扫二维码可见。图 3-23 的仿真源

程序见程序 3-2, 扫二维码可见, 程序中使用如下各系数:

$$K_y = 14.1, \quad T_c = 1.4$$

$$K_c = 24.3, \quad T_e = 0.84$$

$$K_e = 0.458, \quad T_u = 0.64$$

$$\rho_u = 1.16, \quad \tau = 0.101$$

采样步长 $T = 0.005\text{s}$, $C_1 = 10$; $M_1 = 500$ (均为非线性拐点); $\tau/T = 0.101/0.005 = 20.2$, 故有 $M_2 = 20$, $M_3 = 0.2$。

当输入为 $n_0 = 100 \cdot 1(t)$ 时, 系统仿真结果如图 3-24~图 3-26 所示。由仿真结果可见, 当系统中含有纯滞后环节时, 不仅超调量较大 (26.7%), 而且过渡过程时间也较长。当然由于增加了非线性环节, 对系统的动态性能有所改善。

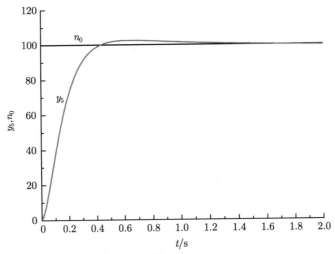

图 3-24 不含非线性环节发动机转速控制系统单位阶跃响应图 (图 3-22 所示系统)

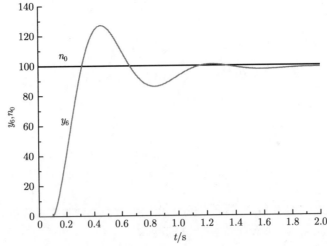

图 3-25 含纯滞后环节发动机转速控制系统单位阶跃响应 (图 3-23 所示系统)

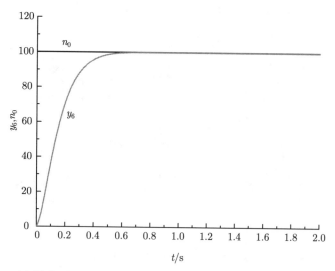

图 3-26　不含纯滞后环节发动机转速控制系统单位阶跃响应 (图 3-23 所示系统)

3.6　用 z 变换法建立系统的差分方程

对连续系统进行离散化处理，方法有多种，除了前面介绍的状态转移矩阵法之外，离散系统中的 z 变换法也可用来对连续系统进行离散化处理。

众所周知，编制仿真程序所依据的差分方程称为仿真模型，在这里作进一步推广，把与差分方程一一脉冲传递函数 $G(z)$ 也称为仿真模型。因此对连续系统进行数字仿真，就可以先在系统各个环节的入口处加一个虚拟的采样器和保持器，然后应用 z 变换法求各环节的脉冲传递函数，再由脉冲传递函数经 z 反变换求出各环节的差分方程。据此差分方程编制仿真程序进行数字仿真。

设连续系统的传递函数为 $G(s)$，在系统的输入端加一虚拟的采样器和保持器后，经 z 变换可得系统的脉冲传递函数为 $G(z)$，见图 3-27。

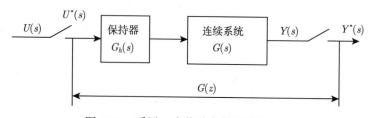

图 3-27　采用 z 变换法离散化连续系统

由

$$G(z) = \frac{Y(z)}{U(z)} \tag{3-82}$$

可知，仿真模型必须包括保持器，即

$$G(z) = \frac{Y(z)}{U(z)} = \mathcal{Z}\left\{G_h(s) \cdot G(s)\right\}$$

【例 3-5】 已知某系统的数学模型如图 3-28 所示。

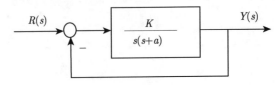

图 3-28　连续系统结构图

对于该系统，可以通过三种形式的 z 变换将其离散化，如图 3-29 所示。设 $G_h(s) = \dfrac{1 - e^{-Ts}}{s}$ 为零阶保持器

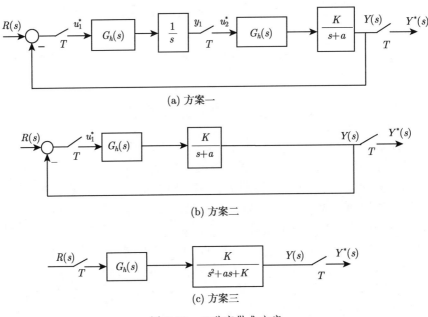

(a) 方案一

(b) 方案二

(c) 方案三

图 3-29　三种离散化方案

1. 方案一

由图 3-29(a) 可得

$$
\begin{aligned}
G_1(z) = \frac{Y_1(z)}{U_1(z)} &= \mathcal{Z}\left\{\frac{1 - e^{-Ts}}{s}\frac{1}{s}\right\} = \frac{z-1}{z}\mathcal{Z}\left\{\frac{1}{s^2}\right\} \\
&= \frac{z-1}{z}\frac{Tz}{(z-1)^2} = \frac{T}{z-1}
\end{aligned} \tag{3-83}
$$

由式 (3-83) 可得

$$
Y_1(z)(z-1) = TU_1(z)
$$

对上式等号两边取 z 反变换得

$$y_1(k) = y_1(k-1) + Tu_1(k-1) \tag{3-84}$$

又有

$$
\begin{aligned}
G_2(z) &= \frac{Y_2(z)}{U_2(z)} = \mathcal{Z}\left\{ \frac{1-\mathrm{e}^{-Ts}}{s} \frac{K}{s+a} \right\} \\
&= \frac{z-1}{z}\mathcal{Z}\left\{ \frac{K}{s(s+a)} \right\} \\
&= \frac{z-1}{z}\frac{K(1-\mathrm{e}^{-aT})z}{a(z-1)(z-\mathrm{e}^{-aT})} \\
&= \frac{K(1-\mathrm{e}^{-aT})}{a(z-\mathrm{e}^{-aT})}
\end{aligned}
\tag{3-85}
$$

由式 (3-85) 可得

$$Y_2(z)(z-\mathrm{e}^{-aT}) = \frac{K}{a}(1-\mathrm{e}^{-aT})U_2(z)$$

对上式等号两边取 z 反变换得

$$y_2(k) = \mathrm{e}^{-aT}y_2(k-1) + \frac{K}{a}(1-\mathrm{e}^{-aT})u_2(k-1) \tag{3-86}$$

式 (3-84)、式 (3-86) 与离散相似法中采用零阶保持器所得的结果 (式 (3-46)) 是一致的。若采用一阶保持器也会得到与离散相似法一致的结果。

由以上分析可知，按图 3-29(a) 进行离散化后，得到式 (3-84) 和式 (3-86)，由此可求得闭环系统的差分方程，其推理过程如下。

因为

$$u_2(k-1) = y_1(k-1) = y_1(k-2) + Tu_1(k-2)$$

代入式 (3-86) 得

$$y_2(k) = \mathrm{e}^{-aT}y_2(k-1) + \frac{K}{a}(1-\mathrm{e}^{-aT})\left[y_1(k-2) + Tu_1(k-2)\right] \tag{3-87}$$

又因

$$u_1(k-2) = R(k-2) - y_2(k-2) \tag{3-88}$$

将式 (3-88) 代入式 (3-87) 得

$$y_2(k) = \mathrm{e}^{-aT}y_2(k-1) + \frac{K}{a}(1-\mathrm{e}^{-aT})\left[y_1(k-2) + T(R(k-2) - y_2(k-2))\right]$$

$$
\begin{aligned}
y_2(k) ={}& \mathrm{e}^{-aT}y_2(k-1) - \frac{KT}{a}(1-\mathrm{e}^{-aT})y_2(k-2) + \frac{K}{a}(1-\mathrm{e}^{-aT})y_1(k-2) \\
&+ \frac{KT}{a}(1-\mathrm{e}^{-aT})R(k-2)
\end{aligned}
\tag{3-89}
$$

由图 3-29(a) 及式 (3-86) 可知

$$y_2(k-2) = u_2(k-2) = \frac{a}{K}\frac{1}{(1-\mathrm{e}^{-aT})}\left[y_1(k-1) - \mathrm{e}^{-aT}y_2(k-2)\right]$$

代入式 (3-89) 得

$$y_2(k) = \mathrm{e}^{-aT} y_2(k-1) - \frac{KT}{a}(1-\mathrm{e}^{-aT})y_2(k-2) + y_2(k-1)$$

$$- \mathrm{e}^{-aT} y_2(k-2) + \frac{KT}{a}(1-\mathrm{e}^{-aT})R(k-2)$$

$$y_2(k) = (1+\mathrm{e}^{-aT})y_2(k-1) - \left[\mathrm{e}^{-aT} + \frac{KT}{a}(1-\mathrm{e}^{-aT})\right] y_2(k-2)$$

$$+ \frac{KT}{a}(1-\mathrm{e}^{-aT})R(k-2) \tag{3-90}$$

2. 方案二

按图 3-29(b) 进行离散化处理，则有

$$\begin{aligned}
G(z) = \frac{Y(z)}{U(z)} &= \mathcal{Z}\left\{\frac{1-\mathrm{e}^{-Ts}}{s}\frac{K}{s(s+a)}\right\} \\
&= \frac{z-1}{z}\mathcal{Z}\left\{\frac{K}{s_2(s+a)}\right\} \\
&= \frac{z-1}{z}\mathcal{Z}\left\{\frac{K}{a}\frac{a}{s_2(s+a)}\right\} \\
&= \frac{z-1}{z}\frac{K}{a}\left[\frac{Tz}{(z-1)^2} - \frac{(1-\mathrm{e}^{-aT})z}{a(z-1)(z-\mathrm{e}^{-aT})}\right] \\
&= \frac{K}{a}\left[\frac{T}{z-1} - \frac{1-\mathrm{e}^{-aT}}{a(z-\mathrm{e}^{-aT})}\right] \\
&= \frac{K}{a}\frac{aTz - aT\mathrm{e}^{-aT} - z(1-\mathrm{e}^{-aT}) + 1 - \mathrm{e}^{-aT}}{a\left[z^2 - (1+\mathrm{e}^{-aT})z + \mathrm{e}^{-aT}\right]}
\end{aligned} \tag{3-91}$$

分解式 (3-91) 得

$$Y(z)a^2\left[z^2 - (1+\mathrm{e}^{-aT})z + \mathrm{e}^{-aT}\right]$$
$$= K\left[aTz - aT\mathrm{e}^{-aT} - z(1-\mathrm{e}^{-aT}) + 1 - \mathrm{e}^{-aT}\right]U(z)$$

即

$$a^2 Y(z)z^2 - a^2(1+\mathrm{e}^{-aT})Y(z)z + a^2(1+\mathrm{e}^{-aT})Y(z)$$
$$= K(aT-1+\mathrm{e}^{-aT})U(z)z - K(aT+1)\mathrm{e}^{-aT}U(z) + KU(z)$$
$$Y(z) = (1+\mathrm{e}^{-aT})Y(z)z^{-1} - \mathrm{e}^{-aT}Y(z)z^{-2} + \frac{K}{a^2}(aT-1+\mathrm{e}^{-aT})U(z)z^{-1}$$
$$- \frac{K}{a^2}(aT+1)\mathrm{e}^{-aT}U(z)z^{-2} + \frac{K}{a^2}U(z)z^{-2}$$

对上式进行 z 反变换得差分方程为

$$y(k) = (1+\mathrm{e}^{-aT})y(k-1) - \mathrm{e}^{-aT}y(k-2) + \frac{K}{a^2}(aT-1+\mathrm{e}^{-aT})u(k-1)$$
$$- \frac{K}{a^2}(aT+1)\mathrm{e}^{-aT}u(k-2) + \frac{K}{a^2}u(k-2)$$

$$y(k) = (1 + e^{-aT})y(k-1) - e^{-aT}y(k-2) + \frac{K}{a^2}(aT - 1 + e^{-aT})u(k-1)$$

$$- \frac{K}{a^2}\left[1 - (1 + aT)e^{-aT}\right]u(k-2) \tag{3-92}$$

闭环系统的差分方程推导如下。因为

$$u(k-1) = r(k-1) - y(k-1)$$

$$u(k-2) = r(k-2) - y(k-2)$$

代入式 (3-92) 得

$$y(k) = (1 + e^{-aT})y(k-1) - e^{-aT}y(k-2) + \frac{K}{a^2}(aT - 1 + e^{-aT})(r(k-1) - y(k-1))$$

$$- \frac{K}{a^2}\left[1 - (1 + aT)e^{-aT}\right](r(k-2) - u(k-2))$$

$$= (1 + e^{-aT})y(k-1) - \frac{K}{a^2}(aT - 1 + e^{-aT})y(k-1) - e^{-aT}y(k-2)$$

$$- \frac{K}{a^2}\left[1 - (1 + aT)e^{-aT}\right]y(k-2) + \frac{K}{a^2}\left[aT - 1 + e^{-aT}\right]r(k-1)$$

$$+ \frac{K}{a^2}\left[1 - (1 + aT)e^{-aT}\right]r(k-2)$$

$$y(k) = \left[(1 + e^{-aT}) - \frac{K}{a^2}(aT - 1 + e^{-aT})\right]y(k-1)$$

$$- \left\{e^{-aT} + \frac{K}{a^2}\left[1 - (1 + aT)e^{-aT}\right]\right\}y(k-2)$$

$$+ \frac{K}{a^2}\left(aT - 1 + e^{-aT}\right)r(k-1) + \frac{K}{a^2}\left[1 - (1 + aT)e^{-aT}\right]r(k-2) \tag{3-93}$$

显然，式 (3-93) 不同于 (3-90)，其原因在于图 3-29(a) 中，在两个环节之间有一个采样开关和保持器，而在图 3-29(b) 的两个环节之间无采样开关和保持器。

3. 方案三

由图 3-29(c) 离散处理后得

$$G(z) = \frac{Y(z)}{U(z)} = \mathcal{Z}\left\{\frac{1 - e^{-Ts}}{s}\frac{1}{s^2 + as + K}\right\}$$

$$= \frac{z-1}{z}\mathcal{Z}\left\{\frac{K}{s(s^2 + as + K)}\right\}$$

$$= \frac{z-1}{z}\mathcal{Z}\left\{\frac{1}{s} - \frac{s + a}{s^2 + as + K}\right\}$$

$$= \frac{z-1}{z}\left[\frac{1}{1 - z^{-1}} - \mathcal{Z}\left\{\frac{s + A + A}{(s + A)^2 + \omega_0^2}\right\}\right]$$

式中，$A = \dfrac{a}{2}$；$\omega_0 = K - \left(\dfrac{a}{2}\right)^2$。

$$G(z) = \frac{Y(z)}{U(z)}$$

$$= (1 - z^{-1})\left(\frac{1}{1 - z^{-1}} - \mathcal{Z}\left\{\frac{s + A}{(s + A)^2 + \omega_0^2} + \frac{A + \omega_0}{\omega_0\left[(s + A)^2 + \omega_0^2\right]}\right\}\right)$$

$$= (1 - z^{-1})\left(\frac{1}{1 - z^{-1}} - \frac{1 - z^{-1}\mathrm{e}^{-AT}\cos\omega_0 T}{1 - 2z^{-1}\mathrm{e}^{-AT}\cos\omega_0 T + \mathrm{e}^{-2AT}z^{-2}}\right.$$

$$\left. - \frac{A}{\omega_0}\frac{z^{-1}\mathrm{e}^{-aT}\sin\omega_0 T}{1 - 2z^{-1}\mathrm{e}^{-AT}\cos\omega_0 T + \mathrm{e}^{-2AT}z^{-2}}\right)$$

$$= (1 - z^{-1})\left\{\frac{\omega_0\left[1 - z^{-1}\mathrm{e}^{-AT}\cos\omega_0 T + z^{-2}\mathrm{e}^{-AT}\right) - 1 + z^{-1}\mathrm{e}^{-AT}\cos\omega_0 T\right] - Az^{-1}\mathrm{e}^{-AT}\sin\omega_0 T}{(1 - z^{-1})\omega_0(1 - 2z^{-1}\mathrm{e}^{-AT}\cos\omega_0 T + \mathrm{e}^{-2AT}z^{-2})}\right\}$$

$$= \frac{\omega_0\left[-z^{-1}\mathrm{e}^{-AT}\cos\omega_0 T + \mathrm{e}^{-2AT}z^{-2}\right) - Az^{-1}\mathrm{e}^{-AT}\sin\omega_0 T\right]}{\omega_0(1 - 2z^{-1}\mathrm{e}^{-AT}\cos\omega_0 T + \mathrm{e}^{-2AT}z^{-2})}$$

$$= \frac{-\omega_0 z^{-1}\mathrm{e}^{-AT}\cos\omega_0 T + \omega_0 z^{-2}\mathrm{e}^{-2AT} - Az^{-1}\mathrm{e}^{-AT}\sin\omega_0 T}{\omega_0(1 - 2z^{-1}\mathrm{e}^{-AT}\cos\omega_0 T + \mathrm{e}^{-2AT}z^{-2})}$$

对上式展开运算:

$$\omega_0(Y(z) - 2\mathrm{e}^{-AT}Y(z)z^{-1}\cos\omega_0 T + \mathrm{e}^{-2AT}Y(z)z^{-2})$$
$$= -\omega_0\mathrm{e}^{-AT}U(z)z^{-1}\cos\omega_0 T + \omega_0\mathrm{e}^{-2AT}U(z)z^{-2} - A\mathrm{e}^{-AT}U(z)z^{-1}\sin\omega_0 T$$

$$Y(z) = 2\mathrm{e}^{-AT}Y(z)z^{-1}\cos\omega_0 T - \mathrm{e}^{-2AT}Y(z)z^{-2}$$
$$- \mathrm{e}^{-AT}U(z)z^{-1}\cos\omega_0 T + \mathrm{e}^{-2AT}U(z)z^{-2} - \frac{A}{\omega_0}\mathrm{e}^{-AT}U(z)z^{-1}\sin\omega_0 T$$

对上式取 z 反变换得差分方程为

$$y(k) = 2\mathrm{e}^{-AT}y(k - 1)\cos\omega_0 T - \mathrm{e}^{-2AT}Y(k - 2)$$
$$- \left(\cos\omega_0 T - \frac{A}{\omega_0}\sin\omega_0 T\right)\mathrm{e}^{-AT}u(k - 1) + \mathrm{e}^{-2AT}u(k - 2) \tag{3-94}$$

式中

$$u(k - 1) = r(k - 1)$$
$$u(k - 2) = r(k - 2)$$

由上述分析可知,所谓离散相似法,即可以采用状态转移矩阵法实现,也可采用 z 变换法实现。首先是将连续系统表示成典型环节的组合,然后在每个典型环节的入口加一个虚拟的采样器和保持器,若典型环节是用状态方程表示的,则可用状态转移矩阵法求得各典型环节的差分方程;若典型环节是由传递函数表示的,则可用 z 变换法求得各典型环节的差分方程。因此连续系统的仿真模型是由若干个差分方程组成的。并且若组成系统的典型环节越多,则加入的虚拟采样器和保持器也越多,因而仿真误差越大,滞后越大,甚至可能导致仿真模型的不稳定。提高仿真精度,有两种可取途径。

(1) 采用小的采样周期 T,T 越小,仿真模型的精度越高。但是应该注意,并不是 T 越小越好,还有两个计算机方面的因素不容忽视,一是 T 越小,占用机时越长,很不经济;二是 T 越小,舍入误差的比重越大,当 T 减小到一定限度后,再减小 T,仿真精度不但不会提高,反而会由于舍入误差的积累而使仿真精度有所降低。

(2) 尽可能地减小系统的离散环节数,图 3-29(c) 的仿真精度就高于图 3-29(a),因而在许多资料中给出十多种典型环节及其差分方程供选择应用。

在采样系统理论中介绍的 z 变换法，通常就是对整个系统进行 z 变换处理，即在整个连续系统的输入端加一个采样器和保持器，如图 3-29(b)、(c) 所示。当然，由方案三可以看出，对一个高阶系统 $G(s)$，要直接求得 $z\{G_h(s)G(s)\}$ 也不是很容易的事。因此，用离散相似法仿真连续系统时，究竟选用多大的采样周期 T，又应用哪几个典型环节来描述被仿真的连续系统，这要由实际的精度要求决定；并根据输出量的个数以及对仿真的方便程度来灵活选择。

表 3-3 给出了一些一阶和二阶系统经 z 变换所得的差分方程式。它们都采用零阶保持

表 3-3　典型环节经 z 变换后的差分方程

传递函数 $G(s)$	差分方程	脉冲传递函数 $\mathcal{Z}[G_h(s)G(s)]$
$\dfrac{K}{s}$	$y(k)=a_1 y(k-1)+b_1 u(k-1)$ $a_1=1$ $b_1=KT$　（T 为采样周期）	$\dfrac{b_1}{z-a_1}$
$\dfrac{K}{s+a}$	$y(k)=a_1 y(k-1)+b_1 u(k-1)$ $a_1=\mathrm{e}^{-aT}$ $b_1=\dfrac{K}{a}(1-\mathrm{e}^{-aT})$	$\dfrac{b_1}{z-a_1}$
$\dfrac{K}{s(s+a)}$	$y(k)=a_1 y(k-1)+a_2 y(k-2)+b_1 u(k-1)+b_2 u(k-2)$ $a_1=1+\mathrm{e}^{-aT}$ $a_2=-\mathrm{e}^{-aT}$ $b_1=-\dfrac{K}{a^2}(1-aT-\mathrm{e}^{-aT})$ $b_2=\dfrac{K}{a^2}(1-\mathrm{e}^{-aT}-aT\mathrm{e}^{-aT})$	$\dfrac{b_1 z+b_2}{z^2-a_1 z-a_2}$
$\dfrac{K(s+b)}{s(s+a)}$	$y(k)=a_1 y(k-1)+a_2 y(k-2)+b_1 u(k-1)+b_2 u(k-2)$ $a_1=1+\mathrm{e}^{-aT}$ $a_2=-\mathrm{e}^{-aT}$ $b_1=-\dfrac{K}{a}\left[bT+\dfrac{a-b}{a}(1-\mathrm{e}^{-aT})\right]$ $b_2=-\dfrac{K}{a}\left[bT\mathrm{e}^{-aT}+\dfrac{a-b}{a}(1-\mathrm{e}^{-aT})\right]$	$\dfrac{b_1 z+b_2}{z^2-a_1 z-a_2}$
$\dfrac{b-a}{(s+a)(s+b)}$	$y(k)=a_1 y(k-1)+a_2 y(k-2)+b_1 u(k-1)$ $a_1=\mathrm{e}^{-aT}+\mathrm{e}^{-bT}$ $a_2=-\mathrm{e}^{-(a+b)T}$ $b_1=\mathrm{e}^{-aT}-\mathrm{e}^{-bT}$	$\dfrac{z}{z-\mathrm{e}^{-aT}}-\dfrac{z}{z-\mathrm{e}^{-bT}}$
$\dfrac{a^2+\omega^2}{(s+a)^2+\omega^2}$	$y(k)=a_1 y(k-1)+a_2 y(k-2)+b_1 u(k-1)+b_2 u(k-2)$ $a_1=2\mathrm{e}^{-aT}\cos\omega T$ $a_2=-\mathrm{e}^{-2aT}$ $b_1=1-\mathrm{e}^{-aT}\cos\omega T-\dfrac{a}{\omega}\mathrm{e}^{-aT}\sin\omega T$ $b_2=\mathrm{e}^{-2aT}+\dfrac{a}{\omega}\mathrm{e}^{-aT}\sin\omega T-\mathrm{e}^{-aT}\cos\omega T$	$\dfrac{b_1 z+b_2}{z^2-a_1 z-a_2}$
$\dfrac{s+a}{(s+a)^2+\omega^2}$	$y(k)=a_1 y(k-1)+a_2 y(k-2)+b_1 u(k)+b_2 u(k-1)$ $a_1=2\mathrm{e}^{-aT}\cos\omega T$ $a_2=-\mathrm{e}^{-2aT}$ $b_1=\dfrac{1}{\omega}\mathrm{e}^{-aT}\sin\omega T$ $b_2=-\dfrac{1}{\omega}\mathrm{e}^{-aT}\sin\omega T$ $b_3=\dfrac{a}{a^2+\omega^2}\left(1-\mathrm{e}^{-aT}\cos\omega T-\dfrac{a}{\omega}\mathrm{e}^{-aT}\sin\omega T\right)$ $b_2=\dfrac{a}{a^2+\omega^2}\left(\mathrm{e}^{-2aT}+\dfrac{a}{\omega}\mathrm{e}^{-aT}\sin\omega T-\mathrm{e}^{-aT}\cos\omega T\right)$	$\dfrac{(b_1-b_3)z+(b_2+b_4)}{z^2-a_1 z-a_2}$

器。对于高阶系统的 z 变换差分方程式可查阅专业手册，但由于四阶以上的系统经 z 变换所得到的差分方程太长，而且系数很复杂，一般还是将其转化为低阶系统分别进行处理，这和接环节离散化的思想大体一致。

当系统的数学模型以传递函数描述时，还可以用双线性变换法、根匹配法把连续系统模型转化为等效的离散数学模型，它们的特点在于对那些仿真精度要求不高，而要求能较快完成的仿真过程是适用的。

3.7　离散模型的精度和稳定性

由 3.6 节可知，离散模型只是近似等效于原来的连续系统，因此仿真精度就成了重要的问题，仿真精度与哪些因素有关，如何提高仿真精度，这是本节要进一步研究的问题；另外，由于保持器的相频特性一般总是滞后的，所以有可能会使离散化模型的稳定性变差，甚至不稳定。如何提高仿真模型的稳定性，可以采取哪些措施，这也是本节需要研究的问题。

由离散化模型建立过程可知，离散化模型的精度和稳定性主要与下列两个因素有关：一为加入的虚拟采样器的采样周期 T_s；二为保持器的特性。下面分别就这两个因素加以分析。

3.7.1　采样周期的影响

由自动控制原理课程可知，连续函数 $u(t)$ 通过采样开关 (采样周期 T_s) 之后，其输出 $u^*(t)$ 可表示为

$$
\begin{aligned}
u^*(t) &= u(t)\delta_T(t) \\
&= \frac{1}{T_s}\sum_{k=-\infty}^{\infty} u(t)\mathrm{e}^{\mathrm{j}kw_s t}
\end{aligned}
\tag{3-95}
$$

对式 (3-95) 等号两边进行拉普拉斯变换得

$$
U^*(s) = \frac{1}{T_s}\sum_{k=-\infty}^{\infty}\mathcal{L}\left[u(t)\mathrm{e}^{\mathrm{j}k\omega_s t}\right]
\tag{3-96}
$$

根据拉普拉斯移位定理，若

$$
\mathcal{L}[u(t)] = U(s)
\tag{3-97}
$$

则

$$
\mathcal{L}\left[u(t)\mathrm{e}^{\mathrm{j}k\omega_s t}\right] = U(s - \mathrm{j}k\omega_s)
\tag{3-98}
$$

所以有

$$
U^*(s) = \frac{1}{T_s}\sum_{k=-\infty}^{\infty} U(s - \mathrm{j}k\omega_s)
\tag{3-99}
$$

将 $s = \mathrm{j}\omega$ 代入式 (3-99)，可求得 $u^*(t)$ 的频谱为

$$
U^*(\mathrm{j}\omega) = \frac{1}{T_s}\left|\sum_{k=-\infty}^{\infty} U(\mathrm{j}\omega - \mathrm{j}k\omega_s)\right|
$$

$$= \cdots + \frac{1}{T_s}|U(j\omega + j\omega_s)| + \frac{1}{T_s}|U(j\omega)| + \frac{1}{T_s}|U(j\omega - j\omega_s)| + \cdots \tag{3-100}$$

式中，当 $k = 0$ 时，对应的分量为 $\frac{1}{T_s}|U(j\omega)|$，称为基本频谱，如图 3-30(a) 所示。

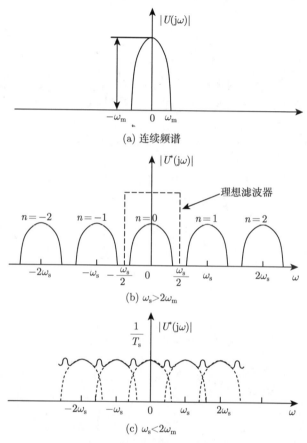

图 3-30　采样周期 T_s 的影响

　　根据采样定理，如果采样频率 ω_s 大于或等于输入信号频率最大值 ω_m 的两倍，即 $\omega_s \geqslant \omega_m$，则采样器后的采样信号的离散频谱彼此不重叠，如图 3-30(b) 所示。因此从理论上说，只需在采样开关之后，用一个理想的低通滤波器就可以滤掉采样信号中所有派生的高频分量，同时不失真地提取基频成分。这样就能无失真地恢复到原来的连续信号 $u(t)$。由此可知，若是能将无失真的连续信号加到原连续系统的输入端，这样仿真的精度就会比较高。反之，若不满足采样定理，则 $U^*(j\omega)$ 频谱的各个分量就会互相重叠，如图 3-30(c) 所示。这时即使采用理想的滤波器也不可能无失真地恢复原连续信号，由于加到原连续系统输入信号本身就失真，这样仿真的结果必然会引起较大的误差。

　　在实际应用中，因为系统仿真模型是由各个环节离散化组合而成的，所以对于各个环节其输入信号就是它前一个环节的输入响应，因此各环节的输入频带宽度与系统的动态响应有关，但很难找到确切的计算公式，为此有些资料中推荐按系统响应时间选择虚拟采样周期的经验方法，即 $T_s = \dfrac{T}{400} \sim \dfrac{T}{100}$，其中，$T$ 为系统阶跃响应时间；有的资料认为，在系统各环节中最小时间常数的环节使系统的动态响应在开始阶段变化最快，为此建议按系统最小时间常数的 $1/10$ 选择采样周期，以保证在系统动态响应的开始阶段有足够的精度；还有的建议按系统开环频率特性剪切频率 ω_c 选择采样周期，即 $T_s = \dfrac{1}{(30 \sim 50)\omega_c}$。此时仿真精度一般可达到 0.5% 左右。

3.7.2 保持器的影响

从数字仿真的角度讲，在满足采样定理的前提下，如果连续信号经采样器和理想保持器后，能无失真地再现原连续信号，则由此得出的仿真模型是无差的。但是，这样的理想保持器在物理上是无法实现的，在离散系统中常用的是零阶和一阶保持器，因此保持器的特性必然对离散化模型的精度和稳定性有影响，下面简单介绍这两种保持器的特性。

1. 零阶保持器

将任一采样时刻 kT_s 的采样值保持不变，直到下一个采样时刻 $(k+1)T_s$ 的保持器称为零阶保持器。

它的传递函数为

$$G_h(s) = \frac{1 - \mathrm{e}^{-T_s S}}{s} \tag{3-101}$$

频率特性为

$$G_h(\mathrm{j}\omega) = T_s \frac{\sin \dfrac{\omega}{2} T_s}{\dfrac{\omega}{2} T_s} \mathrm{e}^{-\mathrm{j}\omega T_s/2} \tag{3-102}$$

因为采样周期 $T_s = \dfrac{2\pi}{\omega_s}$，故幅频特性为

$$|G_h(\mathrm{j}\omega)| = \frac{2\pi}{\omega_s} \frac{\left|\sin\left(\dfrac{\omega\pi}{\omega_s}\right)\right|}{\dfrac{\omega\pi}{\omega_s}} \tag{3-103}$$

相频特性为

$$\theta(\omega) = -\pi \frac{\omega}{\omega_s} \tag{3-104}$$

其频率特性曲线如图 3-31 所示。

由图 3-31 可知，随着输入信号频率的增大，幅频特性衰减，相频特性滞后增大，零阶保持器的输出将逐渐失真。零阶保持器将按采样信号的强度以阶梯信号来恢复原信号，如图 3-32 所示。直观地看，连接阶梯信号的中点可以得到一条平均曲线，它与原连续信号曲线形状一致，但在时间上大约要滞后 $T_s/2$。如果系统中环节较多，离散化时又采用零阶保持器，那么就可能由于各环节前零阶保持器相位滞后的积累，导致整个系统离散化模型稳定性变差，甚至导致不稳定。

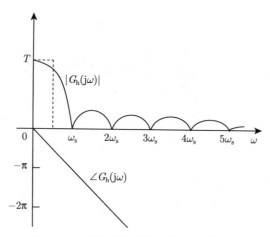

图 3-31　零阶保持器的幅频和相频特性

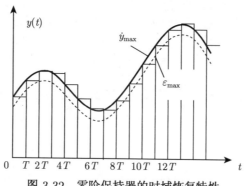

图 3-32　零阶保持器的时域恢复特性

2. 一阶保持器

一阶保持器是以当前时刻 kT_s 的采样值和前一时刻 $(k-1)T_s$ 的采样值的变化率进行外推，其输出可表示为

$$u(\tau) = u^*(kT_s) + \frac{u^*(kT_s) - u^*[(k-1)T_s]}{T_s}(\tau - kT_s), \quad kT_s \leqslant \tau \leqslant (k+1)T_s$$

一阶保持器的传递函数和频率特性：

$$G_h(s) = \frac{1 + T_s s}{T_s} \left(\frac{1 - e^{-T_s s}}{s} \right)^2$$

$$G_h(j\omega) = T_s \sqrt{1 + (\omega T_s)^2} \left(\frac{\sin(\omega T_s/2)}{\omega T_s/2} \right) e^{(-\omega T_s + \arctan \omega T_s)}$$

一阶保持器的时域恢复特性如图 3-33 所示。一阶保持器的幅相频率特性如图 3-34 所示。由一阶保持器重现原信号，会有 $-\omega T_s + \arctan \omega T_s$ 相位滞后，比零阶保持器的相位滞后较大，优点是在频谱 $\left(-\dfrac{\omega_s}{2} \leqslant \omega \leqslant \dfrac{\omega_s}{2} \right)$ 内信号的幅值不会衰减。

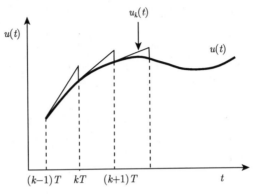

图 3-33　一阶保持器时域恢复特性

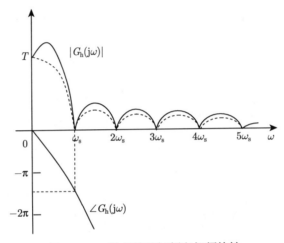

图 3-34　一阶保持器幅频和相频特性

由以上分析可知,从提高仿真精度出发,应根据输入信号的类型来选择保持器,如果输入信号为阶跃函数,那么零阶保持器的输出能把输入的采样值完全复原为阶跃信号,此时采用零阶保持器进行离散化为宜。若输入信号为斜坡、正弦、指数等函数,则选用一阶保持器进行系统离散化比较合适,因为一阶保持器的输出是按线性外推,其斜率为一阶差分,能较好地复现等速输入信号。一般来说,无论采用上述哪种保持器,都不能使采样信号无失真地重现,保持器或使信号幅值衰减,或使信号相位滞后,并且由于信息带外的幅值增益不为零,还会引入高频干扰信号,因而所得的仿真模型必然会产生仿真误差。为了减少仿真误差,即使保持器后的重构信号失真度小,有以下两种方法。

(1) 使采样器的采样频率足够高,采样定理要求满足 $\omega_s \geqslant 2\omega_m$,在数字仿真中一般要求 $\omega_s \geqslant (5\sim7)\omega_m$,$\omega_m$ 为输入信号的最高频率,如果 ω_m 是未知量,可由输入函数 $u(t)$ 的带宽频率 ω_d 代替,若是无限带宽,则 ω_d 可由最高希望频率的 5~10 倍代替。

(2) 保持后增加补偿器,以补偿由加入虚拟采样器和保持器所造成的信号失真。

由上述分析可知,由于保持器的相频特性而影响离散化模型的相位滞后,从而不利于离散化模型的稳定性。特别是系统环节很多时,被加入的虚拟采样器和保持器也很多,这种相位滞后的不利影响将更为严重,为此在离散化时,典型环节应尽可能减少,这样可改善仿真模型的稳定性和精度。

3.8　采用补偿器提高仿真模型的稳定性和精度

由 3.7 节讨论已知, 加入了虚拟采样器和保持器后获得的仿真模型是有误差的, 从频率特性讲, 保持器使复现的信号或在幅值上受到某种程度的衰减, 或在相位上产生某些滞后, 或者两者兼而有之。为了减少或消除这些影响, 自然启发人们想到了补偿器。例如, 零阶保持器对输入信号所有频率分量都产生半个采样周期的相位滞后, 此时若能在保持器后加入具有其超前相位 $\omega T_{\rm s}/2$ 的补偿器, 则可抵消保持器的相位滞后, 这显然可以使仿真模型的精度提高。

为了使补偿器具有一定的能用性, 可以将其幅值和相位都设置为可调的, 即传递函数为

$$G_{\rm e}(s) = \lambda {\rm e}^{rsT_{\rm s}} \tag{3-105}$$

式中, λ 为幅值补偿参数; r 为相位补偿参数。即在回路中串入校正补偿器环节 $\lambda {\rm e}^{rsT_{\rm s}}$, 保持器输出信号降低的幅值由 λ 补偿增高, 滞后的相位由 ${\rm e}^{rsT_{\rm s}}$ 提前, 从而有可能使失真后的信号得以复原。

若在零阶保持器后串入这种补偿器, 如图 3-35 所示。

图 3-35　在零阶保持器后串入补偿器

此时 $G(s)$ 的离散化模型为

$$\begin{aligned}
G(z) &= \mathcal{Z}\left\{\frac{1 - {\rm e}^{-T_s s}}{s} \lambda {\rm e}^{rT_s s} G(s)\right\} \\
&= \frac{z-1}{z} \lambda \mathcal{Z}\left\{{\rm e}^{rT_s s} \frac{G(s)}{s}\right\}
\end{aligned}$$

由于 ${\rm e}^{rsT_{\rm s}}$ 是超越函数, 为了便于研究对 ${\rm e}^{rsT_{\rm s}}$ 进行一次近似得

$${\rm e}^{rsT_{\rm s}} = 1 + rT_{\rm s}s$$

则

$$G(z) = \frac{z-1}{z} \lambda \mathcal{Z}\left\{\frac{1 + rT_{\rm s}s}{s} G(s)\right\} \tag{3-106}$$

若设

$$G(s) = \frac{K}{s}$$

则有

$$G(z) = \frac{z-1}{z} \lambda \mathcal{Z}\left\{\frac{K(1 + rT_{\rm s}s)}{s^2}\right\}$$

$$= \frac{K\lambda(z-1)}{z} \mathcal{Z}\left\{\frac{1}{s^2} + \frac{rT_\mathrm{s}}{s}\right\}$$

$$G(z) = \frac{Y(z)}{U(z)} = \frac{K\lambda(z-1)}{z}\left[\frac{T_\mathrm{s}z}{(z-1)^2} + \frac{rT_\mathrm{s}z}{z-1}\right]$$
$$= K\lambda T_\mathrm{s}\left[\frac{rz + (1-r)}{z-1}\right] \tag{3-107}$$

对式 (3-107) 进行 z 反变换，得差分方程为

$$y(k) = y(k-1) + K\lambda T_\mathrm{s}\left[ru(k) + (1-r)u(k-1)\right] \tag{3-108}$$

选择不同的补偿参数 λ 和 r，可得到不同的数值积分公式，故式 (3-108) 又称为可调数值积分公式。

若 $\lambda=1$，$r=0$，即不加补偿器，则有

$$y(k) = y(k-1) + KT_\mathrm{s}u(k-1)$$

上式即为数值积分法中的欧拉公式。

若取 $\lambda=0.5$，$r=1$，则由式 (3-108) 可得

$$y(k) = y(k-1) + \frac{KT_\mathrm{s}}{2}u(k)$$

上式即为隐含欧拉公式。

由此可知，式 (3-108) 又可称为可调参数的欧拉公式，其精度和稳定性均比欧拉公式高。

若取 $\lambda=1$，$r=0.5$，则由式 (3-108) 可得

$$y(k) = y(k-1) + \frac{KT_\mathrm{s}}{2}\left[u(k) + u(k-1)\right]$$

上式即为数值积分中的梯形公式。由于零阶保持器有 $\omega T_\mathrm{s}/2$(即 $r=1/2$)，故梯形公式没有相位滞后。

上面公式中，$u(k)$ 一般不能预先知道，可以先加一拍滞后，再增加 r 的补偿，以减小误差，如图 3-36 所示。

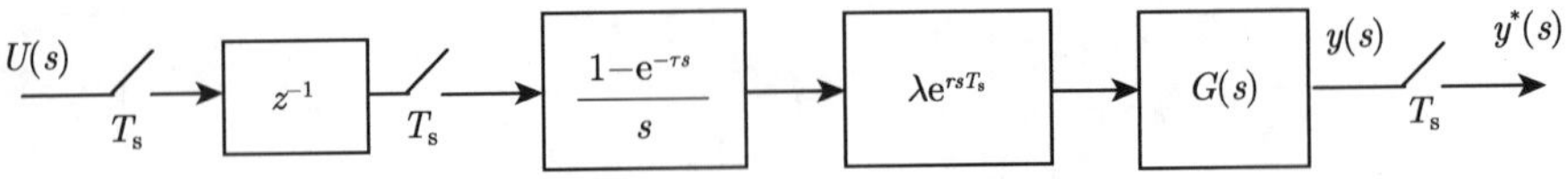

图 3-36　在 $u(k)$ 后加一拍滞后

由图 3-36 可得

$$G(z) = K\lambda T_\mathrm{s}\left[\frac{r + (1-r)z^{-1}}{z-1}\right]$$

若取 $\lambda=1$，$r=1.5$，则由式 (3-108) 可得

$$y(k) = y(k-1) + \frac{KT_\mathrm{s}}{2}\left[3u(k-1) - u(k-2)\right]$$

上式即为数值积分法中亚当姆斯二步法公式,相当于在系统中加入了一个一阶保持器。

补偿参数 λ 和 r 可以根据不同准则来选取,如可以选择 λ 和 r,使得差分方程的根同被仿真连续系统的特征方程的特征根相匹配,即所谓的根匹配法。也就是说,要使离散化模型的动特性和稳态值与原连续系统保持一致。也可以选择 λ 和 r,使得系统在已知输入函数作用下,连续系统与近似的离散系统之间响应的平均平方差达到最小。一般地说,采用不同的准则,得到的 λ 和 r 是不同的。下面通过两个例子来说明按不同准则选择 λ 和 r 的方法。

【例 3-6】　已知一阶系统如图 3-37 所示,由该图可写出该系统的微分方程为

$$\dot{y}(t) = -ay(t) + u(t)$$

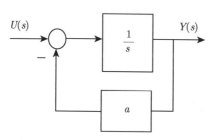

图 3-37　一阶系统结构图

该系统等效的离散化模型可用图 3-38 表示,在前向通道中采用了相位补偿装置,在反馈通道中加入了 e^{-sT_s},表示对于环节 a,在实际运算时是取前一环节的上一采样时刻的输出值作为它的输入值,即具有一拍滞后。因为在数字仿真程序中,反馈信号只有在前向通道有了输出信号后才能算出,故有一拍滞后。

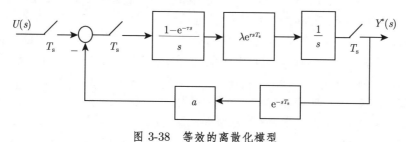

图 3-38　等效的离散化模型

由图 3-38 可得该系统的脉冲传递函数:

$$G(z) = \frac{Y(z)}{U(z)} = \frac{\lambda T_s z [rz + (1-r)]}{z^2 + (\lambda a T_s r - 1)z + a\lambda T_s(1-r)} \tag{3-109}$$

该二阶离散系统特征方程的根为

$$z_p = \frac{1}{2}(1 - aT_s\lambda r) \pm \frac{1}{2}\left[(\lambda aT_s r - 1)^2 - 4a\lambda T_s(1-r)\right]^{\frac{1}{2}} \tag{3-110}$$

因为原连续系统只有　个极点:

$$s_{\mathrm{p}} = -a$$

所以这里要选择 λ 和 r, 使得离散系统和连续系统的极点数相等, 为此先取 $r=1$, 消去离散系统的一个极点, 此时式 (3-109) 就简化为

$$G(z) = \frac{Y(z)}{U(z)} = \frac{\lambda T_{\mathrm{s}} z}{z + (\lambda a T_{\mathrm{s}} r - 1)} \tag{3-111}$$

式 (3-111) 只有一个极点:

$$z_{\mathrm{p}} = 1 - \lambda a T_{\mathrm{s}}$$

为了使离散系统与原连续系统的极点相匹配, 根据下列关系来选择 λ:

$$z_{\mathrm{p}} = \mathrm{e}^{s_{\mathrm{p}} T_{\mathrm{s}}} = \mathrm{e}^{-a T_{\mathrm{s}}} = 1 - \lambda a T_{\mathrm{s}}$$

从而有

$$\lambda = \frac{1 - \mathrm{e}^{-a T_{\mathrm{s}}}}{a T_{\mathrm{s}}} \tag{3-112}$$

将式 (3-112) 代入式 (3-111) 得

$$G(z) = \frac{Y(z)}{U(z)} = \frac{z(1 - \mathrm{e}^{-a T_{\mathrm{s}}})}{a(z - \mathrm{e}^{-a T_{\mathrm{s}}})} \tag{3-113}$$

对式 (3-113) 进行 z 反变换得差分方程为

$$y(k) = \mathrm{e}^{-a T_{\mathrm{s}}} y(k-1) + \frac{1}{a}(1 - \mathrm{e}^{-a T_{\mathrm{s}}}) u(k) \tag{3-114}$$

由上述结果可见, 这样选择 λ 和 r, 使离散系统的自由运动及对阶跃输入函数的响应与原连续系统精确相等。对任意输入信号的响应也有较好的近似。

若原系统由多个典型环节组成, 就在每个典型环节的入口处加一个补偿器, 即加入多个补偿环节 $\lambda \mathrm{e}^{rsT_{\mathrm{s}}}$, 这时就要确定多组可调参数 λ_i 和 $r_i(i=1,2,3,\cdots)$, 此时 λ_i 和 r_i 的选择一般是运用参数优化技术来进行。确定在给定采样周期下的一组 λ_i 和 r_i 的组合。其目标函数可取某组 λ_i 和 r_i 值时所求得的离散系统输出值与原连续系统的精确解 (可用四阶龙格-库塔法在 $h = T/10$ 条件下算得的解作为精确解, h 为计算步长, T 为该系统的最小时间常数) 之间误差平方最小。应当提醒的是, r_i 的调整一般只影响系统的动态过程, 而不影响系统的终值; 而变动 λ_i, 则影响系统的动态过程, 也影响系统的终值。

3.9　循序渐进仿真航空动力控制系统

3.9.1　离散相似法仿真电液伺服阀-作动筒小闭环控制回路

航空发动机控制系统执行机构如燃油流量控制装置 (计量阀)、矢量喷口控制装置、风扇可调叶片控制装置等一般采用电液伺服阀驱动, 也有采用步进电机驱动的。本节分析采用电液伺服阀的执行机构小闭环控制回路。

如图 3-39 所示，电液伺服阀接作动筒作为负载。忽略液压缸的泄漏和流体的可压缩性，液压缸流量 Q_v 和位移 X_p 之间的关系为

$$\frac{X_p(s)}{Q_v(s)} = \frac{1}{A_p s} \tag{3-115}$$

式中，A_p 为液压缸活塞有效面积。

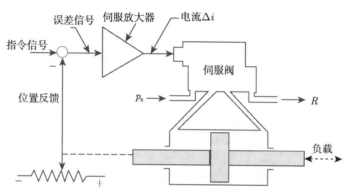

图 3-39　电液伺服阀–作动筒小闭环控制回路

由式 (3-115) 可见，液压缸是一个不稳定的环节，需要构成闭环控制才能稳定地控制其位移。

图 3-39 所示为电液伺服阀–作动筒小闭环控制回路的示意图。电位器与作动筒连接，其输出电压与作动筒位移成正比，作为位置反馈，与位移指令电压信号比较，形成误差，通过伺服放大器，产生驱动电液伺服阀的电流 Δi。整个系统的结构框图如图 3-40 所示。

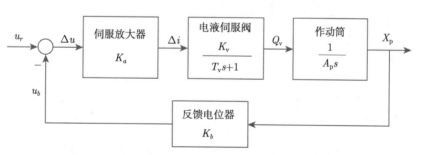

图 3-40　电液伺服阀–作动筒小闭环控制回路结构框图 (一)

取 $A_p = 417.6 \text{mm}^2$, $K_b = \dfrac{10\text{V}}{40\text{mm}}$，沿用第 2 章所得到的电液伺服阀的传递函数 $\dfrac{X_s(s)}{\Delta I(s)} = \dfrac{0.0381}{0.0012s + 1}$，将以上参数代入图 3-40，得到图 3-41 所示的结构框图。

图 3-41 中，位移单位为 m，电流单位为 A。为了方便起见，位移单位采用 mm，而电流单位采用 mA，则图 3-41 所示的结构图如图 3-42 所示。

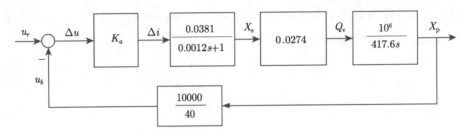

图 3-41 电液伺服阀–作动筒小闭环控制回路结构框图 (二)

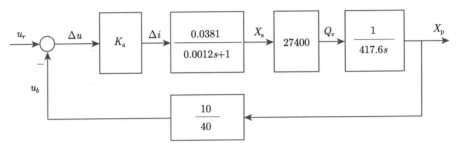

图 3-42 电液伺服阀–作动筒小闭环控制回路结构框图 (三)

采用离散相似法对图 3-42 所示的系统进行仿真, MATLAB 程序如下:

```
clear
Ub = 0;
h = 0.0005;
Ur = 2.5;
Ka = 50;
xs = 0;
xp = 0;
i=1;
for t=0:h:0.2
    DeltaU = Ur - Ub;
    Deltai = Ka * DeltaU;
    xs =  exp(-h/0.0012)* xs + (1-exp(-h/0.0012)) * 0.0381 *  Deltai;
    Ql = 27400 * xs;
    xp = xp + Ql / 417.6 * h;
    Ub = 0.25 * xp;
    LL(i) = Ub;
    TT(i) = t;
    i=i+1;
end
plot(TT,LL)
```

仿真结果如图 3-43 所示。

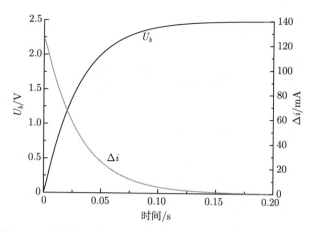

图 3-43　电流伺服阀–作动筒小闭环控制回路的单位阶跃响应

　　这里取 $K_a=50\mathrm{mA/V}$，理论上还可以取更大的值，使响应速度更快。实际上，控制电压和控制电流都是限幅的。考虑饱和非线性，令控制电流限幅 $\pm40\mathrm{mA}$，重写上面程序如下：

```
clear
Ub = 0;
h = 0.0005;
Ur = 2.5;
Ka = 50;
xs = 0;
xp = 0;
i=1;
for t=0:h:0.2
    DeltaU = Ur - Ub;
    Deltai = Ka * DeltaU;
    if(Deltai>40) Deltai=40; end;
    if(Deltai<-40) Deltai=-40;end;
    xs =  exp(-h/0.0012)* xs + (1-exp(-h/0.0012)) * 0.0381 *  Deltai;
    Ql = 27400 * xs;
    xp = xp + Ql / 417.6 * h;
    Ub = 0.25 * xp;
    LL(i) = Ub;
    TT(i) = t;
    II(i) = Deltai;
    i=i+1;
end
plot(TT,LL,TT,II);
```

仿真结果如图 3-44 所示，可以看到，取 $K_a=50\mathrm{mA/V}$，系统的输出响应速度要慢不少。

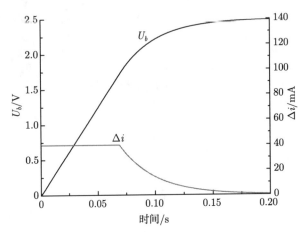

图 3-44　考虑饱和非线性的电液伺服阀–作动筒小闭环控制回路的单位阶跃响应

从图 3-42 中可以看出，电液伺服阀的传递函数 $\dfrac{X_s(s)}{\Delta I(s)} = \dfrac{0.0381}{0.0012s + 1}$ 中，时间常数很小，因此在工程应用中，该传递函数还可以简化为一个简单的比例环节 $\dfrac{X_s(s)}{\Delta I(s)} = 0.0381$。考虑饱和非线性，重新仿真，得到的结果与图 3-44 相比差别很小。

3.9.2　带柔性反馈的滑阀式液压放大器

1. 带柔性反馈的滑阀式液压放大器结构与工作原理

由 2.8.3 节分析可知，带转速控制系统中的刚性反馈的液压放大器从离心飞重输出 / 液压缸输出位移之间的传递函数是一个惯性环节，对于阶跃输入 (转速阶跃) 调节系统将会存在稳态误差。

为了消除带刚性反馈的液压放大器在转速调节系统中造成的稳态误差，在液压缸中增加一个反馈活塞，构成一个柔性反馈装置，从而成为带柔性反馈的液压放大器，如图 3-45 所示。由图可知，带柔性反馈的液压放大器由滑阀阀芯、阀套、节流口、反馈活塞、随动活塞等构成。

增加的反馈活塞 4，可以看做把带刚性反馈的滑阀式液压放大器中随动活塞一分为二，两个活塞之间隔了一个中腔 (C 腔)。在动态过程中，C 腔容积变化使得随动活塞 6 与反馈活塞 4 具有不同的运动速度，即随动活塞与反馈活塞通过带有弹性的中腔连接，因此称为柔性反馈。反馈活塞杆上的节流口 3(称为反馈节流阀) 和节流口 5，使得 C 腔与定压油或者回油相连接，控制中腔容积的变化，即无论反馈活塞 4 处于什么位置，可以控制 C 腔的进油或放油，以及进、放油的流量大小。

在平衡状态，滑阀处于封闭位置。假设给阀芯一个输入位移 $-x$，油液进入反馈活塞 B 腔，而 A 腔则与回油路相通，故随动活塞 6 与反馈活塞 4 一起向左运动。由于反馈活塞杆上的节流口 3 有一段重叠量，节流口 3 尚未打开，C 腔容器不变，因此这一阶段的运动与带刚性反馈的液压放大器相同，称为刚性反馈阶段。

当反馈活塞的位移超过节流口 3 的重叠量时，节流口 3 被打开，定压油开始流入 C 腔，这时随动活塞 6 向左运动的速度比反馈活塞 4 要快一些。在转速调节器中，随动活塞 6 连接着柱塞式燃油泵的斜盘，滑阀阀芯连接着离心飞重。随动活塞 6 的运动引起供油量的增加，从而导致转速增加，离心飞重输出增加使得阀芯向右运动。此时定压油通入随动活塞左腔，反馈活塞 B 腔则与回油路相通，两个活塞反向运动，阀套 2 也随之运动并逐渐关小阀口，直至阀口关闭。最后，反馈活塞 4、滑阀和阀套回到初始位置，整个系统重新进入平衡状态。上述的调节过程称为柔性反馈阶段。

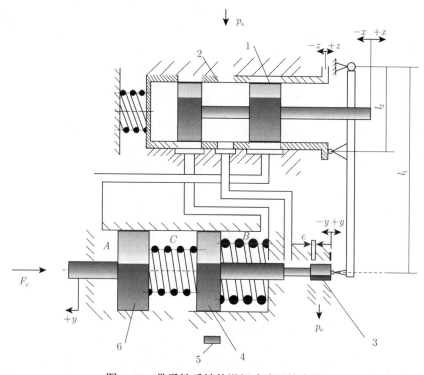

图 3-45　带柔性反馈的滑阀式液压放大器

1-滑阀阀芯；2-阀套；3-节流口；4-反馈活塞；5-节流口；6-随动活塞

柔性反馈阶段结束后随动活塞 6 处于新的位置，即非初始位置，而滑阀阀芯 1、阀套 2 和反馈活塞 4 回到初始位置，即输出量 y 与输入量 x 之间没有一定的对应关系，在调节过程中不会导致稳态误差。

2. 带柔性反馈的滑阀式液压放大器数学模型

由工作原理可知，反馈活塞上的节流口打开后，单位时间内流入中腔的体积流量等于两活塞的相对位移与活塞面积的乘积，即

$$A\left(\frac{\mathrm{d}y}{\mathrm{d}t} - \frac{\mathrm{d}y_1}{\mathrm{d}t}\right) = Q_c \tag{3-116}$$

$$A\left(\frac{\Delta\mathrm{d}y}{\mathrm{d}t} - \frac{\Delta\mathrm{d}y_1}{\mathrm{d}t}\right) = \Delta Q_c \tag{3-117}$$

式中，$\Delta Q_c = q_c\Delta y_1$，$q_c$ 为反馈活塞移动单位长度时，流入 (出) 中腔的体积流量；Δy_1 为反

馈活塞的位移增量。反馈活塞位移与阀套位移之间的关系为

$$\Delta z = i\Delta y_1 \tag{3-118}$$

将式 (3-118) 代入式 (3-116) 得

$$A\left(\frac{\mathrm{d}\Delta y}{\mathrm{d}t} - \frac{1}{i}\frac{\mathrm{d}\Delta z}{\mathrm{d}t}\right) = \frac{q_c}{i}\Delta z \tag{3-119}$$

即得到柔性反馈的运动方程为

$$T_b i\frac{\mathrm{d}\Delta y}{\mathrm{d}t} = T_b\frac{\mathrm{d}\Delta z}{\mathrm{d}t} + \Delta z \tag{3-120}$$

式中，$T_b = \dfrac{A}{q_c}$ 为柔性反馈的时间常数；i 为杠杆比，又称柔性反馈系数。

带柔性反馈的液压放大器的动态方程，相当于在简单的刚性反馈的液压放大器上增加一个柔性反馈装置，从而活塞位移和负载流量之间的关系为

$$\frac{\mathrm{d}\Delta y}{\mathrm{d}t}A = \mu\omega(\Delta x - \Delta z)\sqrt{2\frac{p_\mathrm{s} - p_b}{\rho}} \tag{3-121}$$

即

$$\Delta z = \Delta x - T_c\frac{\mathrm{d}\Delta y}{\mathrm{d}t} \tag{3-122}$$

式中，$T_c = \dfrac{A}{\mu\omega\sqrt{2\dfrac{p_\mathrm{s} - p_b}{\rho}}}$ 为无反馈液压放大器时间常数。

对式 (3-122) 进行微分得

$$\frac{\mathrm{d}\Delta z}{\mathrm{d}t} = \frac{\mathrm{d}\Delta x}{\mathrm{d}t} - T_c\frac{\mathrm{d}^2\Delta y}{\mathrm{d}t^2} \tag{3-123}$$

将式 (3-123) 代入式 (3-121) 可得带柔性反馈的滑阀式液压放大器的动态方程：

$$T_bT_c\frac{\mathrm{d}^2\Delta y}{\mathrm{d}t^2} + (T_c + T_bi)\frac{\mathrm{d}\Delta y}{\mathrm{d}t} = T_b\frac{\mathrm{d}\Delta x}{\mathrm{d}t} + \Delta x \tag{3-124}$$

式 (3-124) 为以滑阀阀芯位移 x 为输入，液压缸活塞杆位移 y 为输出的带柔性反馈的滑阀式液压放大器动力学方程。当调节过程结束后，式中导数项为 0，则阀芯位移也为 0。这意味着动态调节过程结束后，阀芯回到初始位置，即发动机转速回到初始转速，因此这种调节器没有稳态误差。

3. 基于离散化状态方程的带柔性反馈的滑阀式液压放大器仿真

表 3-4 给出了带柔性反馈的滑阀式液压放大器中的各个参数。

表 3-4　带柔性反馈液压放大器中各参数的数值

参数符号	数值 (单位)	参数符号	数值 (单位)
活塞直径 d	100mm	滑阀流量系数 μ	0.65
滑阀窗口面积梯度 W	0.016m	航空煤油密度 ρ	870kg/m^3
供油压力 p_s	50×10^5Pa	B 腔压力 p_b	1×10^5Pa
单位长度流量 q_c	0.5m^3/s	杠杆比 i	0.2

　　记 $\Delta x = e = x_{\mathrm r} - x_{\mathrm v}$，$y = x_{\mathrm v}$，$x_{\mathrm r}$ 为输入量，x_1、x_2 为状态量，输出量为 y。在不引起混淆的情况下，在此省略 Δ。上述带柔性反馈的滑阀式液压放大器的控制系统结构框图如图 3-46 所示。

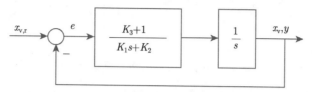

图 3-46　带柔性反馈的滑阀式液压放大器的控制系统

取仿真步长 $T = 0.005\mathrm{s}$，输入量 $x_{\mathrm{v,r}} = 0.05$，初始状态 $x = [0.1 \quad 0]^{\mathrm T}$，初始输出量 $y(0) = 0.1$，代入参数至式 (3-124) 有

$$2.8844 \times 10^5 \frac{\mathrm d^2 \Delta y}{\mathrm d t^2} + 0.0033 \frac{\mathrm d \Delta y}{\Delta x} = 0.0157 \frac{\mathrm d \Delta x}{\mathrm d t} + \Delta x \tag{3-125}$$

令 $\boldsymbol x^{\mathrm T} = [\Delta y \quad \mathrm d\Delta y/\mathrm d t]$

$$\begin{cases} \dot{\boldsymbol x} = \begin{bmatrix} 0 & 1 \\ -3.467 \times 10^5 & -0.066 \times 10^5 \end{bmatrix} \boldsymbol x + \begin{bmatrix} 0 \\ 3.467 \times 10^5 \end{bmatrix} x_{\mathrm r} \\ \boldsymbol y = \begin{bmatrix} 1 & 0 \end{bmatrix} \boldsymbol x \end{cases} \tag{3-126}$$

将式 (3-126) 离散化后有

$$\begin{cases} x(k+1) = \begin{bmatrix} 0.9815 & 0.0001 \\ -49.9779 & 0.0303 \end{bmatrix} x(k) + \begin{bmatrix} 0.0185 \\ 49.9779 \end{bmatrix} x_{\mathrm r} \\ y(k) = \begin{bmatrix} 1 & 0 \end{bmatrix} x(k) \end{cases} \tag{3-127}$$

　　仿真结果如图 3-47 所示。由图可知，随着参数 q_c 的增加，该柔性反馈液压放大器响应速度逐渐增加。因此调整参数 q_c 是改变系统动态特性的一个途径。

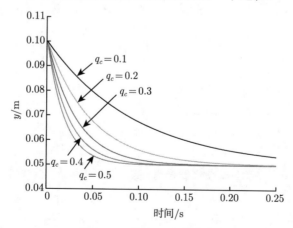

图 3-47　输出 y 变化曲线

MATLAB 仿真程序如下。

主程序 FlexFB.m:

```
clear all
clc
pi=3.1415926;
d=0.1;                    %% 活塞直径,现取100mm
Area=pi*d*d/4;            %% 活塞面积
miu=0.65;                 %% 滑阀流量系数
omiga=0.62;               %% 窗口宽度
ps=5000000;               %% 供油压力,取50*10^5Pa
pb=100000;                %%  B腔压力，取1*10^5Pa
nuo=870;                          %% 航空煤油密度，kg/m3
Tc=Area/(miu*omiga*sqrt(2*(ps-pb)/nuo));       %% 无反馈液压放大器的时间常数
qc=0.5;                       %% 活塞移动单位长度流量，m^3/s
Tb=Area/qc;               %% 柔性反馈的时间常数
i=0.2;%%杠杆比
K1=Tb*Tc;
K2=Tc+Tb*i;
K3=Tb;
K4=1;
A=[0 1;-1/K1 -(K2/K1+K3/K1)];
B=[0;1/K1];
C=[1 0];
D=[0];
[G,H]=c2d(A,B,0.0005);        %% G和H为离散化状态方程的AB矩阵，T=0.0005
X=[0.1;0];                %% 初始状态
XX=zeros(501,2);
XX(1,:)=X';
Y=zeros(501,1);
Y(1,:)=0.1;               %% 初始输出y
u=0.05;                   %% 初始输入u
for j=2:1:501
    y=C*X;
    X=G*X+H*u;             %% 离散化状态方程
    XX(j,:)=X';
    Y(j,:)=y';
    j=j+1;
end
```

```
t=0:0.0005:0.25;
plot(t,XX(:,1));
figure
plot(t,Y);
```

习　　题

3.1　试用离散相似法求图 3-48 所示系统的动态响应。$|c_1|=5$，K 分别为 1, 2, 5, $R(t)=20 \cdot 1(t)$。

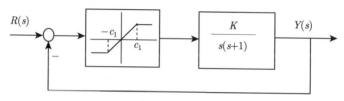

图 3-48　习题 3.1 图

3.2　根据离散相似法仿真步骤对图 3-49 进行编程并仿真。

$K_0=3$，$a=1.5$，$b=2.5$，$|c_1|=1$，$|c_2|=3$，$K_1=3.2$，$\zeta=0.65$，$\omega_n=2$。

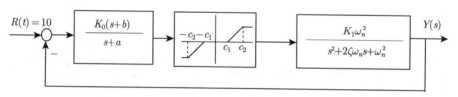

图 3-49　习题 3.2 图

3.3　试对图 3-50 和图 3-51 所示系统进行仿真。

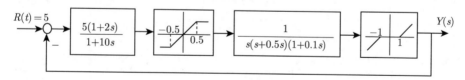

图 3-50　习题 3.3 图 1

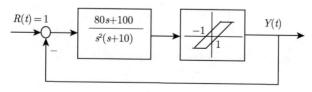

图 3-51　习题 3.3 图 2

第4章 采样控制系统的数字仿真与设计

在控制系统中,对某些物理量只在离散的瞬间进行测量、显示和控制的系统称为采样控制系统。采样控制系统由控制器和被控对象组成。控制器有两种类型:一种是模拟控制器,另一种是数字控制器。对应的控制系统如图 4-1(a) 和 (b) 所示。带数字控制器的采样系统又称为数字控制系统或计算机控制系统。计算机控制系统具有适应性强、控制精度高、能实现各种复杂控制 (如 PID 控制、最优控制、自适应控制等) 的优点,因而受到人们普遍的重视,并已得到广泛应用,所以本章主要讨论图 4-1(b) 所示的数字控制系统仿真问题。此外,为了便于结合仿真对系统进行分析研究,对采样控制系统常用的设计方法也进行简要介绍。

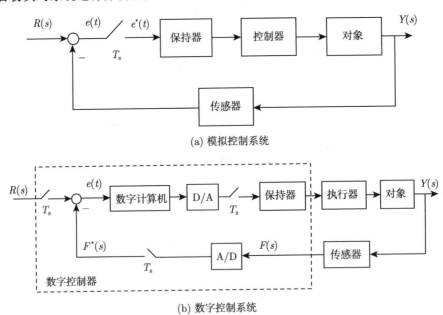

图 4-1 采样控制系统结构框图

4.1 采样控制系统

一般的数字控制系统结构图如图 4-2 所示。系统中的输入量和输出量 (或状态量) 经过采样开关输入到计算机模数转换器 (A/D)，经模数转换器后，连续的模拟信号变成离散的数字信号，计算机接收这个数字信号后，就按某种预先规定好的控制规律 (如 PID 控制等) 进行运算，运算结果经计算机的数模转换器 (D/A) 又变换为相应的连续控制信号，该信号通过执行器作用到受控对象，在反馈回路中，被控制量 $Y(s)$ 经过测量及变换后仍为连续信号 $F(s)$，经模数转换后成为离散的反馈量 $F^*(s)$。

采样形式有多种，最简单而又最普通的是采样间隔相等的周期采样，在同一系统内进行两种或两种以上不同周期的采样称为多速采样，采样间隔是随机变化的称为随机采样，在本章中都设系统是周期采样的。

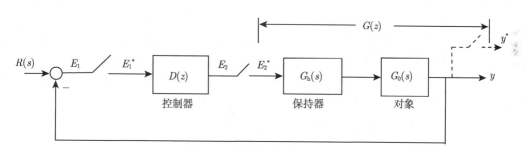

图 4-2 数字控制系统结构图

4.1.1 采样控制系统的工作特点

由图 4-2 可知，在采样控制系统中包含两类不同的环节：一类是时间连续的被控制对象和保持器；另一类是时间离散的数字控制器。因而该系统中既有连续的模拟信号，又有离散的数字信号，信号以不同的物理形式出现在同一系统中是采样系统的主要特点。此时系统的采样器、保持器电路是真实存在的，不同于用离散相似法仿真连续系统时那种虚构的离散信号状态。在信号闭合的传递过程中，既有时间连续信号 (对象部分)，又有离散时间信号 (计算机的输入和输出)。计算机每经过一个采样周期 T_s，采样一次 $y(kT_s)$，给出一次控制作用量 $u(kT_s)$，并经保持器送入被控对象，对系统完成一次控制作用。

对于一个连续模型，不同的仿真步长得到的差分方程不同，其仿真精度也不同。因此仿真步长的选择与仿真方法的选择是紧密相连的。或者说，为实现一定精度与一定速度的仿真计算，仿真步长与方法的选择必须兼顾考虑。而采样控制系统的采样周期、采样器所处位置及保持器的类型则是实际存在的。因此，在对采样控制系统进行仿真时连续部分离散化模型中的虚拟采样间隔 (仿真步长) 可能与实际采样周期相同，也可能不同。对于给定的采样控制系统，首先必须解决的是：如何来确定仿真步长？由于实际系统分为离散和连续两部分，从而得到的差分模型也分为两部分，第二个必须解决的问题是：如何来处理在不同采样间隔下的差分模型。

4.1.2 采样周期与计算步长的关系

对于图 4-2 所示的采样系统进行仿真，仿真步长的选择必须根据被控对象的结构、采样周期的大小、保持器的类型以及仿真精度和仿真速度的要求来综合考虑。一般来说，往往有三种情况：

(1) 采样周期 T_s 与仿真步长 h 相等；

(2) 仿真步长 h 小于采样周期 T_s；

(3) 多速率采样系统。

下面就每一种情况分别进行讨论。

1. 采样周期 T_s 与仿真步长 h 相等

如果选择仿真步长与采样周期相同，那么在对系统进行仿真时，实际采样开关与虚拟的采样开关在整个系统中均是同步工作的。因此这种仿真与连续仿真完全相同，从而可大大简化仿真模型，缩短仿真程序，提高仿真速度。

什么情况下可考虑仿真步长 h 与采样周期 T_s 相等呢？

如果实际系统中的采样周期 T_s 比较小，系统的阶次比较低，取 $h = T_s$，可满足仿真精度的要求时，当然应该尽可能选择两者相等。

对系统中的连续部分进行离散化时，虚拟采样开关及保持器的数目应尽量少，因为虚拟采样开关及保持器对信号幅值和相位引起畸变和延迟，从而带来误差。因此一般采用只在连续部分入口加采样器和保持器，即将实际系统中的采样器和保持器与虚拟采样保持器统一起来，而连续部分 $G_h(s)G_0(s)$ 内部不再增加虚拟采样开关和保持器。这样在建立连续部分的差分模型时，应计算 $\mathcal{Z}[G_h(s)G_0(s)]$。

在某些采样控制系统中，T_s 比较大，选择 $h = T_s$ 可能会引进较大的误差。此时，为保证仿真精度，在对 $G_h(s)G_0(s)$ 离散化时，必须采取补偿措施以减小因仿真步长过大而引起的误差。

2. 仿真步长 h 小于采样周期 T_s

这是采样控制系统仿真中最常见的情况。一般来说，采样间隔 T_s 是根据系统频带宽度及实际采样开关硬件的性能和实现数字控制器计算程序的执行时间长短来确定的。由于种种原因 (如控制算法比较复杂，数字控制器完成所要求的控制算法需要较长的时间等)，采样间隔 T_s 比较大，但系统中连续部分若按采样间隔选择仿真步长 h，将出现较大的误差，因此有必要使 $h < T_s$。

另外，如果 $\mathcal{Z}[G_h(s)G_0(s)]$ 不易求出，或者需要计算中间状态变量，或者当系统中连续部分存在非线性时，正如离散相似法所考虑的那样，为了便于仿真程序处理，需要将系统分成若干部分分别建立差分模型。此时，就要在各部分的入口设置虚拟采样器及保持器，而每增设一对虚拟采样器和保持器都将引入幅值和相位的误差。为了保证仿真计算有足够的精度，必须缩小仿真步长 h，因此也有必要使 $h < T_s$。

此时，系统仿真模型中将会有两种频率的采样开关：离散部分的采样周期为 T_s，连续部分的仿真步长为 h。为了便于仿真程序的实现，通常选 $T_s = Nh$，其中 N 为一个正整数。在对整个采样系统进行仿真计算时，仿真程序将分成两个循环：内循环是对连续部分进行仿真，

计算步长 h；外循环是对离散部分进行仿真，采样周期为 T_s，由于 $T_s = Nh$，就要对连续部分作 N 次连续运算后，才对离散部作一次计算。图 4-3 为采样系统仿真程序框图。为了使计算达到足够的精度要求，计算步长 h 的选取应远小于系统的阶跃响应时间 T_f，即 $h \ll T_f$。

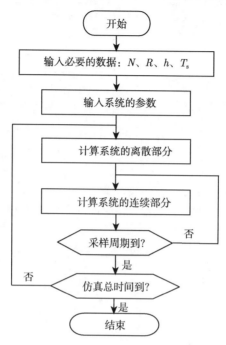

图 4-3　采样系统仿真程序框图

3. 多速率采样系统

在同一系统内进行两种或两种以上不同周期的采样就称为多速率采样，采样周期 T_i 有多个值。对于有多个回路的采样系统，每个回路的采样周期可能不同，一般内回路的采样周期比较小，而外回路的采样周期比较大。

如数字控制的双环调速系统，其内环 (电流环) 反应速度较快，电流控制器的采样频率比较高，而外环 (速度环) 变化比较缓慢，因而速度调节器的采样频率比较低。同时这个回路校正运算比较复杂，运算时间较长，也要求采样周期长些。

下面讨论两速率采样系统的仿真问题。它的处理思想可以推广到具有两种以上采样速率的系统中，单速率问题可以看成多速率问题的特例。

这一类系统的典型结构如图 4-4 所示。

图中，$D_1(z)$ 和 $D_2(z)$ 分别为外环和内环的数字控制器的脉冲传递函数。由于是分别对采样周期 T_{1s} 和 T_{2s} 进行 z 变换，故取不同的算法 z_1 和 z_2 以示区别。$H_1(s)$ 和 $H_2(s)$ 分别为外环和内环的保持器。

若 $G_1(s)$ 和 $G_2(s)$ 为线性定常系统，并且设 $T_{1s} = nT_{2s}$ (其中 n 为正整数)，那么，对这类系统进行仿真时，可按内外环路分别取仿真步长进行仿真。此时，若 $G_1(s)$ 和 $G_2(s)$ 不太复杂，可取仿真步长与采样周期相等，即 $h_1 = T_{1s}$，$h_2 = T_{2s}$。

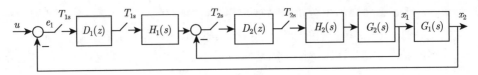

图 4-4　双回路采样控制系统

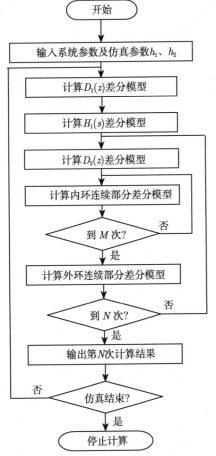

图 4-5　双回路采样系统的仿真程序流程图

如果 $G_1(s)$ 和 $G_2(s)$ 比较复杂，或者系统中存在非线性环节，无法对 $H_2(s)G_2(s)$ 和 $G_1(s)$ 进行 z 变换，那么就需要在 $G_1(s)$ 和 $G_2(s)$ 中加进若干个虚拟采样开关和保持器。为保证仿真精度，仿真步长应小于采样周期，即 $h_1 < T_{1s}$，$h_2 < T_{2s}$，可令 $h_1 = \dfrac{1}{N}T_{1s}$，$h_2 = \dfrac{1}{M}T_{2s}$，其中，N、M 均为常数。系统的仿真过程应该是：首先对 $D_1(z_1)$ 按采样周期 T_{1s} 进行仿真，将其输出经 $H_1(s)$，保持 T_{1s} 时间，然后进行内环仿真。

在进行内环仿真时，首先对 $D_2(z_2)$ 按采样周期 T_{2s} 进行仿真计算，其输出经 $H_2(s)$ 保持 T_{2s} 时间；在 T_{2s} 时间间隔内对 $G_2(s)$ 按仿真步长 h_2 进行计算，计算 M 次后，将第 M 次的计算结果作为经 T_{2s} 采样周期后内环的输出。

此时的输出一方面经反馈回路与 $H_1(s)$ 的输出进行比较后送给 $D_2(z_2)$ 以进行下一个 T_{2s} 的 $D_2(z_2)$ 计算，同时，此输出加到 $G_1(s)$ 上。为便于仿真程序处理，可选择 $N = n$，即外环仿真步长 h_1 与内环采样间隔 T_{2s} 相等，因而还需要对 $G_1(s)$ 按 $h_1 = T_{1s}$ 进行仿真计算。这种处理方法实质上是将内环看成 $G_1(s)$ 的一部分，对该部分按 h_2 进行仿真，也就是系统中有不同的仿真步长。仿真程序的框图如图 4-5 所示。

4.2　采样控制系统数字仿真

4.2.1　只要求采样时刻的输出

如果只要求得到采样时刻的输出，计算比较简单，此时可以按 4.1 节的原则先把连续部分的 $G_h(s)G_c(s)$ 离散化。离散化时其计算步长可取 $h = T_s/N$。再由 z 变换得到连续部分的脉冲传递函数为

$$G(z) = \mathcal{Z}\left[G_h(s)G_c(s)\right]$$

脉冲传递函数的一般形式为

$$G(z) = \frac{Y^*(z)}{U^*(z)} = \frac{b_1 z^{-1} + b_2 z^{-2} + \cdots + b_m z^{-m}}{1 + a_1 z^{-1} + a_2 z^{-2} + \cdots + a_k z^{-k}} \tag{4-1}$$

式中，$m < k$。

据此可得高阶差分方程：

$$
\begin{aligned}
y^*(k+1) = & b_1 u^*(k) + b_2 u^*(k-1) + \cdots + b_m u^*(k-m+1) \\
& - a_1 y^*(k) - a_2 y^*(k-1) - \cdots - a_k y^*(1)
\end{aligned} \tag{4-2}
$$

数字控制器 $D(z)$ 的一般形式为

$$D(z) = \frac{U^*(z)}{E^*(z)} = \frac{1 + d_1 z^{-1} + d_2 z^{-2} + \cdots + d_m z^{-m}}{1 + q_1 z^{-1} + q_2 z^{-2} + \cdots + q_k z^{-k}} \tag{4-3}$$

相应的差分方程为

$$
\begin{aligned}
u^*(k) = & e^*(k) + d_1 e^*(k-1) + d_2 e^*(k-2) + \cdots + d_m e^*(k-m) \\
& - q_1 u^*(k-1) - q_2 u^*(k-2) - \cdots - q_k u^*(0)
\end{aligned} \tag{4-4}
$$

式中，$e^*(k) = r^*(k) - y^*(k-1)$，$e^*(k-1) = r^*(k-1) - y^*(k-2)$，$\cdots$

联立解方程式 (4-2) 和式 (4-4) 就可得到各采样时刻的输出 $y^*(k)$，此法也可得到数字控制器的输出量 $u^*(k)$。

还可以采用另一种算法，即在连续部分离散化后，把连续部分的脉冲传递函数 $G(z)$ 与离散部分的脉冲传递函数 $D(z)$ 合并，得到闭环系统的脉冲传递函数 $\Phi(z)$：

$$\Phi(z) = \frac{Y^*(z)}{R^*(z)} = \frac{D(z)G(z)}{1 + D(z)G(z)} = \frac{k_1 z^{-1} + k_2 z^{-2} + \cdots + k_m z^{-m}}{1 + l_1 z^{-1} + l_2 z^{-2} + \cdots + l_k z^{-k}} \tag{4-5}$$

其差分方程为

$$
\begin{aligned}
y^*(k) = & k_1 r^*(k-1) + k_2 r^*(k-2) + \cdots + k_m r^*(k-m) \\
& - l_1 y^*(k-1) - l_2 y^*(k-2) - \cdots - l_k y^*(0)
\end{aligned} \tag{4-6}
$$

由式 (4-6) 即可求得采样时刻的系统输出 $y^*(k)$。以上两种算法都归结为高阶差分方程的算法，下面就介绍这部分内容。

单输入、单输出线性时不变系统如图 4-6 所示，$u(k)(k = 0, 1, 2, \cdots)$ 是该系统的输入序列，$y(k)(k = 0, 1, 2, \cdots)$ 是其输出序列。一般来说，在某一采样时刻的输出 $y(k)$ 不仅取决于当时的输入值 $u(k)$，还取决于过去若干个采样时刻的输入值 $u(k-1), u(k-2), \cdots$，和过去若干个采样时刻的输出值 $y(k-1), y(k-2), \cdots$，这种关系正如式 (4-7) 所描述的：

$$
\begin{aligned}
y(k) = & b_0 u(k) + b_1 u(k-1) + \cdots + b_m u(k-m) - a_1 y(k-1) \\
& - a_2 y(k-2) - \cdots - a_{k-1} y(1) + a_k y(0)
\end{aligned} \tag{4-7}
$$

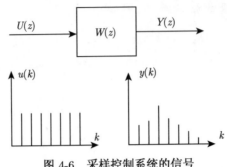

图 4-6　采样控制系统的信号

解此方程时, 为了保存计算时刻以前若干个采样时刻的输入值和输出值, 可以在计算机内存中设置若干个存储单元, 将这些数据存储起来, 以便计算时使用。

下面先研究输出变量的处理方法, 由式 (4-7) 可知, 输出变量的阶数为 k, 需要在内存中设置 k 个单元, 以便存放计算时刻以前 k 个采样时刻的输出变量, 这些单元的安排如图 4-7(a) 所示, 在计算 k 时刻的输出 $y(k)$ 时, 分别从 1, 2, 3, $\cdots$, k 个单元中取出 $y(0)$, $y(1)$, $\cdots$, $y(k-1)$。在每次计算中, 其操作顺序为取出–平移–存入。这里的存入是指将此时刻计算所得的输出量又存入第 k 个单元中, 为计算下一时刻的输出值做好准备。

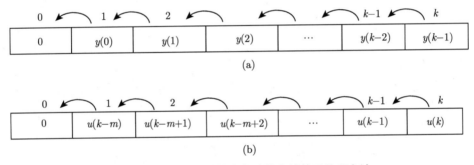

图 4-7　采样控制系统仿真时的存储单元处理方法

对于输入量也可采用与上述相似的方法处理, 由式 (4-7) 可知, u 的阶数为 m, 在内存中设置 $m+1$ 个单元以存放 u 的当前值, 其安排方式如图 4-8(b) 所示。先将当前的输入量 $u(k)$ 存放在第 $m+1$ 个内存单元中, 再分别从 1, 2, 3, $\cdots$, $m, m+1$ 个单元中取出 $u(k-m)$, $u(k-m+1)$, $\cdots$, $u(k-1)$, $u(k)$。每计算一次, 其操作顺序为取出–平移–存入。平移目的是将第 $m+1$ 个内存空出来 (实际上是在第 m 和 $m+1$ 个内存中此刻具有相同的输入值), 为计算下一个采样时刻做好准备。

解式 (4-7) 的基本计算程序如下:

```
static double A[20],B[20];   //设置足够维数的数组存储输入输出变量
B[m+1]=u;
y=-a1*A[k]-a2*A[k-1]-…- ak*A[0]+ b0*B[m+1]+b1*B[m]+…+bm*B[1];
for(i=1;i<=k;i++)   A[i-1]=A[i];
for(j=1;j<=m;j++)   B[j]=B[j+1];
A[k]=y;
```

4.2.2　采样控制系统数字仿真应用举例

【**例 4-1**】　某采样控制系统如图 4-8 所示，其控制器的脉冲传递函数为

$$D(z) = \frac{X(z)}{E(z)} = \frac{1 - \alpha z^{-1}}{K_0(1-\alpha)[1 - z^{-(\beta+1)}]}$$

式中，$\alpha = \mathrm{e}^{-T_s/T_0}$。

已知：$T_0 = 1\mathrm{s}$，$K_0 = 1$，$T_s = 0.5\mathrm{s}$，$\tau = 1\mathrm{s}$，故 $\beta = \tau/T_s = 2$。

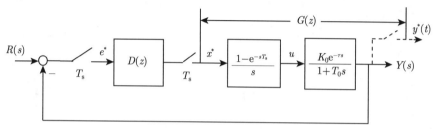

图 4-8　采样控制系统

现分别列出离散和连续部分的仿真模型，对于离散部分，由控制器的脉冲传递函数 $D(z)$ 可得差分方程为

$$x(k) = x[k - (\beta+1)] + \frac{1}{K_0(1-\alpha)}[e(k) - \alpha e(k-1)]$$

对于连续部分离散化，可以用离散相似法，也可以采用 z 变换法。由于在采样控制系统中，采样器和保持器是实际存在的，而且 $\mathcal{Z}[G_h(s)G_c(s)]$ 又容易求得，故此处对连续部分采用 z 变换法。

图 4-8 中零阶保持器与对象的传递函数为

$$G(s) = \frac{Y(s)}{X(s)} = \frac{K_0(1 - \mathrm{e}^{-T_s s})}{s(1 + T_0 s)}\mathrm{e}^{-\tau s} = K_0(1 - \mathrm{e}^{-T_s s})\left(\frac{1}{s} - \frac{1}{1 + T_0 s}\right)\mathrm{e}^{-\beta T_s s}$$

对 $G(s)$ 进行 z 变换得

$$G(z) = \frac{Y(z)}{X(z)} = \mathcal{Z}[G(s)]$$

$$= K_0\left(1 - z^{-1}\right)\left(\frac{1}{1 - z^{-1}} - \frac{1}{1 - \mathrm{e}^{-T_s/T_0}z^{-1}}\right)z^{-\beta}$$

$$= K_0\left(1 - z^{-1}\right)\left[\frac{z^{-1} - \alpha z^{-1}}{(1 - z^{-1})(1 - \alpha z^{-1})}\right]z^{-\beta}$$

$$= K_0\frac{1 - \alpha}{(1 - \alpha z^{-1})}z^{-(\beta+1)}$$

$$Y(z) = \alpha z^{-1}Y(z) + K_0(1-\alpha)z^{-(\beta+1)}X(z)$$

对上式进行 z 反变换得连续部分的差分方程为

$$y(k) = \alpha y(k-1) + K_0(1-\alpha)x[k - (\beta+1)]$$

根据以上所得差分方程编制仿真程序见程序 4-1, 扫二维码可见。计算结果如表 4-1 所示。由表可见, 过渡过程是在 $\beta + 1$ 拍, 即 1.5s 完成。

表 4-1 例 4-1 计算结果

t/s	$x(k)$	$y(k)$
0.000	25.414942	0.000000
0.250	25.414942	0.000000
0.500	10.000000	0.000000
0.750	10.000000	0.000000
1.000	10.000000	0.000000
1.250	10.000000	0.000000
1.500	10.000000	1.239501
1.750	10.000000	6.587086
2.000	10.000012	9.999995
2.250	10.000012	9.999995
2.500	10.000005	9.999995
2.750	10.000005	9.999995
3.000	10.000005	9.999995
3.250	10.000005	9.999995
3.500	10.000005	9.999996
3.750	10.000005	10.000001
4.000	9.999998	10.000003
4.250	9.999998	10.000003
4.500	10.000002	10.000003
4.750	10.000002	10.000003
5.000	10.000002	10.000003

【例 4-2】 用数字仿真方法研究图 4-9 所示的控制系统在阶跃函数作用下的动态响应。

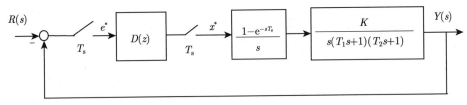

图 4-9 采样控制系统

已知

$$D(z) = \frac{1 + 0.2z^{-1} - 0.2z^{-2}}{1 + 0.6z^{-1} - 0.15z^{-2}}$$

为了对上述系统进行仿真研究, 首先要对系统中的离散部分和连续部分分别写出差分方程。

比较环节:

$$e(k) = r(k) - y(k)$$

离散部分：

$$x(k) = -0.6x(k-1) + 0.15x(k-2) + e(k) + 0.2e(k-1) + 0.2e(k-2)$$

连续部分：由于对零阶保持器和对象求 z 变换较复杂，故在此将连续部分进行分解，如图 4-10 所示，而后用离散相似法写出它的差分方程。

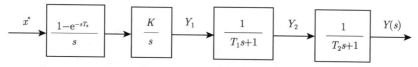

图 4-10　连续部分的分解

由 $\dfrac{Y_1(z)}{X(z)} = \mathcal{Z}\left\{\dfrac{K(1 - \mathrm{e}^{-sT_\mathrm{s}})}{s^2}\right\}$ 得

$$y_1(k) = y_1(k-1) + KT_\mathrm{s}x(k-1)\quad(\text{保持器实际存在})$$
$$y_2(k) = \mathrm{e}^{-T_\mathrm{s}/T_1}y_2(k-1) + (1 - \mathrm{e}^{-T_\mathrm{s}/T_1})y_1(k-1)\quad(\text{保持器虚构的})$$
$$y_3(k) = \mathrm{e}^{-T_\mathrm{s}/T_2}y_3(k-1) + (1 - \mathrm{e}^{-T_\mathrm{s}/T_2})y_2(k-1)$$

根据以上所得差分方程编制仿真程序见程序 4-2，扫二维码可见。

【例 4-3】　设有一个两速率两回路数字调速系统，它有两种采样周期 T_1 和 T_2，见图 4-11。$c_1 = 1(t)$，$T_1 = 0.08\mathrm{s}$，$T_2 = 0.04\mathrm{s}$，连续部分的计算步长 $h = 0.01\mathrm{s}$。求零初始状态系统的 d_0、d_1、x_1 和 x_2。

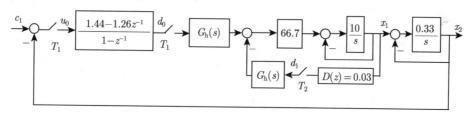

图 4-11　多速率采样系统

设 h 为连续部分的计算步长，数字部分的计算周期分别为 $T_1 = N_1h$ 和 $T_2 = N_2h$，用计数器 CT_1 和 CT_2 控制两个不同采样周期的数字部分的计算。图 4-12 所示为双速率采样系统程序流程图。

图 4-12 中，t 为时间变量，$t_{\max}$ 为仿真总时间；$CT_i = (CT_i + 1) \bmod N_i$ 是取模运算；当 $CT_i + 1$ 等于 N_i 时，它使 CT_i 重新置成 0；当 CT_i 从 0 变为 $N_i - 1$ 时，必然经历了 $T_i = N_ih$。数字部分在离散时刻 $kT_i, (k+1)T_i, (k+2)T_i, \cdots$，计算形如 $x(k+1) = x(k) + \Delta$ 的递推式，而在相邻两个时刻之间 $x(k+1)$ 保持不变，这样就实现了采样开关、数字控制器和零阶保持器的功能。在连续部分的计算中，可以直接使用数字部分的计算结果，这样就实现了数字部分和连续部分的连接。

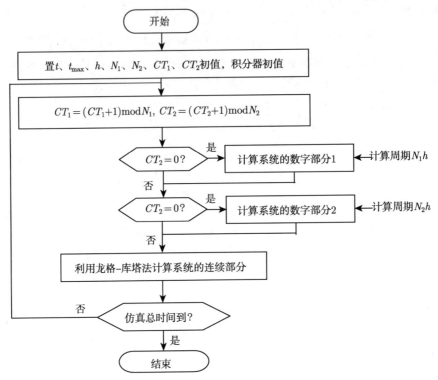

图 4-12　双速率采样系统程序流程图

根据图 4-12，可以设计出相应的仿真程序。在这个系统中，数字部分 $N_1 = T_1/h = 8$，$N_2 = T_2/h = 4$，现在用两个计数器 CT_1 和 CT_2 控制数字部分两个不同的计算周期。根据图 4-11 中的变量定义可得如下。

数字部分的差分方程为

$$d_0(k+1) = d_0(k) + 1.44u_0(k+1) - 1.26u_0(k)$$
$$d_1(k+1) = 0.03u_1(k+1)$$

连续部分的状态方程为

$$\dot{x}_1 = 10(66.7(d_0 - d_1) - x_1)$$
$$\dot{x}_2 = 0.33(x_1 - x_2)$$

用 C 语言编制的仿真程序见程序 4-3，扫二维码可见。程序中所用变量含义如下：

integratorCT,i：分别作为积分器个数和循环控制变量。

CT1,CT2：控制数字部分计算周期的计数器。

tmax,t,h：分别为仿真总时间、时间变量、计算步长。

N1,N2：Ni=Ti/h，Ni 是整数，其中 Ti 为数字部分的采样周期。

x[.],xs[.]：用于存放系统状态变量的数组。

dotx[.]：用于存放系统状态变量导数的数组。

k1[.],k2[.],k3[.],k4[.]：用于存放龙格–库塔方法使用的 k_1, k_2, k_3, k_4 的数组。

c1：控制输入变量。

u00,u10,u01,u11：分别代表 $u_0(k), u_1(k), u_0(k+1), u_1(k+1)$。

d00,d10,d01,d11：分别代表 $d_0(k), d_1(k), d_0(k+1), d_1(k+1)$。

图 4-13 是执行结果。结果曲线有两种：一种是离散型的阶梯信号 (d_0 和 d_1)；另一种是连续型信号 (x_1 和 x_2)。

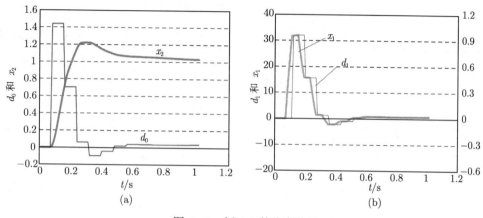

图 4-13　例 4-3 的仿真结果

4.3　数字控制器控制规律的实现

采样控制系统的数字控制器由计算机来实现。由于计算机运算速度快、精度高、存储信息量大、逻辑判断能力强，数字控制器能实现各种控制规律，算法也各异。为建立数字控制器的仿真模型，下面讨论几种典型的控制规律。

4.3.1　PID 控制规律

PID 控制规律是按偏差的比例、积分、微分进行控制，是过程控制中应用最广泛的一种控制规律。实践证明，这种控制规律在相当多的工业过程控制中能得到较满意的结果。

PID 控制的理想控制规律为

$$u(t) = K_p \left(e + \frac{1}{T_i} \int_0^\infty e\mathrm{d}t + T_d \frac{\mathrm{d}e}{\mathrm{d}t} \right) \tag{4-8}$$

式中，$e = r - y$，为偏差，即数字控制器的输入；r 为系统的输入，给定值；y 为被控对象的输出；u 为数字控制器的输出，即控制作用量；K_p、T_i、T_d 分别为数字控制器的比例、积分和微分参数。

由自动控制原理可知，PID 控制参数 K_p、T_i 和 T_d 对系统性能产生很大的影响，并且 K_p、T_i 和 T_d 对系统的性能影响具有交互作用，必须同时考虑。

式 (4-8) 的数字化，从数学上说是将微分方程变为差分方程，把连续运算变为数字机的断续运算，因而数学中的各种运算方法在此均可应用。

微分运算:

$$\frac{\mathrm{d}e}{\mathrm{d}t} \approx \frac{e(k+1)-e(k)}{T}(前向差分) \tag{4-9}$$

或

$$\frac{\mathrm{d}e}{\mathrm{d}t} \approx \frac{e(k)-e(k-1)}{T}(后向差分) \tag{4-10}$$

积分运算:

$$\int_0^t e\mathrm{d}t = \sum_{j=0}^{k} e(j)T \tag{4-11}$$

故对数字控制器,用差分法处理如下:

$$u(k) = K_\mathrm{p}\left[e(k) + \frac{1}{T_\mathrm{i}}\sum_{j=0}^{k} e(j)T + T_\mathrm{d}\frac{e(k)-e(k-1)}{T}\right] \tag{4-12}$$

式中, T 为采样周期。

若对前一次采样,则有

$$u(k-1) = K_\mathrm{p}\left[e(k-1) + \frac{1}{T_\mathrm{i}}\sum_{j=0}^{k-1} e(j)T + T_\mathrm{d}\frac{e(k-1)-e(k-2)}{T}\right] \tag{4-13}$$

将式 (4-12) 减去式 (4-13) 得

$$u(k) = u(k) - u(k-1)$$
$$= K_\mathrm{p}\left[e(k)-e(k-1) - \frac{T}{T_\mathrm{i}}e(k) + \frac{T_\mathrm{d}}{T}(e(k)-2e(k-1)+e(k-2))\right]$$

上式改写成如下形式:

$$\Delta u(k) = K_\mathrm{p}[e(k)-e(k-1)] + K_\mathrm{i}e(k) + K_\mathrm{d}[e(k)-2e(k-1)+e(k-2)] \tag{4-14}$$

式中, $K_\mathrm{i} = K_\mathrm{p}\dfrac{T}{T_\mathrm{i}}$ 为积分系数; $K_\mathrm{d} = K_\mathrm{p}\dfrac{T_\mathrm{d}}{T}$ 为微分系数。

式 (4-14) 称为增量式模型,它的每次输出产生控制作用的增量。若在上次控制作用的基础上加上本次的增量,则可得

$$u(k) = u(k-1) + K_\mathrm{p}[e(k)-e(k-1)] + K_\mathrm{i}e(k) + K_\mathrm{d}[e(k)-2e(k-1)+e(k-2)] \tag{4-15}$$

式 (4-15) 称为控制器的位置式模型,它输出本次的控制作用。式 (4-14) 和式 (4-15) 就是 PID 控制器的仿真模型。它的计算步长就是采样周期。

若执行部件不带积分部件,其位置与计算机输出的数字量是一一对应的 (如电液伺服阀),就要采用位置式算法。若执行部件带积分部件 (如步进电机、步进电机带动阀门或带动多圈电位器),就要采用增量式算法。

在实际过程中,控制变量 u 因受到执行元件机械和物理性能的约束,其大小应控制在有限范围内,即

$$u_\mathrm{min} \leqslant u(k) \leqslant u_\mathrm{max} \tag{4-16}$$

其变化率也有一定的限制范围, 即

$$|\dot{u}| < \dot{u}_{\max} \tag{4-17}$$

而对于 PID 运算, 计算结果 u 的数值是不受限制的, 因此有可能出现 $u > u_{\max}$ 或者 $u < u_{\min}$ 的情况, 称为输出饱和。输出饱和主要是在存在较大偏差条件下由积分饱和产生的, 即当系统受扰动使 e 较大并存在较长时间时, 控制输出中的积分分量由于累加作用而使控制输出产生饱和。由于饱和的存在, 执行机构不能实现理想计算值所代表的意义, 而使控制算法误以为输出还不够强, 因而继续加大 (或减少) 输出值, 使系统进入更深的饱和不容易退出, 导致控制系统性能严重下降。因此, 实际 PID 控制中, 应采取抗积分饱和的方法, 即当控制量 u 输出超出幅度范围时, 必须进行限幅, 同时取消积分作用。

在基本 PID 控制中, 当有较大幅度的扰动或大幅度改变给定值时, 由于此时有较大的偏差, 以及系统有惯性和滞后, 故在积分项的作用下, 往往会产生较大的超调量和长时间的波动。特别是对于温度、成分等变化缓慢的过程, 这一现象将更严重。为此可以采用积分分离措施, 即当偏差较大时, 取消积分作用; 当偏差较小时才将积分作用投入。另外, 积分分离的阈值应视具体对象和要求而定。若阈值太大, 就达不到积分分离的目的, 若太小又有可能因被控量无法跳出积分分离区, 只进行 PID 控制, 将会出现残差。

$$u(k) = K_{\mathrm{p}} e(k) + K_{\mathrm{L}} K_{\mathrm{i}} \sum_{i=0}^{k} e(i) + K_{\mathrm{d}} \left[e(k) - e(k-1) \right] \tag{4-18}$$

式中, $K_{\mathrm{L}} = \begin{cases} 1, & e(k) \leqslant \varepsilon \\ 0, & e(k) > \varepsilon \end{cases}$, 其中, ε 为预定门限值。

4.3.2　最少拍控制

所谓最少拍控制, 是指系统对某些典型输入, 如阶跃输入、等速度输入、等加速度输入具有最快的瞬态响应, 即过渡过程能在最少个采样周期内结束, 而且在采样时刻上稳态误差为零。要实现最少拍控制, 关键在于建立数字控制器的脉冲传递函数 $D(z)$。本节首先介绍最少拍的概念, 然后以具有滞后环节的采样控制为例, 导出最少拍系统数字控制器的脉冲传递函数 $D(z)$。

1. 最少拍概念

什么样的系统才是最少拍系统? 首先, 简单回顾一下 s 平面和 z 平面的映射关系。

由于

$$z = \mathrm{e}^{Ts} = \mathrm{e}^{T(\sigma + \mathrm{j}\omega)} = \mathrm{e}^{\sigma T} \mathrm{e}^{\mathrm{j}\omega T}$$
$$= \mathrm{e}^{\sigma T} (\cos \omega T + \mathrm{j} \sin \omega T)$$

因此

$$|z| = \mathrm{e}^{\sigma T}$$

$$\angle z = \omega T$$

由

$$e^{j\omega T} = e^0 e^{j\omega T} = 1 \cdot e^{j\omega T}$$

可知，s 平面上的虚轴映射到 z 平面上的单位圆，s 平面左半部映射到 z 平面的单位圆内部，s 平面右半部映射到 z 平面单位圆外部，如图 4-14 所示。

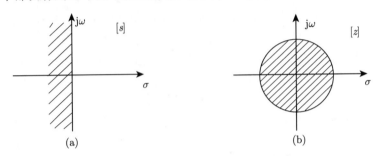

图 4-14　s 平面和 z 平面的映射关系

假定采样系统的极点均在 s 平面的左半部，则与此对应，该系统在 z 平面的极点均位于单位圆的内部；在 s 平面左半部上的极点离 $j\omega$ 轴越远，则稳定度越高，此时对应在 z 平面上的极点离原点就越近；若 s 平面左半部上的极点离 $j\omega$ 轴无穷远，则对应在 z 平面上的极点就位于原点，即 $|z| = 0$。如果采样系统的所有极点均聚集在 z 平面的原点处，则该系统就具有无穷大的稳定度。

下面证明具有无穷大稳定度的采样系统，是瞬态响应最快的系统，即最少拍系统。

设采样系统闭环脉冲传递函数为

$$\Phi(z) = \frac{b_0 z^m + b_1 z^{m-1} + \cdots + b_{m-1}z + b_m}{a_0 z^n + a_1 z^{n-1} + \cdots + a_{n-1}z + a_n} \tag{4-19}$$

闭环特征方程为

$$a_0 z^n + a_1 z^{n-1} + \cdots + a_{n-1}z + a_n = 0 \tag{4-20}$$

当 $a_1 = a_2 = \cdots = a_{n-1} = a_n = 0$ 时，特征方程所有极点均位于 z 平面的原点。于是闭环特征方程变为

$$a_0 z^n = 0 \tag{4-21}$$

由以上分析可知，该系统具有无穷大的稳定度。将式 (4-19) 改写为

$$\Phi(z) = \frac{b_0 z^{m-n}}{a_0} + \frac{b_1 z^{m-n-1}}{a_0} + \cdots + \frac{b_{m-1}z^{-(n-1)}}{a_0} + \frac{b_m z^{-n}}{a_0} \tag{4-22}$$

对式 (4-22) 求 z 反变换，得系统的脉冲响应为

$$g(t) = \frac{b_0}{a_0}\delta\left[t-(m-n)T\right] - \frac{b_1}{a_0}\delta\left[t-(m-n-1)T\right]$$
$$- \cdots - \frac{b_{m-1}}{a_0}\delta\left[t-(n-1)T\right] - \frac{b_m}{a_0}\delta\left[t-nT\right] \tag{4-23}$$

式 (4-23) 具有有限个脉冲，由此可见，具有无穷大稳定度的采样系统在单位脉冲的作用下，它的瞬态过程在有限个采样周期内结束。

当控制对象一定，采样频率一定时，这种系统也就具有最短的瞬态过程，故又称为最少拍系统。采样系统能在有限时间 (有限个采样周期) 内结束瞬态过程，这是它的特点。连续系统不具备这种特点。

2. 最少拍系统

对于以传递函数表示的采样控制系统，如图 4-15 所示，其闭环脉冲传递函数为

$$\Phi(z) = \frac{Y(z)}{R(z)} = \frac{D(z)G(z)}{1 + D(z)G(z)} \tag{4-24}$$

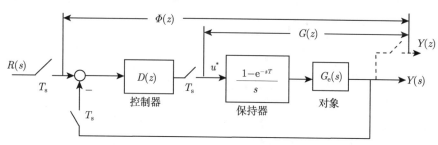

图 4-15　采样控制系统

式中，$G(z) = \mathcal{Z}\left\{\dfrac{1 - \mathrm{e}^{-sT}}{s}G_{\mathrm{e}}(s)\right\}$ 是连续的被控对象加零阶保持器离散化后的脉冲传递函数。

该系统的偏差脉冲传递函数为

$$\Phi_{\mathrm{e}}(z) = \frac{E(z)}{R(z)} = \frac{1}{1 + D(z)G(z)} \tag{4-25}$$

式中，$E(z)$ 为系统误差序列的 z 变换：

$$E(z) = R(z)\left[1 - \Phi(z)\right]$$

故由式 (4-24) 和式 (4-25) 得

$$\frac{E(z)}{R(z)} = 1 - \Phi(z) = \frac{1}{1 + D(z)G(z)} \tag{4-26}$$

从而有

$$D(z) = \frac{\Phi(z)}{G(z)\left(1 - \Phi(z)\right)} = \frac{1 - \Phi_{\mathrm{e}}(z)}{G(z)\Phi_{\mathrm{e}}(z)} \tag{4-27}$$

无稳态误差的意思是要求 $E(z)$ 的 z 反变换 $e(t)$ 的终值为零。由终值定理：

$$e(\infty) = \lim_{z \to 1}\left[(1 - z^{-1})R(z)\left(1 - \Phi(z)\right)\right] \tag{4-28}$$

式中，$R(z)$ 是某些典型输入函数的 z 变换。式 (4-28) 说明系统的稳态误差终值与系统的输入函数 R 的类型有关，对于表 4-2 所示的三种常见的典型输入函数，可以将 $R(z)$ 表示为如下通式：

$$R(z) = \frac{A(z)}{(1 - z^{-1})^m} \tag{4-29}$$

式中，$A(z)$ 是不包含因子 $1-z^{-1}$ 的关于 z^{-1} 的多项式。当 m 分别为 1，2，3 时，分别表示阶跃函数、速度函数和加速度函数的输入情况。

表 4-2　典型输入函数作用下的具有最少拍过渡过程的 $\Phi_e(z)$ 和 $\Phi(z)$

$R(t)$	$R(z)$	$\Phi_e(z)$	$\Phi(z)$
$u(t)$	$\dfrac{1}{1-z^{-1}}$	$1-z^{-1}$	z^{-1}
$tu(t)$	$\dfrac{Tz^{-1}}{(1-z^{-1})^2}$	$(1-z^{-1})^2$	$2z^{-1}-z^{-2}$
$\dfrac{1}{2}t^2u(t)$	$\dfrac{T^2z^{-1}(1+z^{-1})}{(1-z^{-1})^3}$	$(1-z^{-1})^3$	$3z^{-1}-3z^{-2}+z^{-3}$

由式 (4-28) 可知，满足稳态误差为零的条件为

$$1-\Phi(z)=(1-z^{-1})^m F(z) \tag{4-30}$$

式中，$F(z)$ 是待定的关于 z^{-1} 的有理多项式；m 是典型输入函数 z 变换 $R(z)$ 的分母阶次。当 $F(z)=1$ 时，由式 (4-30) 求得的 $\Phi(z)$ 最简单，所以 z^{-1} 的项数最少。例如，当输入为速度函数时，式 (4-29) 分母的阶次 $m=2$。将 $m=2$ 和 $F(z)=1$ 代入式 (4-30) 得

$$\Phi_e(z)=1-\Phi(z)=(1-z^{-1})^2 \tag{4-31}$$

所以

$$\Phi(z)=2z^{-1}-z^{-2} \tag{4-32}$$

如果能找到满足设计目标的 $\Phi(z)$，根据

$$D(z)=\frac{\Phi(z)}{G(z)[1-\Phi(z)]}$$

即可求出所需要的数字控制器 $D(z)$。

表 4-2 给出了三种典型输入函数具有最少拍过渡过程的误差脉冲传递函数 $\Phi_e(z)$ 闭环脉冲函数 $\Phi(z)$。由表 4-2 可知，当输入函数为阶跃函数时，$\Phi(z)=z^{-1}$，只含一拍，即过渡过程为一拍 (一个采样周期) 结束。闭环的输出为

$$Y(z)=\Phi(z)R(z)=z^{-1}\frac{1}{1-z^{-1}}=z^{-1}+z^{-2}+z^{-3}+\cdots$$

进行 z 反变换，即可得输出响应为

$$y(0)=1,\quad y(1)=1,\quad y(2)=1,\quad y(3)=1,\cdots$$

其响应曲线如图 4-16(a) 所示。从图中可以看出只经过一拍就达到稳态值。

当输入为等速输入时，最少拍系统相应的闭环脉冲传递函数 $\Phi(z)=2z^{-1}-z^{-2}$，则系统输出为

$$Y(z)=\Phi(z)R(z)=(2z^{-1}-z^{-2})\frac{Tz^{-1}}{(1-z^{-1})^2}=2Tz^{-2}+3Tz^{-3}+4Tz^{-4}+5Tz^{-5}+\cdots$$

对上式进行 z 反变换，得输出响应为

$$y(0) = 0, \quad y(1) = 0, \quad y(2) = 2T, \quad y(3) = 3T, \quad y(4) = 4T, \cdots$$

其响应曲线如图 4-16(b) 所示。从图中可以看出过渡过程为二拍。同样可得加速度输入时，最少拍系统的过渡过程为三拍。

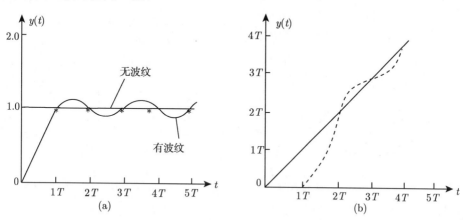

图 4-16 最少拍系统的过渡过程

【例 4-4】 若在图 4-15 所示的系统中，被控对象 $G_e(s) = \dfrac{5}{s(s+1)}$，采样周期为 $T = 1\text{s}$，在单位斜坡函数 $R(t) = t$ 输入的情况下，试按最少拍控制系统设计数字控制器的脉冲传递函数 $D(z)$。

解 首先求出包括保持器在内的被控对象的脉冲传递函数，因为

$$G(s) = G_h(s)G_e(s) = \frac{5(1 - \mathrm{e}^{-Ts})}{s^2(s+1)} = 5(1 - \mathrm{e}^{-Ts})\left(\frac{1}{s^2} - \frac{1}{s(s+1)}\right)$$

上式的脉冲传递函数为

$$
\begin{aligned}
G(z) &= \mathcal{Z}\left\{(1 - \mathrm{e}^{-Ts})\left[\frac{1}{s^2} - \frac{1}{s(s+1)}\right]\right\} \\
&= 5(1 - z^{-1})\mathcal{Z}\left[\frac{1}{s^2} - \frac{1}{s(s+1)}\right] \\
&= 5(1 - z^{-1})\left[\frac{Tz^{-1}}{(1 - z^{-1})^2} - \frac{(1 - \mathrm{e}^{-T})z^{-1}}{(1 - z^{-1})(1 - z^{-1}\mathrm{e}^{-T})}\right] \\
&= 5\left[\frac{Tz^{-1}(1 - z^{-1}\mathrm{e}^{-T}) - (1 - z^{-1})(1 - \mathrm{e}^{-T})z^{-1}}{(1 - z^{-1})(1 - z^{-1}\mathrm{e}^{-T})}\right] \\
&= 5\left[\frac{z^{-2} + \mathrm{e}^{-T}z^{-1} - 2\mathrm{e}^{-T}z^{-2}}{(1 - z^{-1})(1 - z^{-1}\mathrm{e}^{-T})}\right] \\
&= \frac{1.84z^{-1}(1 + 0.718z^{-1})}{(1 - z^{-1})(1 - 0.368z^{-1})}
\end{aligned}
\tag{4-33}
$$

当输入为单位斜坡函数时，其斜坡函数的 z 变换为 $R(z) = \dfrac{Tz^{-1}}{(1-z^{-1})^2}$，偏差传递函数
为

$$E(z) = \Phi_e(z)R(z) = \frac{\Phi_e(z)Tz^{-1}}{(1-z^{-1})^2} \tag{4-34}$$

从式 (4-34) 可以看出，要满足稳态误差为零，并使 $E(z)$ 所含的 z^{-1} 项数最少，应选

$$\Phi_e(z) = (1-z^{-1})^2 \tag{4-35}$$

这样就可以使

$$E(z) = Tz^{-1} \tag{4-36}$$

对 $E(z)$ 进行 z 反变换，即得误差时序函数为

$$e(0) = 0, \quad e(T) = T, \quad e(2T) = e(3T) = e(4T) = \cdots = 0$$

也就是过两个采样周期后，采样值无偏差 (图 4-16(b))，把式 (4-35) 代入式 (4-27) 得

$$\begin{aligned}
D(z) &= \frac{1 - \Phi_e(z)}{G(z)\Phi_e(z)} \\
&= \frac{1 - (1-z^{-1})^2}{\dfrac{1.84z^{-1}(1+0.718z^{-1})}{(1-z^{-1})(1-0.368z^{-1})}(1-z^{-1})^2} \\
&= \frac{\left[1 - (1-z^{-1})^2\right](1-0.368z^{-1})}{1.84z^{-1}(1-z^{-1})(1+0.718z^{-1})} \\
&= \frac{1.087(1-0.5z^{-1})(1-0.368z^{-1})}{(1-z^{-1})(1+0.718z^{-1})}
\end{aligned}$$

现在从输出的动态响应来分析这个数字控制器的效果，由式 (4-31) 得整个系统的闭环脉冲
传递函数：

$$\Phi(z) = 1 - \Phi_e(z) = 1 - (1-z^{-1})^2 = 2z^{-1} - z^{-2}$$

因为

$$Y(z) = \Phi(z)R(z)$$

此时，若以不同的典型函数如阶跃、等速斜坡、等加速度函数输入时，系统的动态响应分别
为

$$Y_1(z) = (2z^{-1} - z^{-2})\frac{1}{1-z^{-1}} = 2z^{-1} + z^{-2} + z^{-3} + \cdots \tag{4-37a}$$

$$Y_2(z) = (2z^{-1} - z^{-2})\frac{Tz^{-1}}{(1-z^{-1})^2} = 2Tz^{-2} + 3Tz^{-3} + 4Tz^{-4} + \cdots \tag{4-37b}$$

$$Y_3(z) = (2z^{-1} - z^{-2})\frac{T^2z^{-1}(1+z^{-1})}{(1-z^{-1})^3} = T^2z^{-2} + 3.5T^2z^{-3} + 7T^2z^{-4} + 11.5Z^{-5} + \cdots \tag{4-37c}$$

用以上三式进行 z 反变换可得图 4-17 所示的输出脉冲序列。

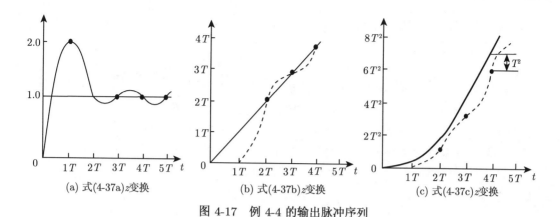

图 4-17　例 4-4 的输出脉冲序列

应当着重指出两点：一是所谓的无稳态误差仅指在采样点无稳态误差，在采样点之间可能有波纹存在；二是对输入函数的适应性较差，对于不同类型的输入函数，要求闭环脉冲传递函数 $\Phi(z)$ 能适应各种类型的输入函数。从图 4-17 可以看出，系统按等速斜坡输入信号设计时，闭环脉冲传递函数 $\Phi(z) = 2z^{-1} - z^{-2}$，当不考虑波纹时，系统对速度函数输入确有较好的响应，但是对阶跃输入的响应就很糟糕，它有 100% 的超调量，系统又可能出现较大的波纹，所以该系统对于阶跃输入的情况下稳定性较差。

4.4　含 PID 控制器的实时仿真

实时仿真是指仿真模型的时间比例尺与真实系统的时间比例尺完全相同的仿真。当仿真系统有实物介入或有人在实验回路中时，由于实物和人是按真实时间变化和运动的，因此就需要进行实时仿真。实时仿真要求仿真系统实时接收动态输入，并产生实时动态输出，输入和输出通常为具有固定采样时间间隔的数列。在算法上，实时仿真要求能采用较大的仿真步长，并能实时地取得计算所需的外部输入信号。

4.4.1　PID 控制规律的程序实现

以图 4-18 所示的闭环控制系统为例，将对象分解为两个环节 $K_1/(s/T_1 + 1)$ 和 $K_2/(s/T_2 + 1)$ 串联，这里 $K_1 = 5$，$T_1 = 5$，$K_2 = 1$，$T_2 = 1$。用离散相似法求得对象的差分方程为

$$y_1(k+1) = \mathrm{e}^{-\frac{\Delta t}{T_1}} y_1(k) + K_1(1 - \mathrm{e}^{-\frac{\Delta t}{T_1}})u(k+1)$$

$$y(k+1) = \mathrm{e}^{-\frac{\Delta t}{T_2}} y(k) + K_2(1 - \mathrm{e}^{-\frac{\Delta t}{T_2}})y_1(k+1)$$

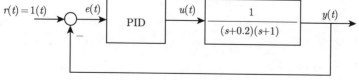

图 4-18　闭环控制系统结构图

PID 控制算法仿真程序如下：

```
double y,y1, e, u,dt=0.005,r=1;
void SimuPID( )
{
  static double integ;    //integ为累加变量
  static double e1;  //保存上次的误差量，用于计算微分
  static double K=10,Ki=1,Kd=0.1;
  //被控对象的仿真
  y1=exp(-dt/5.)*y1+5*(1-exp(-dt/5.))*u;
  y=exp(-dt/1.)*y1+(1-exp(-dt/1.))*y1;

  //PID控制
  e = r - y;
  if (fabs(e)<0.2)   //积分分离：只有当误差小于某一值时才引入积分控制
  {
    integ = integ + Ki*e * dt;
    if(integ>2.0) integ=2.0;       //避免积分饱和
    if(integ<-2.0) integ=-2.0;
  }

  de = (e-e1)/dt;
  e1 = e;
  u=K*e + Kd*de + integ;
}
```

4.4.2 Windows 方式下的实时仿真程序设计

Windows 是抢先式、多任务、基于消息传递机制的操作系统，在此平台上运行的应用程序均属于第 3 层，无法实现像 DOS 下的硬件定时中断，也无法实现直接对硬件端口的访问。一般来说，要实现定时，有以下两种方法。

(1) 利用 Windows 的 WM_TIMER 消息映射来进行简单的时间控制：用 SetTimer 函数设置一个定时器，每隔一段时间产生一个 WM_TIMER 消息，在该消息的相应回调函数中读取缓冲区里的数据。这种方法实现简单，但又由于 WM_TIMER 消息在 Windows 消息队列中，优先权较低，不能得到及时的响应，因此，实际的消息循环时间最小为 55ms，并且经常会因为响应其他消息而被延迟，无法保证实时性。

(2) 使用多媒体定时器 (Multimedia Timers)SetTimerEvent 函数。理论上这种时间可以精确到 1ms。函数原型如下：

```
MMRESULT timeSetEvent(
UINT uDelay,                    //定时间隔的毫秒数
UINT uResolution,               //系统允许的分辨率最小值，一般可取1毫秒，
                                0表示最高精度
```

```
        LPTIMECALLBACK lpTimerProc,//回调函数指针
        DWORD dwUser,              //用户提供的回调数据
        UINT fuEvent               //时间事件种类
        );
        void CALLBACK TimerProc(   //函数名可以自己定义
        UINT uID,                  //事件标识
        UINT uMsg,                 //未用
        DWORD dwUser,              //同timerSetEvent中的
        DWORD dw1,                 //未用
        DWORD dw2                  //未用
        );
```

多媒体定时器能可靠地实现最高精度为 1ms 的定时，能满足一般实时控制和实时数据采集。

在 Windows 下采用 Visual C++ 6.0 开发实时仿真程序的步骤如下。

(1) 用 MFC Appwizard 新建一个对话框应用程序，取名为 Exam44，其他接受默认设置。MFC Appwizard 则自动生成 CExam44App 和 CExam44Dlg 类。

(2) 在 CExam44Dlg 类中添加以下的 public 变量：

```
bool bBegin;
int nTimerID;
double dbSimuTime;
double y,r,t;
```

(3) 在 Exam44Dlg.Cpp 程序的类构造函数 CExam44Dlg::CExam44Dlg(CWnd* pParent /*=NULL*/) 中添加如下代码：

```
bBegin=false;
y=0;
r=0;
t=0;
```

(4) 在对话框界面上添加两个控件：① 按钮控件，更改其 ID 为 IDC_BUTSTARTSIMU，Caption 为 "开始仿真"；②绘图控件 CWGraph Control，利用 AppWizard 工具添加对话框变量 CCWGraph m_graph。更改该控件的坐标属性，如图 4-19 所示。对话框界面如图 4-20 所示。

(5) 在 Exam44Dlg.Cpp 程序中添加如下函数：

```
void CALLBACK fnTimerProcsimu(UINT uID,UINT uMsg,DWORD
                        dwUser,DWORD dw1,DWORD dw2)
{
CExam44Dlg *pdlg= (CExam44Dlg*)dwUser;
pdlg->SimuPID();
}
```

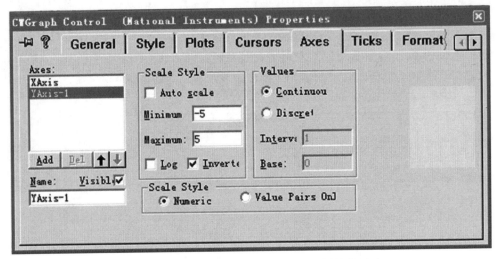

图 4-19　CWGraph Control 的 Axes 属性的更改

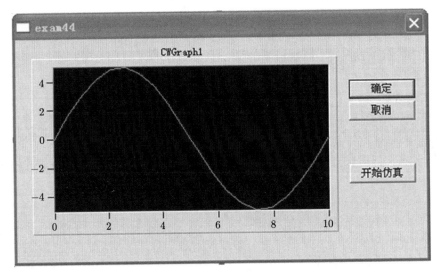

图 4-20　实时 PID 控制的对话框界面

(6) 在 CExam44Dlg 类中添加 SimuPID 成员函数：

```
void CExam44Dlg::SimuPID()
{
    static double integ;   //integ为累加变量
    static double e1; //保存上次的误差量，用于计算微分
    static double de,y1,u,e;
    static double dt=0.005;
    static double Ki=1,K=10,Kd=0.1;
    static double r=1;
```

```
     t=t+0.005;

     //被控对象的仿真
     y1=exp(-dt/3)*y1+(1-exp(-dt/3))*u;
     y=exp(-dt/1.)*y1+(1-exp(-dt/1.))*y1;

     //PID控制
     e = r - y;
     if (fabs(e)<0.2)   //积分分离
     {
       integ = integ + Ki*e * dt;
       if(integ>1.0) integ=1.0;      //抗积分饱和
       if(integ<-1.0) integ=-1.0;
     }

     de = (e-e1)/dt; //微分
     e1= e;

     //控制器输出
     u=K*e + Kd*de + integ;
}
```

(7) 利用 AppWizard 工具在 CExam44Dlg 类中添加按钮消息响应函数:

```
void CExam44Dlg::OnButstartsimu()
{
if(bBegin)   //处于正在仿真状态, 则停止仿真
{
  bBegin=false;
  timeKillEvent(nTimerID);
  KillTimer(1);
  GetDlgItem(IDC_BUTSTARTSIMU)->SetWindowText("开始仿真");
  }
  else     //处于停止仿真状态, 则启动仿真
  {
  bBegin=true;
  nTimerID=timeSetEvent(5,0, (LPTIMECALLBACK)fnTimerProcsimu,
                          (DWORD)this,TIME_PERIODIC);
  SetTimer(1,50,NULL);
  GetDlgItem(IDC_BUTSTARTSIMU)->SetWindowText("停止仿真");
```

```
}
}
```

(8) 利用 AppWizard 工具在 CExam44Dlg 类中添加 WM_Timer 消息响应函数：

```
void CExam44Dlg::OnTimer(UINT nIDEvent)
{
double pX[2],pY[2];

pX[0]=t;
pY[0]=y;
CCWSafeArray cwxData3(pX,1);
CCWSafeArray cwyData3(pY,1);
m_graph.GetPlots().Item(COleVariant(1.0)).ChartXvsY(cwxData3,cwyData3);

CDialog::OnTimer(nIDEvent);
}
```

(9) 在 Exam44Dlg.Cpp 中添加头文件：

```
#include "cwsafearray.h"
#include "cwplot.h"
#include "cwplots.h"
#include "mmsystem.h"
```

(10) 点击 Project 菜单的 Settings 项目，出现设置对话框，在 Link 标签中的 Object/Library Modules 栏中填入 winmm.lib。

(11) 编译完成后，即可运行。

4.5　循序渐进仿真航空动力控制系统

在发动机全权限数字电子控制 (FADEC) 系统中，燃油流量控制装置 (计量阀) 采用图 4-21 所示的由伺服阀、作动器、位移传感器与控制器构成的电液位置闭环伺服控制系统，结构框图如图 4-22 所示。作动器的位移输出决定了计量阀的开度，即决定了燃油流量。

图 4-22 中，L_{gtr} 为给定的计量阀位移 (0~13mm)，L_{gt} 为 LVDT 反馈的计量阀位移 (0~13mm)，采用图 3-41 所示参数，且 LVDT 的传递函数为 1，且电流限幅 −40~40mA，所得的结构框图如图 4-23 所示。

控制器采用数字 PID 算法，其余模拟对象仍采用离散相似法。MATLAB 程序如下：

```
clear
Lgt = 0;
h = 0.0001;
Lgtg = 10;
Kp = 100;
```

```
    Ki = 0;
    Kd = 0.1;
    xs = 0;
    i=1;
    IntegI = 0;
    DeltaLgtLast = 0;
    DiffDeltaLgt = 0;

for t=0:h:0.2
    DeltaLgt = Lgtg - Lgt;

    if(abs(DeltaLgt)>3)
        IntegI = IntegI + Ki * h * DeltaLgt;
        if(IntegI>5) IntegI = 5; end;
        if(IntegI<-5) IntegI = -5; end;
    end;
    if(t>h*0.1) DiffDeltaLgt = (DeltaLgt - DeltaLgtLast )/ h; end;
    DeltaLgtLast = DeltaLgt;

    Deltai = Kp * DeltaLgt + IntegI + Kd * DiffDeltaLgt;
    if(Deltai>40) Deltai = 40; end;
    if(Deltai<-40) Deltai = -40; end;

    xs =  exp(-h/0.0012)* xs + (1-exp(-h/0.0012)) * 0.0381 *  Deltai;
    Ql = 27400 * xs;
    Lgt = Lgt + Ql / 417.6 * h;
end
```

仿真结果如图 4-24 所示。

从图 4-24 可以看出，在 0~0.1s，由于电流饱和，PID 控制事实上并未起作用。

实际上油液在一定程度上是可压缩的，并且活塞在作动器运动时受到摩擦力的影响及其他负载力的影响，因此，考虑油液的可压缩性以及摩擦力，可将作动器传递函数简化为

$$G_h(s) = \frac{K_c}{s\left(\dfrac{s^2}{\omega_h^2} + \dfrac{2\zeta_h s}{\omega_h} + 1\right)}$$

式中，ω_h 为液压谐振频率，取 151rad/s；ζ_h 为液压阻尼系数，取 0.2；$K_c = 1/416.7$。

图 4-23 的结构图可以画成图 4-25。

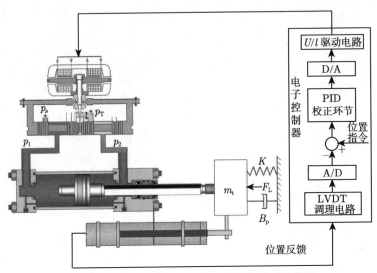

图 4-21　燃油计量阀小闭环控制回路原理示意图

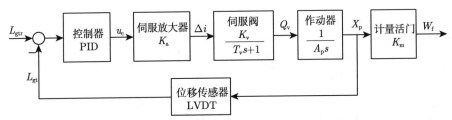

图 4-22　燃油计量阀小闭环控制回路结构框图

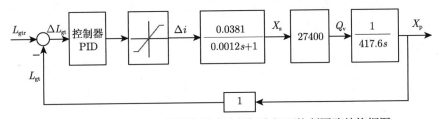

图 4-23　带电流饱和特性的燃油计量阀小闭环控制回路结构框图

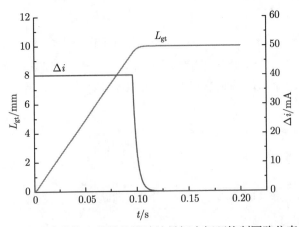

图 4-24　带电流饱和特性的燃油计量阀小闭环控制回路仿真结果

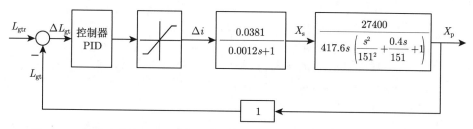

图 4-25　考虑油液的可压缩性以及摩擦力的燃油计量阀小闭环控制回路结构框图

采用表 3-3 中的公式重新进行仿真，MATLAB 仿真程序如下：

```
clear
h = 0.0001;
T= h;
s=0.2; wn=151;   %按照表3-3计算新增的二阶欠阻尼环节
a=2*s*wn;b=wn*wn;d=b;
a = s*wn;
w = sqrt((1-s*s)*wn*wn);
a1 = 2*exp(-a*T)*cos(w*T);
a2 = -exp(-2*a*T);
b1 = 1-exp(-a*T)*cos(w*T) - a/w*exp(-a*T)*sin(w*T);
b2 = exp(-2*a*T)+a/w*exp(-a*T)*sin(w*T)-exp(-a*T)*cos(w*T);
x0 = 0;
yk = 0;
yk_1 = 0;
yk_2 = 0;
uk_1 = 0;
uk_2 = 0;
DiffDeltaLgt = 0;
Lgt = 0;
Lgtg = 10;
Kp = 18;
Ki = 10;
Kd = 0.25;
xs = 0;
i=1;
IntegI = 0;
DeltaLgtLast = 0;

for t=0:h:0.5
    DeltaLgt = Lgtg - Lgt;
```

```
if(abs(DeltaLgt)<5)
    IntegI = IntegI + Ki * h * DeltaLgt;
    if(IntegI>5) IntegI = 5; end;
    if(IntegI<-5) IntegI = -5; end;
end;
if(t>h*0.1) DiffDeltaLgt = Kd*(DeltaLgt - DeltaLgtLast )/ h; end;
DeltaLgtLast = DeltaLgt;

Deltai = Kp * DeltaLgt + IntegI + DiffDeltaLgt;
if(Deltai>40) Deltai = 40; end;
if(Deltai<-40) Deltai = -40; end;

xs =  exp(-h/0.0012)* xs + (1-exp(-h/0.0012)) * 0.0381 *  Deltai;
Ql = 27400 * xs;
x0 = x0 + Ql / 417.6 * h;
yk = a1* yk_1 + a2* yk_2 + b1 * uk_1+ b2 * uk_2;
yk_2 = yk_1; yk_1= yk;
uk_2 = uk_1; uk_1 = x0;
Lgt = wn*wn/(a*a+w*w) * yk;
LL(i) = Lgt;
TT(i) = t;
II(i) = Deltai;
i=i+1;
end
subplot(1,2,1),plot(TT,LL);
subplot(1,2,2),plot(TT,II);
```

仿真结果如图4-26所示。

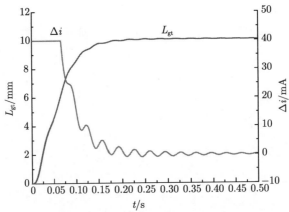

图 4-26　图 4-25 所示系统的仿真结果

液压伺服回路中存在大量非线性因素，如死区、摩擦、滞环等。图 4-27 是加入了 0.2mm 滞环和 0.1mm 死区后系统的结构框图。

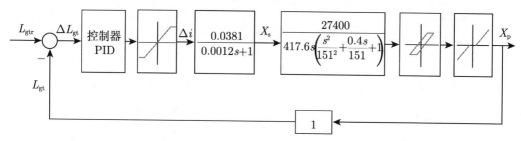

图 4-27 加入滞环和死区后的燃油计量阀小闭环控制回路结构框图

这里采用 Simulink 进行仿真，Simulink 仿真模型如图 4-28 所示。取 $K_p=15$，$K_i=2$，$K_d=0.1$。

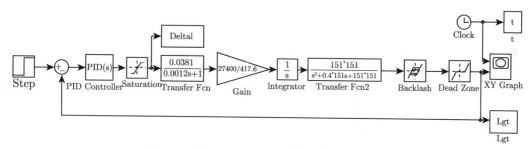

图 4-28 图 4-27 所示系统的 Simulink 仿真模型

仿真结果如图 4-29 所示。

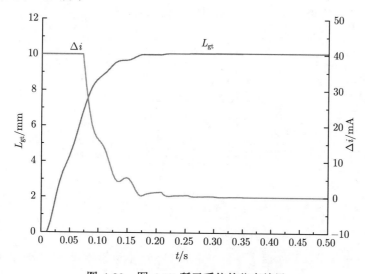

图 4-29 图 4-27 所示系统的仿真结果

习　　题

4.1　已知一采样控制系统如图 4-30 所示，输入为单位阶跃函数，采样周期 $T_s = 1\text{s}$，数字控制器的脉冲传递函数为 $D(z) = \dfrac{2.72z - 1}{z + 0.717}$，试求其输出在采样时刻的响应。

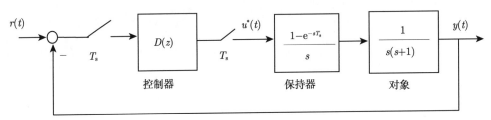

图 4-30　习题 4.1 图

4.2　已知一采样控制系统如图 4-31 所示，采样周期 $T_s = 2\text{s}$，数字控制器的脉冲传递函数为 $D(z) = \dfrac{0.063(z - 0.135)(z - 0.018)}{(z + 0.047)(z + 0.541)}$。

试编制仿真程序并通过实验求其在单位阶跃输入函数作用下在采样时刻的响应。

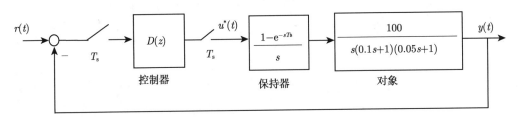

图 4-31　习题 4.2 图

4.3　已知计算机控制系统如图 4-31 所示。控制器为 PID 型。试写出仿真闭环系统的差分方程，编写仿真程序，并初步调试 PID 参数的值，通过仿真实验求其在单位阶跃输入函数作用下在采样时刻的响应。

4.4　已知某加热炉的温度控制系统如图 4-32 所示。已知 PID 控制器的传递函数为 $D(s) = K_p + \dfrac{K_i}{s} + K_d s$，$K_p = 3.75, K_i = 1.16, K_d = 0.8$，阶跃输入函数 $V_0 = 2V$，试对该系统进行数字仿真求加热炉温度 $y(t)$ 变化规律（计算步长为 0.05s，采样步长为 0.1s）。

4.5　已知某数字控制系统的脉冲传递函数为 $D(z) = \dfrac{z}{z^2 - 0.3z + 0.1}$，采样周期 $T_s = 0.02\text{s}$，现需要在 $T_s' = 0.1\text{s}$ 下进行仿真，求其差分方程，并分别对两种不同采样周期下的仿真模型进行数字仿真并比较结果。

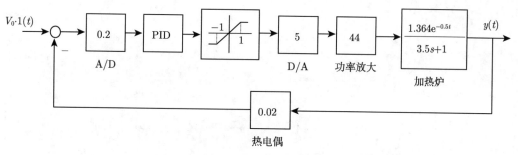

图 4-32 习题 4.4 图

第5章 控制系统优化技术

系统仿真是将已知的或正在设计中的系统建成能在计算机上运行的模型并在计算机上运行的过程。它是分析、设计系统的一种重要的实验手段。在系统设计时，人们总是希望设计出来的控制系统能满足一定的工程技术要求 (数学表达式即为约束条件)，并且按某一给定性能指标评定是最好的。这就是所谓的控制系统的最优化问题。

下面举几个例子进一步说明最优化问题。

(1) 安排教学计划方面，在现有师资力量、教学设备、后勤保障条件下，如何合理地安排教学计划，使设备利用率最高。

(2) 配料方面，如何合理地配料，在保证质量的前提下，使成本最低。

(3) 交通运输方面，如火车由甲城市开往乙城市，在保证安全行驶的前提下，如何使时间和燃料消耗最省。

(4) 国防方面，如多级火箭的发射问题，如何在规定的时间内烧完规定的燃料，使之达到最大速度，或在规定的时间内按某一定的速度规律飞行，而且燃料最省。又如，潜艇的最速沉降问题，作用于潜艇上的垂直力应如何随时间变化，使潜艇在满足某些限制条件下沉降到给定深度而且所经历的时间为最短。

(5)PID 自动控制系统中，如何合理地选择 PID 控制器，使自动控制系统在满足某给定的约束条件下，按某一给定的性能指标评定是最好的。

上述例子说明，无论在生产、生活或科研领域中都存在最优化问题，而且在最优化问题中都有一个最优指标的要求以及若干个给定条件。就控制系统而言，就是指在某些客观条件限制下，使某个性能指标达到极小 (或极大) 值的系统。即对这个性能指标来说，它是实际上可能达到的最好结果。目前在控制理论中，各类最优控制问题得到了极大的重视，因为人们总是希望在现有的条件下，通过自身的努力，最充分地发挥设备的潜力，以最小的代价能最好地完成控制任务。控制系统最优化的实质就是在确定的客观条件下选择一个控制器 (包括结构和参数选择)，使系统的特性相对于所提出的性能指标而言是最好的。因此控制系统最优化问题首先要解决的问题是怎样选择性能指标，按什么原则来确定控制器的参数才能使系统的性能达到最优；性能指标与系统的动特性有什么关系？这是本章要介绍的一个内容，另外还要介绍与控制系统优化有关的参数最优化方法、黄金分割法、二次插值法等各种方法。

5.1　控制系统最优化问题概述

对于自动控制系统，最优化问题一般是指如何最优地确定控制器的结构参数，或者如何对一给定的被控对象施加一控制作用使其具有最优的指标函数。通常前者称为参数优化问题，或称为静态寻优问题，数学上称为有穷维最优化问题，即所谓的函数求极值问题，它的主要目的是寻求系统的一组最优参数的组合；后者则称为函数最优化问题或动态寻优问题，数学上称为无穷维最优化问题。从本质上讲，控制系统的函数最优化问题就是控制系统的最优控制问题，它的目的是寻求某一最优控制函数，使系统的某种性能指标最优。

5.1.1　参数最优化

在控制系统中，如果被控对象已知，控制器的结构形式已确定，适当地选择调节器的结构参数，使系统的特性相对于某个给定的性能指标是最优的，这就是参数最优化问题。

如图 5-1 所示，在某个给定输入函数 R 作用下，要求寻找最优控制器结构参数，使给定的性能指标为最小。若控制器有 n 个可调参数 $x_1, x_2, \cdots, x_n$，显然上述性能指标是这些参数的函数，即 $J = J(\boldsymbol{x})$，其中 $\boldsymbol{x} = [x_1, x_2, \cdots, x_n]^{\mathrm{T}}$。参数优化问题本质上是在无约束条件或有约束条件下，找出一组 $\boldsymbol{x}^* = [x_1^*, x_2^*, \cdots, x_n^*]^{\mathrm{T}}$，使性能指标 $J(\boldsymbol{x}) \to J_{\min}(\boldsymbol{x})$（或 $J_{\max}(\boldsymbol{x})$）。

【例 5-1】　某反馈控制系统如图 5-2 所示。R 为单位阶跃输入函数，要求选择 K 使系统的过渡过程时间最短，即性能指标为

$$J(K^*) = t_{\mathrm{s}} \to \min$$

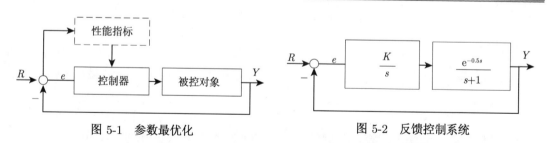

图 5-1　参数最优化　　　　　　　　　　　　图 5-2　反馈控制系统

对于这样一个参数寻优问题，若是采用解析法来求使性能指标取极小值的 K^*，问题就很复杂，因为这种带纯时延环节的二阶系统，在阶跃函数作用下，过渡过程时间 t_{s} 对 K 的解析表达式难以写出。若是采用前面介绍的仿真技术，在控制器结构参数 K 的所有可能值的范围内，将其 n 等分，然后分别取各个 K_i 值对系统进行仿真，算出各个 K_i 值对应的过渡过程时间，同时对各个过渡过程时间进行比较，就可以得出最小 t_{s} 及其对应的最优 K^* 值。

5.1.2　函数最优化

在被控对象已知的情况下，要寻找某一类最优的控制函数 $u^*(t)$，以使系统的给定性能

指标为最小，这就是函数最优化问题。这类问题还包括寻找控制器的最优结构形式和参数。如果性能指标 $J(u)$ 对于某一类控制函数中的每一个函数 $u(t)$ 都有一定值与之对应，那么就称 $J(u)$ 为依赖于函数的泛函，记为

$$J = J[u(t)]$$

函数最优化问题，从数学上讲就是求泛函 $J[u(t)]$ 的极值问题。

【例 5-2】　　有一个二阶系统如图 5-3 所示，要求系统的输出 y_2 从状态 y_{02} 变化到状态 y_2 的过渡过程中偏离终值最小，并且控制作用也最小，求控制规律 $u(t)$。

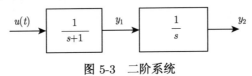

图 5-3　二阶系统

由题可知，对控制系统的要求是输出状态的变化既要快，又要控制作用小，即最省能源，这时性能指标可以取为

$$J = \int_{t_0}^{\infty} \left[(y_2(t) - y_{02})^2 + \rho u^2(t) \right] \mathrm{d}t$$

问题就归结为如何选择 $u(t)$ 使性能指标泛函 J 取极小值。系统的初始状态可给定为

$$y_1(t_0) = y_{01}, \quad y_2(t_0) = y_{02}$$

在最优控制理论中求解函数最优化的方法有变分法、极大值原理和动态规划等，本题采用变分法求得最优控制函数为

$$u(t) = A\mathrm{e}^{-1.35} \left[-1.96\cos(1.15t + \alpha) - 0.85\sin(1.15t + \alpha) \right]$$

式中

$$A = \sqrt{y_{02}^2 + (0.867y_{01} + 1.173y_{02})^2}$$

$$\alpha = \arctan \frac{y_{02}}{0.867y_{01} + 1.173y_{02}}$$

此外，泛函 J 中的 ρ 为一参数，称为罚因子或代价因子，ρ 越大，表示对控制函数的限制越强，反之就越弱。

在数值计算中，通常是将函数优化问题转化为参数优化问题加以解决。同时在控制系统最优化问题中基本问题是参数最优化问题，所以本章主要内容是介绍参数最优化问题。

5.1.3　参数最优化的解法

1. 间接法（又称解析法）

这种寻优方法是根据普通极值存在的充要条件来寻优的，首先要求将一个优化问题用数学方程式来描述，即写出由可调参数表达的性能指标，然后按照函数极值存在的必要条件，以数学分析方法求出解析解，再按极值存在的充分条件确定最优解。若性能指标取为 $J(x) = \int_0^t \mathrm{e}^2 \mathrm{d}t$，并且 $J(x)$ 可表示为 x 的函数，其中 $\boldsymbol{x} = [x_1, x_2, \cdots, x_n]^{\mathrm{T}}$ 为可调参数，由

$J'(x) = 0$ 确定极值存在对应的 x 表示为 $\boldsymbol{x}^* = [x_1^*, x_2^*, \cdots, x_n^*]^{\mathrm{T}}$，再由 $J''(x)$ 大于 (或小于) 零确定 $\boldsymbol{x}^*$ 一组结构参数所对应的 $J(x)$ 是取极大值或极小值。这种方法应用的前提条件是目标函数的解析表达式必须简单而又明确地给出。然而在这一点上，对于工程实际问题往往是很困难的。所以这种方法应用较少。

2. 直接法 (又称搜索法)

这种方法是从可调参数 $\boldsymbol{x} = [x_1, x_2, \cdots, x_n]^{\mathrm{T}}$ 的空间中，根据某种运算规律，一步一步地计算目标函数 $J(x)$ 的数值，然后从中比较出最小 (或最大) 的 $J^*(\boldsymbol{x}^*)$ 所对应的 $\boldsymbol{x}^* = [x_1^*, x_2^*, \cdots, x_n^*]^{\mathrm{T}}$。

这种方法的寻优步骤如图 5-4 所示。

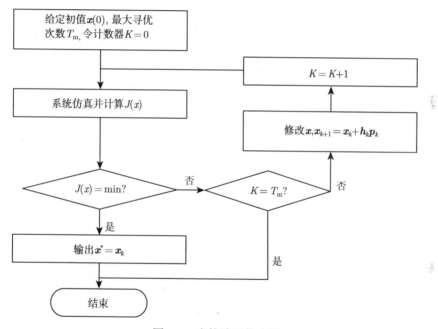

图 5-4　直接法寻优步骤

由图 5-4 可知，控制系统的参数寻优的直接方法基本包含两大内容：一是系统仿真；另一个是按照某种规律来修改控制器的结构参数 $\boldsymbol{x}$。为了实现控制系统的最优设计和最优控制，必须把优化过程与系统仿真过程结合起来，经过反复多次的仿真和参数寻优才能取得最好的效果。因此，通过控制系统参数优化问题的实例，可以揭示控制系统参数优化与系统仿真的密切关系。这种方法的特点是重复计算量很大，但在数字计算机或其他仿真设备的辅助之下，是不难完成这项工作的，并且可以获得精确的最优结果。

5.2　性　能　指　标

5.2.1　性能指标的一般概念

评定一个系统是否最优，必须有一个标准，尤其在控制系统设计中，要使系统满足所给定的性能要求，并获得最优性能，也必须确定一个评价指标，这就是所谓的性能指标或性能准则。一般来说，在讨论最优这个概念时，必须同时说明在哪个意义下，即对什么性能而言的最优。

在实际的控制系统中，性能指标都是具有实际物理含义的，如最速响应、最低能耗、最大效率等。为了把性能指标以数学形式来表达，实际系统的这种物理含义必须转换成相应的品质指标，如超调量、过渡过程时间、频带宽度、误差方差等。这种转换是进行控制系统最优化设计的第一步，也是必不可少的一步。

5.2.2   性能指标的分类

性能指标通常被分为时域性能指标、误差性能指标和复合型性能指标三类。

1. 时域性能指标

时域性能指标有超调量、过渡过程时间、振荡次数等。实际上，无论单独采用上面指标中的哪一项都不能全面地衡量系统的优良度。而系统设计往往要在这几项指标之间 —— 如超调量和过渡过程时间 —— 权衡折中，来适当选取参数以兼顾几方面的要求，因此就需要同时确定几个性能指标，在参数寻优过程中往往显得烦琐且不方便，一般工程设计中都是采用一个性能指标，这时可以采用以下处理方法。

(1) 以一项指标为性能指标，而其余为约束条件。例如，要求系统的调节时间最短，且超调量小于某给定值 $\hat{\delta}$，则性能指标可选为

$$J(x) = t_{\mathrm{s}} \to \min$$

约束条件就可选为 $H(x) = \delta - \hat{\delta} \leqslant 0$。

这样仅当所选择的设计参数 $\boldsymbol{x} = [x_1, x_2, \cdots, x_n]^{\mathrm{T}}$ 满足了约束条件，即超调量小于给定值，同时又使性能指标取最小值，则所设计的系统是最速系统，即在典型输入函数作用下，系统的动态响应过渡时间最短。

(2) 对几项性能加权综合形成一个性能指标。如系统对过渡过程时间 t_{s}、上升时间 t_{r}、超调量 δ 以及振荡次数 N 要求分别小于 $\hat{t}_{\mathrm{s}}$、$\hat{t}_{\mathrm{r}}$、$\hat{\delta}$ 和 $\hat{N}$。则性能指标可以取为

$$J(x) = \left(W_1 \frac{t_{\mathrm{s}}}{\hat{t}_{\mathrm{s}}} + W_2 \frac{t_{\mathrm{r}}}{\hat{t}_{\mathrm{r}}} \right) (1 + \rho_1 D_1)(1 + \rho_2 D_2)$$

式中

$$D_1 = \begin{cases} 0, & \delta \leqslant \hat{\delta} \\ \delta - \hat{\delta}, & \delta > \hat{\delta} \end{cases}$$

$$D_2 = \begin{cases} 0, & N \leqslant \hat{N} \\ N - \hat{N}, & N > \hat{N} \end{cases}$$

W_1 和 W_2 为加权系数，并且有 $W_1 + W_2 = 1$。加权系数的大小表示对某项指标的重视程度，加权系数越大，表示对相应的指标要求越高，反之则要求越低。若是对 t_{s} 和 t_{r} 同等要求，则取 $W_1 = W_2 = 0.5$。D_1 是保证超调量满足要求的量，D_2 是保证振荡次数满足要求的量。ρ_1 和 ρ_2 是远大于 1 的系数，称为罚因子或代价因子，如果超调量和振荡次数两者中有任何一

项不满足要求，则性能指标会因 D_1 或 D_2 大于零而急骤增大。从这种性能指标还可以看出，若 $J(x) > 1$，则在诸项性能指标中至少有一项未达到给定的要求。

(3) 双性能指标。在寻优过程中，将一个性能指标暂取为约束条件，如果使另一个性能指标取极值的结构参数 $\boldsymbol{x} = [x_1, x_2, \cdots, x_n]^{\mathrm{T}}$ 不能满足这个约束条件，则把约束条件和性能指标对换，即原来的性能指标改做约束条件，原来的约束条件改做性能指标，然后再进行参数寻优。如此反复，直到被寻的结构参数使性能指标取极值同时又满足约束条件为止。

在控制系统设计中，用时域指标来描述系统性能，在工程上比较直观，也容易实验，但往往需用几项指标才能较全面地评定一个系统，这在系统的优化设计中显得欠方便。因而就促使人们去寻求一种统一的标准，也就是能否仅用一个 "数" 来表示系统的 "优良程度"？下面将要介绍的误差性能指标 (准则) 就是这样一种表示系统 "优良程度" 的一个统一且全面的衡量指标，它是评定系统性能 "优良程度" 的一个 "数"。

2. 误差性能指标

1) 误差平方积分 (ISE)

$$\int_0^\infty e^2(t)\mathrm{d}t$$

由于这个积分比较容易计算且容易实验，所以当输入量为阶跃函数或随机函数时常常采用这种性能指标。该性能指标的特点是着重考虑大的误差，而较少考虑小的误差，因为大的误差平方后更大，在积分中占主导地位，因而用这种指标找到的最优系统通常是大的起始误差迅速减小，反应较快，但超调量和振幅较大，并且选择性较差，即参数的最优值与非最优值对系统性能指标的影响不显著。如图 5-5 中曲线 1 所示，该组曲线用本小节介绍的性能指标对 I 型系统来选择 ζ 的最优值。

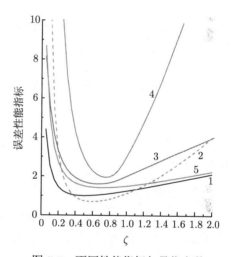

图 5-5　不同性能指标与最优参数

$$\Phi(s) = \frac{1}{s^2 + 2\zeta s + 1}$$

图 5-5 中曲线 1 所对应的 ζ 最优值在 0.5 附近，而且在 0.5~0.7，性能指标 J 的变化比较平坦，故说它的选择性不好。

2) 时间乘误差平方积分 (ITSE)

$$\int_0^\infty te^2(t)\mathrm{d}t$$

该性能指标的特点是对起始误差考虑较少，而着重考虑过渡过程后期出现的误差，采用这个准则对上述 I 型二阶系统来选择 ζ，结果如图 5-5 中曲线 2 所示，ζ 的最优值在 0.6 附近，并且有较好的选择性，用该性能指标选择系统参数可获得快速性和精确度均能满足要求的系统。

3) 绝对误差积分 (IAE)

$$\int_0^\infty |e(t)|\,\mathrm{d}t$$

该性能指标的特点是无论大的或小的误差，也无论早期或晚期出现的误差均同等对待。

4) 时间乘绝对误差积分 (ITAE)

$$\int_0^\infty t\,|e(t)|\,\mathrm{d}t$$

该性能指标的特点与前两种性能指标特点基本相近，由于采用了误差绝对值，所以更便于计算机寻优。

图 5-5 中曲线 3 和 4 分别表示用 IAE 准则和 ITAE 准则对同样的 I 型二阶系统寻最优的 ζ 值，曲线 3 所示的最优 ζ 值在 0.6～0.7，曲线 4 所示的最优 ζ 值在 0.7 附近，曲线 5 以 $\int_0^\infty [e^2(t) + \dot{e}^2(t)]\,\mathrm{d}t$ 为性能指标，它们所显示的最佳 ζ 值均在 0.707 附近。

3. 复合型性能指标

如果对于一个系统不仅有品质上的要求，而且在经济方面也有要求，那么设计这种系统的性能指标时就必须加上有关经济性方面的限制，这时就形成了所谓的复合型性能指标，它更具有实际意义。

例如，对某控制系统的要求不仅是最速响应系统，而且是最省能源系统，这时就可构造如下形式的性能指标：

$$\int_0^\infty \left\{ [y(t) - y(t_0)]^2 + \rho u(t) \right\}\,\mathrm{d}t$$

式中，第一项表示系统的状态转移时的偏差。一般来说，偏差最小就可能有最快响应；第二项表示控制作用，对控制作用要求最小，或对物理含义而言，往往表示加给系统的能源最少。

5.2.3　性能指标的选择原则

(1) 有效性：性能指标必须是设计参数的函数，并存在唯一的最佳值。

(2) 选择性：设计参数的最优值与非最优值对性能指标的影响有明显的区别，或者说在设计参数最优点附近灵敏度要高。

(3) 可测性：性能指标应便于测量和运算。

(4) 实现性：性能指标应有物理意义，并根据性能指标设计出来的系统必须是物理上可实现的。

5.3　单参数寻优技术

单参数寻优技术是多参数寻优技术的基础，不少多参数寻优问题往往归结为反复地求解一系列单参数寻优问题。

常用的单参数寻优方法主要有消去法和近似法。

消去法的基本思路是逐步缩小搜索的区间,任取两点或三点,计算它们的函数值并加以比较,舍去函数较大点的外侧,总可以把搜索区间逐渐缩小。搜索的方法有很多,有间隔分割法、黄金分割法 (又称 0.618 法)、Fibonacci 法等。衡量这些方法的标准是能以最少次计算目标函数而使搜索区间由初始范围缩小到允许的误差范围,以便使得所求的近似最优点在允许的误差范围内。其中,黄金分割法的计算次数最少,而且计算过程又最简单,是最常用的一种方法,下面就对这种方法进行介绍。近似法是用一个插值多项式来拟合目标函数,即在寻求目标函数极小值的区间内,利用若干点处的目标函数值构成低次插值多项式,并作为求极小值函数的近似表达式,用这个多项式的极小值作为目标函数极小值的近似值。

5.3.1　黄金分割法

假设在已知区间 $[a_0, b_0]$ 内,目标函数 $J(x)$ 存在一个极小值如图 5-6 所示。为了尽快地找到该极小值对应的 x^* 点,可以在距 a_0、b_0 各为 $\lambda(b_0 - a_0)$ 处找两点 x_1 和 x_2,为叙述方便,设 $b_0 - a_0 = L$,$\lambda(b_0 - a_0) = m_0$,如果分割的比例满足

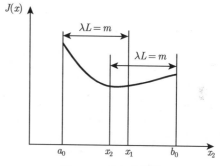

图 5-6　黄金分割法

$$\frac{m}{L} = \frac{L - m}{m} = \lambda$$

则称这种分割为黄金分割。其中,λ 称为黄金分割比,由上式不难得出 $\lambda = 0.618$。

然后分别计算 x_1 和 x_2 点的目标函数 $J_1(x_1)$ 和 $J_1(x_2)$ 并进行比较,如果 $J_1(x_1) > J_1(x_2)$,则舍去 $x_1 b_0$ 段,令 $a_1 = a_0$,$b_1 = x_1$ 形成新区间 $[a_1, b_1]$,然后对这个新区间再在距 a_1、b_1 各为 $\lambda(b_1 - a_1)$ 处找两点,再分别计算新取两点的目标函数,再进行比较,如此反复循环,不断缩小被寻参数区间,直到寻出最小值为止。在区间内取点只要遵循以下规律:

$$\lambda = \frac{x_1^{(n)} - a_0^{(n)}}{b_0^{(n)} - a_0^{(n)}} = \frac{x_2^{(n)} - a_0^{(n)}}{x_1^{(n)} - a_0^{(n)}} = \frac{x_2^{(n+1)} - a_0^{(n+1)}}{x_1^{(n+1)} - a_0^{(n+1)}}$$

就能保证无论经过多少次舍去,保留点始终处于新区间的 0.618 处。上式中的上角标 (n) 表示循环次数。采用黄金分割法寻优仅在起始迭代时需要计算两个点的目标函数,在以后的迭代中就由计算两点的目标函数变为计算一个点的目标函数。这就在有限的迭代次数内减少了计算目标函数的次数,加快了寻优速度。黄金分割法流程图如图 5-7 所示。

【**例 5-3**】　利用黄金分割法求目标函数 $F(x) = 8x^3 - 2x^2 - 7x + 3$ 在区间 $[0,1]$ 上的最小值 $F_{\min}(x)$。

解　用计算机求解程序如下:

```
#include <math.h>
```

```
double F(double x)
{
 return 8*x*x*x-2*x*x-7*x+3;
}
main()
{
 double A0=0,B0=1,x1,x2,Jx1,Jx2,lan=0.618;
 int i=0;

 x1=A0+lan*(B0-A0);x2=B0-lan*(B0-A0);Jx1=F(x1);Jx2=F(x2);

 do
 {
  i++;
  if(Jx1>Jx2) { B0=x1;x1=x2;x2=B0-lan*(B0-A0);Jx1=Jx2;Jx2=F(x2);}
  else        { A0=x2;x2=x1;x1=A0+lan*(B0-A0);Jx2=Jx1;Jx1=F(x1);}
  printf("%3d x1=%6.4f x2=%6.4f Jx1=%10.7f Jx2=%10.7f\n",i,x1,
         x2,Jx1,Jx2);
 }while(fabs(x1-x2)>=0.0001);
}


 1 x1=0.7639 x2=0.6180 Jx1= 0.0518577 Jx2=-0.2016157
 2 x1=0.6180 x2=0.5279 Jx1=-0.2016157 Jx2=-0.0757300
 3 x1=0.6738 x2=0.6180 Jx1=-0.1773835 Jx2=-0.2016157
 4 x1=0.6180 x2=0.5836 Jx1=-0.2016157 Jx2=-0.1762545
 5 x1=0.6393 x2=0.6180 Jx1=-0.2022243 Jx2=-0.2016157
 6 x1=0.6525 x2=0.6393 Jx1=-0.1965891 Jx2=-0.2022243
 7 x1=0.6393 x2=0.6312 Jx1=-0.2022243 Jx2=-0.2033997
 8 x1=0.6312 x2=0.6261 Jx1=-0.2033997 Jx2=-0.2032512
 9 x1=0.6343 x2=0.6312 Jx1=-0.2031578 Jx2=-0.2033997
10 x1=0.6312 x2=0.6293 Jx1=-0.2033997 Jx2=-0.2034209
11 x1=0.6293 x2=0.6281 Jx1=-0.2034209 Jx2=-0.2033857
12 x1=0.6300 x2=0.6293 Jx1=-0.2034241 Jx2=-0.2034209
13 x1=0.6304 x2=0.6300 Jx1=-0.2034191 Jx2=-0.2034241
14 x1=0.6300 x2=0.6297 Jx1=-0.2034241 Jx2=-0.2034245
15 x1=0.6297 x2=0.6295 Jx1=-0.2034245 Jx2=-0.2034238
16 x1=0.6298 x2=0.6297 Jx1=-0.2034246 Jx2=-0.2034245
17 x1=0.6299 x2=0.6298 Jx1=-0.2034245 Jx2=-0.2034246
```

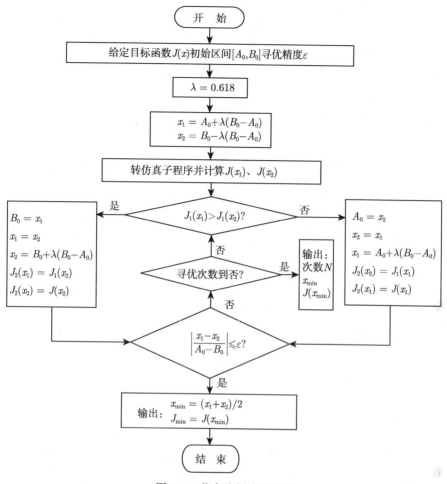

图 5-7　黄金分割法流程图

5.3.2　二次插值法

二次插值法 (又称近似法) 的实质是用一个二次插值多项式来拟合目标函数,即在寻求目标函数极小值的区间内,可以利用若干点处的目标函数值构成低次插值多项式 (如二次三项式)。利用它作为求极小值函数的近似表达式,并用这个多项式的极小值作为目标函数极小值的近似值。常用的插值多项式有二次或三次多项式。

用二次多项式来近似描述给定区间内目标函数的表达式,极小值的计算既简单又具有一定精度,所以应用较广。

1. 二次插值法计算公式

假设目标函数在区间 $[A_0, B_0]$ 内有极小点,且为单峰,在区间 $[A_0, B_0]$ 内任取三点 x_1、x_2、x_3,且有 $x_1 < x_2 < x_3$,如图 5-8 所示,并已知对应的目标函数为 $J(x_1)$、$J(x_2)$、$J(x_3)$。利用这三点的目标函数值作二次插值多项式,即令

$$P(x) = a_0 + a_1 x + a_2 x^2 \tag{5-1}$$

为所需的插值多项式，显然它应满足以下条件：

$$\begin{cases} P(x_1) = a_0 - a_1 x_1 + a_2 x_1^2 = J_1 \\ P(x_2) = a_0 - a_1 x_2 + a_2 x_2^2 = J_2 \\ P(x_3) = a_0 - a_1 x_3 + a_2 x_3^2 = J_3 \end{cases} \tag{5-2}$$

式中，a_1、a_2、a_3 为待定系数，可由式 (5-2) 确定，方法如下。

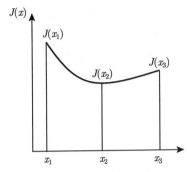

图 5-8   二次插值法

从式 (5-2) 中应用两相邻等式消去 a_0，可得 a_1、a_2 的方程组：

$$\begin{aligned} a_1(x_1 - x_2) + a_2(x_1^2 - x_2^2) = J_1 - J_2 \\ a_1(x_2 - x_3) + a_2(x_2^2 - x_3^2) = J_2 - J_3 \end{aligned} \tag{5-3}$$

由式 (5-3) 即可求得 a_1 和 a_2 分别为

$$a_1 = \frac{(x_2^2 - x_3^2)J_1 + (x_3^2 - x_1^2)J_2 + (x_1^2 - x_2^2)J_3}{(x_1 - x_2)(x_2 - x_3)(x_3 - x_1)} \tag{5-4}$$

$$a_2 = -\frac{(x_2 - x_3)J_1 + (x_3 - x_1)J_2 + (x_1 - x_2)J_2}{(x_1 - x_2)(x_2 - x_3)(x_3 - x_1)} \tag{5-5}$$

将式 (5-4) 和式 (5-5) 代入式 (5-2) 中任何一个等式即可求得 a_0，对式 (5-1) 求导并令其等于零得

$$P(x) = a_1 + 2a_2 x = 0 \tag{5-6}$$

所以有

$$x_{\min} = -\frac{a_1}{2a_2} \tag{5-7}$$

式 (5-7) 就是计算目标函数近似极小点的近似公式，将 a_1 和 a_2 代入式 (5-7) 得

$$x_{\min} = \frac{1}{2} \frac{(x_2^2 - x_3^2)J_1 + (x_3^2 - x_1^2)J_2 + (x_1^2 - x_2^2)J_3}{(x_2 - x_3)J_1 + (x_3 - x_1)J_2 + (x_1 - x_2)J_3} \tag{5-8}$$

如果取 x_1、x_2、x_3 三点等距离，即

$$x_3 - x_2 = x_2 - x_1 = h$$

则式 (5-8) 可化简为

$$x_{\min} = x_2 + \frac{h(J_1 - J_2)}{2(J_1 - 2J_2 + J_3)} \tag{5-9}$$

由于二次插值多项式仅是近似描述目标函数，在初始取定的 x_1、x_2、x_3 值的情况下，利用式 (5-8) 或式 (5-9) 求得第一次的 $x_{\min}^{(1)}$ 往往不能满足给定的精度要求，即

$$\left| x_{\min}^{(1)} - x_2 \right| \leqslant \varepsilon$$

或

$$\left| J(x_2) - J^{(1)}(x_{\min}) \right| \leqslant \varepsilon \tag{5-10}$$

式中，$\varepsilon > 0$，表示误差精度，则要缩小寻优区间进行第二次插值。具体做法是，如图 5-9(a) 所示，若 $J(x_2) > J^{(1)}(x_{\min})$，且 $x_2 < x_{\min}^{(1)}$，则舍去 $[x_1, x_2]$ 段；如图 5-9(b) 所示，若 $J(x_2) > J^{(1)}(x_{\min})$，且 $x_2 > x_{\min}^{(1)}$，则舍去 $[x_2, x_3]$ 段，然后在所留下的区间内重复以上内容再进行第二次插值，求出第二次近似的 $x_{\min}^{(2)}$，如此反复进行，直到求得的 $x_{\min}^{(n)}$ 满足精度要求为止。

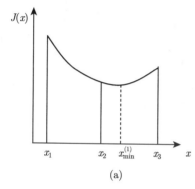 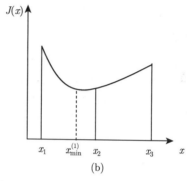

图 5-9　缩小寻优区间

2. 外推法确定极值存在的范围

由于极值点存在的范围事先并不知道，若随意任取三点进行插值，就可能出现在所选的三点范围内不存在函数的极值点，则插值将不收敛。这时作为寻优的第一步应该是确定极值存在的区间，方法如下。

从某点 x_1 开始，按步长 h 取 x_2 点，有

$$x_2 = x_1 + h$$

求目标函数 $J(x_1)$ 和 $J(x_2)$ 并进行比较，若 $J(x_1) > J(x_2)$，如图 5-10(a) 所示，则步长加倍取：

$$x_3 = x_2 + 2h$$
$$x_4 = x_3 + 4h$$
$$\vdots$$
$$x_k = x_{k-1} + 2^{k-2}h$$

求出各点处的目标函数 $J(x_i)$，并逐点进行比较，直到 $J(x_i)$ 增加为止。

若 $J(x_1) < J(x_2)$，则取

$$x_2 = x_1 - h$$

$$x_3 = x_2 - 2h$$

$$\vdots$$

$$x_k = x_{k-1} - 2^{k-2}h$$

求出上述各点处的目标函数 $J(x_i)$，并逐点进行比较，直到 $J(x_i)$ 增加为止，如图 5-10(b) 所示。对于凹函数，极值点 x^* 必落在 $[x_k, x_{k-2}]$ 区间内，即 $x_{k-2} < x^* < x_k$，根据以上取点规律，必有如下关系：

$$x_k - x_{k-1} = 2(x_{k-1} - x_{k-2})$$

此时若在 x_{k-1} 与 x_k 之中点进行 $k+1$ 点插值得

$$x_{k+1} = (x_{k-1} + x_k)/2 \tag{5-11}$$

这样共得四个等距的点 x_{k-2}、x_{k-1}、x_{k+1}、x_k，令它们之间的距离为 L，当 $J(x_1) > J(x_2)$ 时，$L = 2^{k-3}h$；当 $J(x_1) < J(x_2)$ 时，$L = 2^{k-4}h$。计算并比较这四个目标函数值，将其中最小的作为中间点 x_c，并取 $x_a = x_c - L$，$x_b = x_c + L$，这样就得到 x_a、x_c、x_b 三点，极值存在区间为 $[x_a, x_b]$，其余点舍去，在此基础上，就可以进行插值运算。

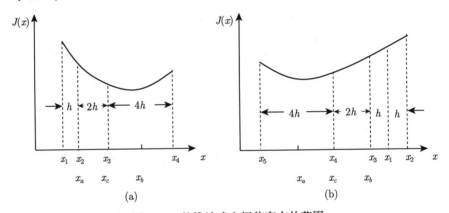

图 5-10 外推法确定极值存在的范围

3. 外推二次插值法程序框图及清单 (见程序 5-1)

图 5-11 由两部分组成，图 5-11(a) 为外推法求最优点存在的区间，图 5-11(b) 为二次插值法寻求近似的最优点。图中，x_0 为给定的初始点，h 为步长，E 为收敛精度。

对于函数：

$$f(x) = x^4 - 5x^3 + 4x^2 - 6x + 60$$

程序运行结果如下：

n=3,N=4,x=3.279577,J=22.659008

其中，n 为外推次数，N 为插值次数。

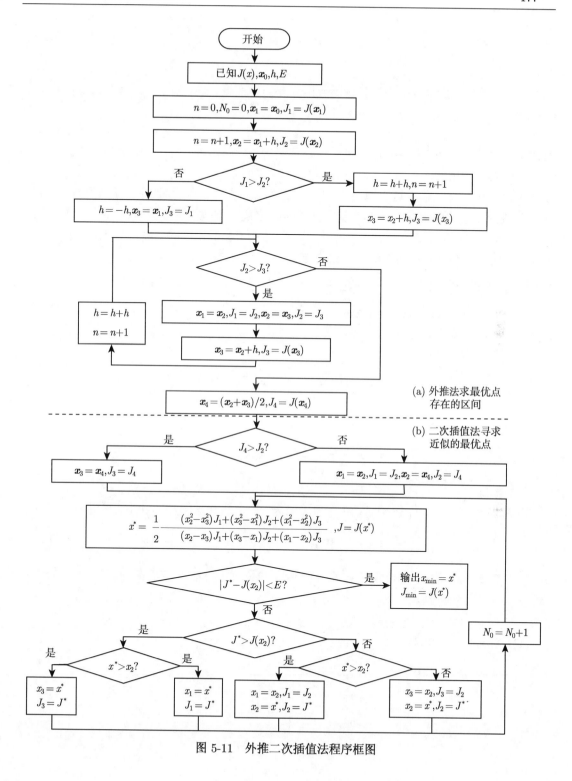

图 5-11　外推二次插值法程序框图

5.4 无约束条件下多参数寻优技术

在单参数寻优技术中, 由于目标函数中只有一个变量, 即 $J = J(x)$, 因此只要在一维空间中搜索最优参数就可以了。而多变量目标函数 $J = J(\boldsymbol{x})$, 其中 $\boldsymbol{x} = [x_1, x_2, \cdots, x_n]^{\mathrm{T}}$, 就要在 n 维空间中寻找一组最优参数 $\boldsymbol{x}^* = [x_1^*, x_2^*, \cdots, x_n^*]^{\mathrm{T}}$。因此多变量寻优技术比单变量寻优技术复杂得多。它除了和单变量寻优一样有寻优步长问题以外, 还有一个更为重要的寻优方向 p_k 的选择问题。

解决多参数寻优问题可以有两种方法: ①间接寻优法, 众所周知, 目标函数的梯度方向是函数变化最快的方向, 利用梯度提供的信息来确定寻优方向就是间接寻优法的基础; ②直接寻优法, 如果目标函数没有明确的数学表达式或目标函数的梯度不易求得, 就可采用此法, 后面将要介绍的单纯形法属于此类方法。

5.4.1 多变量函数的极值条件和间接寻优

设 $\boldsymbol{F}(\boldsymbol{x})$ 为定义在 n 维欧氏空间内的 n 维函数, 向量 $\boldsymbol{x}$ 的分量 $x_1, x_2, \cdots, x_n$ 就是多元函数 $\boldsymbol{F}(\boldsymbol{x})$ 的自变量。设 $\boldsymbol{x}^* = [x_1^*, x_2^*, \cdots, x_n^*]^{\mathrm{T}}$ 为一组极值点, 则 $\boldsymbol{F}(\boldsymbol{x})$ 可以在该点附近进行泰勒级数展开:

$$\boldsymbol{F}(\boldsymbol{x}) = \boldsymbol{F}(\boldsymbol{x}^*) + \sum_{i=1}^{n} \frac{\partial \boldsymbol{F}(\boldsymbol{x}^*)}{\partial x_i} \Delta x_i + \frac{1}{2} \sum_{i,j=1}^{n} \frac{\partial^2 \boldsymbol{F}(\boldsymbol{x}^*)}{\partial x_i \partial x_j} \Delta x_i \Delta x_j + \cdots \tag{5-12}$$

式中

$$\Delta x_i = x_i - x_i^*, \quad i = 1, 2, \cdots, n$$

$$\Delta x_j = x_j - x_j^*, \quad j = 1, 2, \cdots, n$$

当式 (5-12) 中 Δx_i、Δx_j 很小时, 高次项可略去, 用向量和矩阵形式表示, 可以简写为

$$\boldsymbol{F}(\boldsymbol{x}) = \boldsymbol{F}(\boldsymbol{x}^*) + [\nabla \boldsymbol{F}(\boldsymbol{x}^*)]^{\mathrm{T}} \Delta \boldsymbol{x} + \frac{1}{2} \Delta \boldsymbol{x}^{\mathrm{T}} \boldsymbol{H}(\boldsymbol{x}^*) \Delta \boldsymbol{x} \tag{5-13}$$

式中, $\nabla \boldsymbol{F}(\boldsymbol{x}^*)$ 是 $\boldsymbol{F}(\boldsymbol{x})$ 在 $\boldsymbol{x}^*$ 处的一阶偏导数, 也称梯度; $\boldsymbol{H}(\boldsymbol{x}^*)$ 是 $\boldsymbol{F}(\boldsymbol{x})$ 在 $\boldsymbol{x}^*$ 处的二阶偏导数, 即 Hessian 阵。

多元函数极值存在的条件如下。

(1) 梯度为零 (必要条件):

$$\nabla^{\mathrm{T}} \boldsymbol{F}(\boldsymbol{x}^*) = \begin{bmatrix} \dfrac{\partial F(x)}{\partial x_1} \\[2mm] \dfrac{\partial F(x)}{\partial x_2} \\[2mm] \vdots \\[2mm] \dfrac{\partial F(x)}{\partial x_n} \end{bmatrix} = 0 \tag{5-14}$$

即每个一阶偏导数均需为零, 凡满足式 (5-14) 的点称为驻点。

(2) Hessian 阵为正定矩阵 (充分条件)。

若 $\boldsymbol{x}^*$ 为 $\boldsymbol{F}(\boldsymbol{x})$ 的一个驻点,将式 (5-15) 代入式 (5-13),移项后得

$$\boldsymbol{F}(\boldsymbol{x}) - \boldsymbol{F}(\boldsymbol{x}^*) = \frac{1}{2}\Delta\boldsymbol{x}^{\mathrm{T}}\boldsymbol{H}(\boldsymbol{x}^*)\Delta\boldsymbol{x} \tag{5-15}$$

欲使 $\boldsymbol{x}^*$ 为极小点就要在 $\boldsymbol{x}^*$ 附近满足

$$\boldsymbol{F}(\boldsymbol{x}) - \boldsymbol{F}(\boldsymbol{x}^*) > 0 \tag{5-16}$$

即

$$\Delta\boldsymbol{x}^{\mathrm{T}}\boldsymbol{H}(\boldsymbol{x}^*)\Delta\boldsymbol{x} > 0 \tag{5-17}$$

这就说明,在 $\boldsymbol{x}^*$ 点处的 Hessian 阵 $\boldsymbol{H}(\boldsymbol{x}^*)$ 为正定矩阵,因此可以利用 $\boldsymbol{x}^*$ 处的 Hessian 阵性质来判定驻点是否为极值点。

按照上述函数极值存在的必要条件与充分条件求极值的方法称为间接法。下面介绍的最速下降法和共轭梯度法均属于此方法。

5.4.2　最速下降法

1. 最速下降法的基本思想

设 $\boldsymbol{x} = [x_1, x_2]^{\mathrm{T}}$ 是一个二维向量,目标函数 $\boldsymbol{F}(\boldsymbol{x})$ 是一个二维正定二次函数,此时可将 $\boldsymbol{F}(\boldsymbol{x})$ 形象地视为山的高度,当 $\boldsymbol{F}(\boldsymbol{x})$ 等于某一个常数时,可以在 x_1x_2 平面上画一组等高线,如图 5-12 所示。

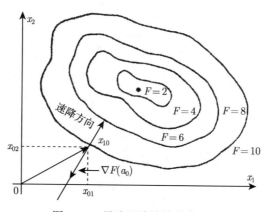

图 5-12　最速下降法的基本思想

二元函数求极值问题,可以用爬山来比喻,求极大值就好比登上山顶,求极小值就好比下到谷底。图 5-12 中,x_0 点为初始点,$\boldsymbol{x}^*$ 为山的谷底,现在首要的问题是如何确定一个有利的搜索方向 (下山方向),以便使下山进行得更快。当然,最理想的是能从起始点 x_0 找到一个方向,沿此方向一次寻优到位,可是目标函数寻优时,事先并不知道极值点的位置,因此也就不知道沿哪个方向前进为好,因此二维函数寻优问题更恰当的比喻是盲人下山。盲人只能依靠手中的竹竿在他所在的位置前后左右探索,试探着前进,哪个方向最陡、哪个方向下山最快,就沿此方向前进一步,而后在新的位置上再重复如上方法,又找出新的下山方向,

如此重复进行，盲人就可能以最短的路径下到谷底。这种寻找最速下降方向作为搜索方向，一步一步逼近最优点的思想就是最速下降法的基本思想。

2. 最速下降法的计算步骤

(1) 从给定的初始点 x_k 出发，先求该点目标函数的梯度，以其负方向作为该点的搜索方向 $\boldsymbol{p}_k$；

(2) 在负梯度方向 $\boldsymbol{p}_k = -\nabla \boldsymbol{F}(x_k)$ 上进行一维搜索，寻求最佳步长 h_k^*，使在 $\boldsymbol{p}_k$ 方向上的目标函数值最小，即 $\boldsymbol{F}(\boldsymbol{x}_k + h_k^* \boldsymbol{p}_k) = \min(\boldsymbol{x}_k + h_k \boldsymbol{p}_k)$；

(3) 一旦找到了 h_k^*，就得到一个新点 $\boldsymbol{x}_{k+1} = \boldsymbol{x}_k + h_k^* \boldsymbol{p}_k$，然后以 $\boldsymbol{x}_{k+1}$ 点作为新的起点重复以上步骤，直到满足给定的精度要求为止，即

$$|\nabla \boldsymbol{F}(\boldsymbol{x}_{k+1}) - \nabla \boldsymbol{F}(\boldsymbol{x}_k)| \leqslant \varepsilon$$

一般的计算关系式如下。

若出发点为 $\boldsymbol{x}_k$，该点的目标函数为 $\boldsymbol{F}(\boldsymbol{x}_k)$，则该点的搜索方向为

$$\boldsymbol{p}_k = -\nabla \boldsymbol{F}(\boldsymbol{x}_k) \tag{5-18}$$

单位向量：

$$\boldsymbol{e}_k = \boldsymbol{p}_k / \|\boldsymbol{p}_k\| \tag{5-19}$$

确定最优步长：

$$\boldsymbol{F}(\boldsymbol{x}_{k+1}) = \boldsymbol{F}(\boldsymbol{x}_k + h_k^* \boldsymbol{p}_k) = \min(\boldsymbol{x}_k + h_k \boldsymbol{p}_k) \tag{5-20}$$

下一步位置：

$$\boldsymbol{x}_{k+1} = \boldsymbol{x}_k + h_k^* \boldsymbol{p}_k \tag{5-21}$$

式中，$\|\boldsymbol{p}_k\|$ 为梯度向量的模，其值为

$$\|\boldsymbol{p}_k\| = \sqrt{\sum_{i=1}^{n} x_i^2}$$

h_k^* 为在 $\boldsymbol{p}_k$ 方向上的最优步长，可由下式确定：

$$\frac{\mathrm{d}\boldsymbol{F}(\boldsymbol{x}_{k+1})}{\mathrm{d}h} = 0$$

控制迭代的精度要求可以表示为

$$|\boldsymbol{F}(\boldsymbol{x}_{k+1}) - \boldsymbol{F}(\boldsymbol{x}_k)| \leqslant \varepsilon$$

最速下降法的程序框图如图 5-13 所示。

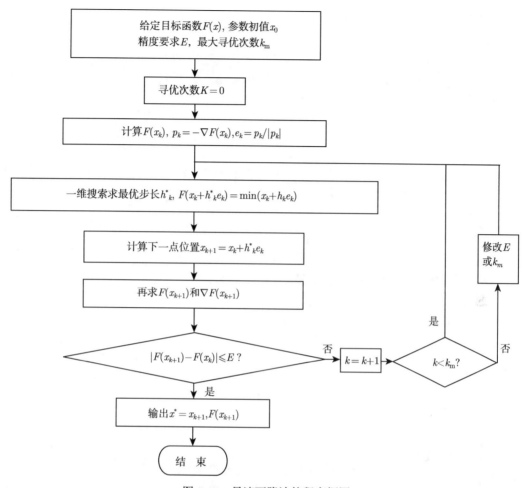

图 5.13　最速下降法的程序框图

【例 5-4】　已知目标函数为 $F(x) = x_1^2 - 10x_1 - x_1x_2 - 4x_2 + x_2^2 + 60$, 初始点为 $\boldsymbol{x} = \begin{bmatrix} 0 & 0 \end{bmatrix}^{\mathrm{T}}$, 试用最速下降法求其最小值。

解　(1) 求目标函数的梯度:

$$\boldsymbol{p}_0 = -\nabla \boldsymbol{F}(\boldsymbol{x}) = \begin{bmatrix} p_{01} \\ p_{02} \end{bmatrix} = -\begin{bmatrix} 2x_1 - x_2 - 10 \\ 2x_2 - x_1 - 4 \end{bmatrix} = \begin{bmatrix} 10 \\ 4 \end{bmatrix}$$

(2) 求单位向量:

$$\|\boldsymbol{p}_0\| = \sqrt{p_{01}^2 + p_{02}^2} = \sqrt{10^2 + 4^2} = 10.770$$

$$\boldsymbol{e} = \begin{bmatrix} e_{01} \\ e_{02} \end{bmatrix} = \begin{bmatrix} p_{01}/\|\boldsymbol{p}_0\| \\ p_{02}/\|\boldsymbol{p}_0\| \end{bmatrix} = \begin{bmatrix} 0.928 \\ 0.371 \end{bmatrix}$$

(3) 在 $\boldsymbol{p}_0$ 方向上确定最佳步长 h_0^*。

①先写出下一点的目标函数：

$$\boldsymbol{F}(\boldsymbol{x}_0 + h_0\boldsymbol{p}_0) = (x_{01} + h_0e_{01})^2 - 10(x_{01} + h_0e_{01}) - (x_{01} + h_0e_{01})(x_{02} + h_0e_{02})$$
$$- 4(x_{02} + h_0e_{02}) + (x_{02} + h_0e_{02})^2 + 60$$

整理后得

$$\boldsymbol{F}(\boldsymbol{x}_0 + h_0\boldsymbol{p}_0) = (e_{01}^2 + e_{02}^2 - e_{01}e_{02})h_0^2 - (e_{01}x_{02} + e_{02}x_{01}$$
$$+ 10e_{01} + 4e_{02} - 2e_{01}x_{01} - 2e_{02}x_{02})h_0$$
$$+ (x_{01}^2 - 10x_{01} - x_{01}x_{02} - 4x_{02} + x_{02}^2 + 60)$$

② 令

$$\frac{\mathrm{d}\boldsymbol{F}(\boldsymbol{x}_0 + h_0\boldsymbol{p}_0)}{\mathrm{d}h} = 0$$

$$h_0^* = -\frac{(2x_{01} - x_{02} - 10)e_{01} + (2x_{02} - x_{01} - 4)e_{02}}{2(e_{01}^2 + e_{02}^2 - e_{01}e_{02})} = 8.219$$

(4) 由此可得下一点 $\boldsymbol{x}_1$：

$$\boldsymbol{x}_1 = \begin{bmatrix} x_{11} \\ x_{12} \end{bmatrix} = \begin{bmatrix} x_{01} + h_0^*e_{01} \\ x_{02} + h_0^*e_{02} \end{bmatrix} = \begin{bmatrix} 0 + 8.219 \times 0.928 \\ 0 + 8.219 \times 0.371 \end{bmatrix} = \begin{bmatrix} 7.632 \\ 3.053 \end{bmatrix}$$

(5) 再以 $\boldsymbol{x}_1$ 为起点，继续求 p_{11}、p_{12}、$\|\boldsymbol{p}_1\|$、e_{11}、e_{12} 等数，进一步计算 h_1^*，从而又得新点 $\boldsymbol{x}_2$，如此迭代下去，直至满足精度要求为止。

若给定的精度要求为

$$|\boldsymbol{F}(\boldsymbol{x}_{k+1}) - \boldsymbol{F}(\boldsymbol{x}_k)| \leqslant 0.001$$

从表 5-1 所列的计算结果可以看出，当 $k = 7$ 时满足了精度要求，最后得 $x_{81}=7.9974937$，$x_{82}=5.9965911$。

表 5-1   例 5-4 的计算结果

j	x_1	x_2	$P_1\ 2x_1 - x_2 - 10$	$P_2\ 2x_2 - x_1 - 4$	$h(j)$	$f(\boldsymbol{x}(j))$
0	0.0000000	0.0000000	−10.0000000	−4.0000000	8.2110538	60.0000000
1	7.6237721	3.0495088	2.1980355	−5.5247545	2.2128799	15.7368887
2	6.8057375	5.1056356	−1.4941607	−0.5944662	1.2249628	9.1580447
3	7.9439249	5.5584745	0.3293753	−0.8269758	0.3310122	8.1733306
4	7.8214440	5.8659930	−0.2231050	−0.0894580	0.1880201	8.0259124
5	7.9959579	5.9359674	0.0559483	−0.1240230	0.0494652	8.0038577
6	7.9756174	5.9810572	−0.0298223	−0.0135031	0.0264025	8.0004915
7	7.9996696	5.9919477	0.0073915	−0.0157743	0.0051279	8.0000623
8	7.9974937	5.9965911	−0.0016036	−0.0043116	0.0051279	8.0000094

由于负梯度方向具有最速下降的性质，一般容易理解为最优的搜索方向，事实并非如此，$\boldsymbol{x}_k$ 点的负梯度方向 $-\nabla\boldsymbol{F}(\boldsymbol{x}_k)$ 虽然在 $\boldsymbol{x}_k$ 点具有最速下降的性质，但从对目标函数 $\boldsymbol{F}(\boldsymbol{x}_k)$ 寻优的全局来看，这仅仅是局部最优，局部最优并不等于全局最优，对于某些函数，最速下降法收敛速度还是很慢的。从例 5-4 中的表 5-1 可见，在远离极值点 $\boldsymbol{x}^*$ 的初始点 $\boldsymbol{x}_k$，由于

该点的梯度较大，因而收敛速度很快，但是当新的初始点 x_k 接近极值点 x^* 时，由于梯度逐渐变小，寻优速度显著变慢，特别是在极值点附近，因为梯度 $\nabla F(x^*)=0$，目标函数的特性近似为

$$F(x) = F(x^*) + \frac{1}{2}\Delta x^{\mathrm{T}} H(x)\Delta x$$

上式为一个二次函数，对于二次函数可以证明：在极值点附近，二元二次函数的等高线可以近似看成同心椭圆族，如图 5-14 所示。

这时最速下降法的迭代次数与初始点位置有关，若初始点位于长轴或短轴上 (如图 5-14 中 a 点)，则一步可达最优点。若不在长短轴上 (如图 5-14 中 b 点)，则此时最速下降法寻优路径呈锯齿状，开头几步下降较快，越接近极值点收敛越慢。相反，若沿虚线 (称为脊线) 却可一步抵达最优点。由此可见，若在极值点附近仍采用最速下降法，则从全局而言，收敛速度就不是最快了，这时就应选择更有效的方法，共轭梯度法就是其中的一种。

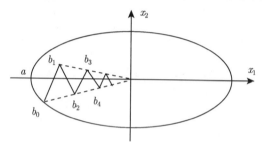

图 5.14　例 5-4 的寻优过程

3. 最速下降法的 C 程序

见程序 5-2，扫二维码可见。

5.4.3　共轭梯度法

共轭梯度法寻优原理是利用同心椭圆族的一个有用的特点：任意两根平行切线的切点间的连线必通过中心 (即极值点 x^*)，如图 5-15 所示。很自然的想法是在极值点附近，在 p_0 这个搜索方向上由最速下降法已经得到一个切点 x_1，若第二步能按上述两切点的连线方向寻优，则只需两步 (对于 n 维，需经 n 步) 就可找到最优点 x^*。现在的问题是如何找到这两个切点的连线方向，这个方向与前一次搜索方向有什么关系？这就是下面要讨论的问题。其结论是：这个连线方向是上一次搜索方向的共轭方向。

1. 共轭梯度概念

设多元函数 $F(x)$ 在 x_k 点处的梯度为 p_k，在 x_{k+1} 点处的梯度为 p_{k+1}，如果 p_k 与 p_{k+1} 相互正交，则其内积为

$$p_k^{\mathrm{T}} \cdot p_{k+1} = 0$$

也可以写为

$$p_k^{\mathrm{T}} \cdot I \cdot p_{k+1} = 0$$

式中，I 为 n 阶单位矩阵，于是称 p_k 与 p_{k+1} 关于单位阵共轭。

设 A 为 $n \times n$ 阶对称正定矩阵，如果有两个 n 维向量 p_k 和 p_{k+1} 满足 $p_k^{\mathrm{T}} A p_{k+1} = 0$，则称 p_k 与 p_{k+1} 对于矩阵 A 共轭，即 p_k 与 p_{k+1} 相互正交，当 $A = I$ 时，有 $p_k^{\mathrm{T}} \cdot p_{k+1} = 0$，两个向量是正交的，因此正交是共轭的一种特例。

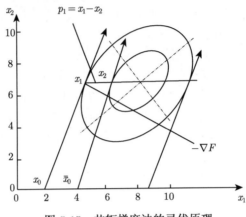

图 5-15　共轭梯度法的寻优原理

2. 共轭方向的计算

为了进一步从几何关系上说明共轭方向，设 n 元函数 $F(x)$，在极值点 x^* 附近可用一个二次函数逼近：

$$F(x) = D + B^{\mathrm{T}} x + \frac{1}{2} x^{\mathrm{T}} A x$$

式中，A 为 n 维正定矩阵。

对 $F(x)$ 求导得梯度：

$$[\nabla F(x)]^{\mathrm{T}} = \frac{\partial F(x)}{\partial x} = (B + Ax)^{\mathrm{T}} \tag{5-22}$$

对于二维情况，可以直观地用图形来表示，见图 5-15。设从某点 x_0 出发，以 p_0 方向搜索，使 $F(x)$ 达到极小值的点为 $x_1 = x_0 + h_0^* p_0$，则 x_1 必为该处等高线的切点，这点的梯度方向通过这点等高线的法线方向，因此有

$$[\nabla F(x_1)]^{\mathrm{T}} \cdot p_0 = 0 \tag{5-23}$$

即

$$(B + Ax_1)^{\mathrm{T}} \cdot p_0 = 0 \tag{5-24}$$

同理，若从 $\bar{x}_0$ 出发，也以 p_0 方向搜索，又可得使 $F(x)$ 达到极小值的点：

$$[\nabla F(x_2)]^{\mathrm{T}} \cdot p_0 = 0 \tag{5-25}$$

即

$$(B + Ax_2)^{\mathrm{T}} \cdot p_0 = 0 \tag{5-26}$$

将式 (5-24) 减式 (5-26) 得

$$(\boldsymbol{x}_1 - \boldsymbol{x}_2)^{\mathrm{T}} \cdot \boldsymbol{A}\boldsymbol{p}_0 = 0 \tag{5-27}$$

显然，寻优的方向应是 $\boldsymbol{p}_1 = \boldsymbol{x}_1 - \boldsymbol{x}_2$，则得

$$\boldsymbol{p}_1^{\mathrm{T}} \cdot \boldsymbol{A}\boldsymbol{p}_0 = 0 \tag{5-28}$$

这说明，$\boldsymbol{p}_1$ 和 $\boldsymbol{p}_0$ 对矩阵 $\boldsymbol{A}$ 是共轭的，而 $\boldsymbol{p}_1$ 正是 $\boldsymbol{x}_1$ 与 $\boldsymbol{x}_2$ 两个切点的连线方向，此方向的极小点即 $F(\boldsymbol{x})$ 的极小点，由式 (5-28) 可知，当 $\boldsymbol{p}_0$ 已知时，计算 $\boldsymbol{p}_1$ 要用到矩阵 $\boldsymbol{A}$，若 $\boldsymbol{A}$ 已知，则用式 (5-28) 计算共轭方向 $\boldsymbol{p}_1$ 是容易的。例如，当函数为二次函数时，$\boldsymbol{A}$ 为二次项的系数阵，当函数为非二次形式时，$\boldsymbol{A}$ 为二阶偏导数矩阵，计算这个二阶偏导数矩阵相当麻烦，尤其当其维数很高时，计算就更加复杂，因此就提出一个问题：能否避免矩阵 $\boldsymbol{A}$ 的计算而又能方便地确定共轭方向呢？下面就介绍 Fletcher 和 Reevel 提出的一种不需计算矩阵 $\boldsymbol{A}$ 的方法 (简称 F-R 法)。

现仍以式 (5-21) 的 n 元二次目标函数为例，找出两个相邻近似点 $\boldsymbol{x}_k$ 和 $\boldsymbol{x}_{k+1}$ 处的梯度和寻优方向的关系：

$$\boldsymbol{G}_k = \nabla F(\boldsymbol{x}_k) = \boldsymbol{B} + \boldsymbol{A}\boldsymbol{x}_k, \quad k = 0,1,2,\cdots \tag{5-29}$$

$$\boldsymbol{x}_{k+1} = \boldsymbol{x}_k + h^*\boldsymbol{p}_k \tag{5-30}$$

式中，h^* 为最优步长

$$\boldsymbol{G}_k = \nabla F(\boldsymbol{x}_{k+1}) = \boldsymbol{B} + \boldsymbol{A}\boldsymbol{x}_{k+1} \tag{5-31}$$

式 (5-31) 减式 (5-29) 得

$$\boldsymbol{G}_{k+1} - \boldsymbol{G}_k = \boldsymbol{A}(\boldsymbol{x}_{k+1} - \boldsymbol{x}_k) = \boldsymbol{A}(\boldsymbol{x}_k + h^*\boldsymbol{p}_k - \boldsymbol{x}_k) = \boldsymbol{A}h^*\boldsymbol{p}_k \tag{5-32}$$

根据共轭方向定义：

$$\boldsymbol{p}_k^{\mathrm{T}} \boldsymbol{A}\boldsymbol{p}_{k+1} = 0$$

将式 (5-32) 代入上式得

$$\boldsymbol{p}_{k+1}^{\mathrm{T}}(\boldsymbol{G}_{k+1} - \boldsymbol{G}_k) = 0 \tag{5-33}$$

由式 (5-33) 可见，该式不显含矩阵 $\boldsymbol{A}$，只需求得 $\boldsymbol{x}_k$ 和 $\boldsymbol{x}_{k+1}$ 两点的梯度 $\boldsymbol{G}_k$ 和 $\boldsymbol{G}_{k+1}$ 就可计算出 $\boldsymbol{x}_k$ 点处的共轭寻优方向 $\boldsymbol{p}_{k+1}$。

为了进一步找到计算 $\boldsymbol{p}_{k+1}$ 的迭代算式，可以令

$$\boldsymbol{p}_{k+1} = -\boldsymbol{G}_{k+1} + \beta_k\boldsymbol{p}_k \tag{5-34}$$

即共轭方向 $\boldsymbol{p}_{k+1}$ 为该点的负梯度 $-\boldsymbol{G}_{k+1}$ 方向 (最速下降方向) 与上一搜索方向 $\boldsymbol{p}_k$ 的线性组合，这里的关键是要选择一个共轭系数 β_k，使得 $\boldsymbol{p}_k$ 和 $\boldsymbol{p}_{k+1}$ 共轭。

将式 (5-34) 代入式 (5-33) 得

$$(-\boldsymbol{G}_{k+1} + \beta_k\boldsymbol{p}_k)^{\mathrm{T}}(\boldsymbol{G}_{k+1} - \boldsymbol{G}_k) = 0$$

即

$$-\boldsymbol{G}_{k+1}^{\mathrm{T}}\boldsymbol{G}_{k+1} + \beta_k\boldsymbol{p}_k^{\mathrm{T}}\boldsymbol{G}_{k+1} + \boldsymbol{G}_{k+1}^{\mathrm{T}}\boldsymbol{G}_{k+1} - \beta_k\boldsymbol{p}_k^{\mathrm{T}}\boldsymbol{G}_k = 0 \tag{5-35}$$

因为在用共轭梯度法寻优时，初始点 $\boldsymbol{x}_k$ 的寻优方向为 $\boldsymbol{p}_k = -\boldsymbol{G}_k$(最速下降方向)，另外在 $\boldsymbol{x}_{k+1}$ 点处的切线 $\boldsymbol{p}_k$ 同法线 $\boldsymbol{G}_{k+1}$ 正交，所以有

$$\boldsymbol{G}_{k+1}^{\mathrm{T}}\boldsymbol{G}_k = 0 \tag{5-36}$$

又有

$$\beta_k\boldsymbol{p}_k^{\mathrm{T}}\boldsymbol{G}_{k+1} = \beta_k(-\boldsymbol{G}_k)^{\mathrm{T}}\boldsymbol{G}_{k+1} = 0 \tag{5-37}$$

将式 (5-36)、式 (5-37) 代入式 (5-35) 得

$$\boldsymbol{G}_{k+1}^{\mathrm{T}}\boldsymbol{G}_{k+1} + \beta_k\boldsymbol{p}_k^{\mathrm{T}}\boldsymbol{G}_{k+1} = 0$$

或

$$\boldsymbol{G}_{k+1}^{\mathrm{T}}\boldsymbol{G}_{k+1} - \beta_k\boldsymbol{G}_k^{\mathrm{T}}\boldsymbol{G}_k = 0$$

由上式得

$$\beta_k = \frac{\boldsymbol{G}_{k+1}^{\mathrm{T}}\boldsymbol{G}_{k+1}}{\boldsymbol{G}_k^{\mathrm{T}}\boldsymbol{G}_k} \tag{5-38}$$

式 (5-34) 中的 $\boldsymbol{p}_{k+1}$ 称为共轭方向，它实际上是对负梯度方向的修正，即使负梯度方向转一个角度 (图 5-15)。

共轭梯度法对目标函数二次性较强的区域有良好的效果，而最速下降法在非二次性较强的区域收敛较快，因此两法配合使用可以大大加快寻优速度。图 5-16 所示为共轭梯度法与最速下降法寻优轨迹的比较。

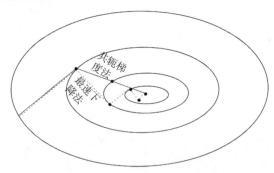

图 5-16   共轭梯度法与最速下降法寻优轨迹的比较

3. 共轭梯度法的程序框图

若目标函数为 n 维二次函数，使用共轭梯度法理论上最多只要 n 次迭代即可达到极小值，但在实际计算中，由于舍入误差等原因，总要进行 n 次以上才能得到满意结果。对于非二次函数，迭代次数就要更多，但 n 维问题的共轭方向最多只有 n 个，在迭代 n 次再继续迭代就没有意义了。同时舍入误差的积累也会因迭代次数的增加而越积越多，对收敛不利，因此在实际应用时，当计算进行 n 次，得到 $\boldsymbol{x}^{(n)}$ 后，采用重新开始迭代的办法。图 5-17 中，

从初始点开始，先用最速下降法计算一次，找到 x_1 点后转入共轭梯度法，迭代 n 次后，求得 x_2 点，如果没有满足精度要求，再重新以 x_2 为起始点重新开始，这有利于突破目标函数的非二次性，同时减少误差积累。

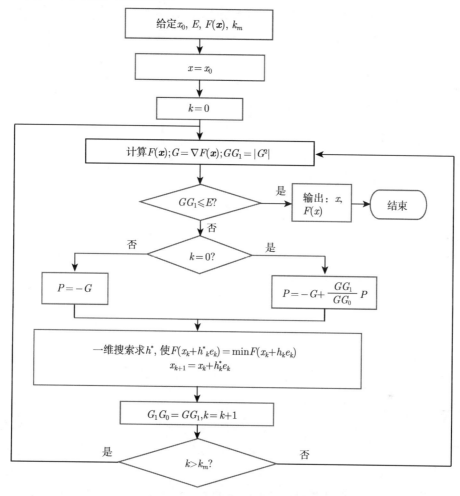

图 5-17　共轭梯度法寻优程序框图

【例 5-5】　　仍以目标函数 $F(x) = x_1^2 - 10x_1 - x_1 x_2 - 4x_2 + x_2^2 + 60$ 为例，给定初始点为 $x = [0,0]^{\mathrm{T}}$，试用共轭梯度法求 $F(x)$ 的极小值。

解　(1) 第一次迭代计算与最速下降法一样，求得

$$x_1 = \begin{bmatrix} x_{11} \\ x_{12} \end{bmatrix} = \begin{bmatrix} 7.632 \\ 3.053 \end{bmatrix}$$

$$G_1 = \begin{bmatrix} g_1 \\ g_2 \end{bmatrix} = \nabla F(x) = \begin{bmatrix} 2x_{11} - x_{12} - 10 \\ 2x_{12} - x_{11} - 4 \end{bmatrix} = \begin{bmatrix} 2.211 \\ -5.526 \end{bmatrix}$$

式中，x 的第一个下角标表示迭代次数，第二个下角标表示维数。

(2) 求共轭系数 β_0：

$$\beta_0 = \frac{\boldsymbol{G}_1^{\mathrm{T}}\boldsymbol{G}_1}{\boldsymbol{G}_0^{\mathrm{T}}\boldsymbol{G}_0} = \frac{\begin{bmatrix} 2.211 & -5.526 \end{bmatrix}\begin{bmatrix} 2.211 \\ -5.526 \end{bmatrix}}{\begin{bmatrix} -10 & -4 \end{bmatrix}\begin{bmatrix} -10 \\ -4 \end{bmatrix}} = 0.3054$$

(3) 求共轭方向 $\boldsymbol{p}_1$：

$$\boldsymbol{p}_1 = -\boldsymbol{G}_1 + \beta_0 \boldsymbol{p}_0 = \begin{bmatrix} -2.211 + 0.3054 \times 10 \\ 5.526 + 0.3054 \times 4 \end{bmatrix} = \begin{bmatrix} 0.843 \\ 6.748 \end{bmatrix}$$

(4) 求在 $\boldsymbol{p}_1$ 方向的最佳步长 h_1^*：

$$h_1^* = 0.437$$

(5) 求 $\boldsymbol{x}_2$ 点：

$$\boldsymbol{x}_2 = \boldsymbol{x}_1 + h_1^* \boldsymbol{p}_1 = \begin{bmatrix} 7.632 + 0.437 \times 0.843 \\ 3..0153 + 0.437 \times 6.748 \end{bmatrix} = \begin{bmatrix} 7.999 \\ 5.899 \end{bmatrix}$$

本题由解析法可知

$$\boldsymbol{x}^* = \begin{bmatrix} x_1^* \\ x_2^* \end{bmatrix} = \begin{bmatrix} 8.0 \\ 6.0 \end{bmatrix}$$

因此用共轭梯度法经过两次搜索就可找到二元二次函数的最优点。

4. 共轭梯度法的 C 程序

见程序 5-3，扫二维码可见。

5.4.4　单纯形加速法

以上两种多参数寻优方法都是以目标函数的梯度来确定搜索方向的，但在实际问题中，往往有许多问题得不到目标函数的解析表达式，如图 5-18 所示系统的寻优问题，目标函数 F 同需要寻优的控制器参数之间就难以建立数学表达式。

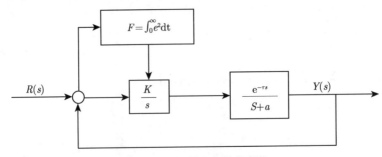

图 5-18　控制器参数的寻优

　　甚至有时目标函数的梯度也无法用数学形式表达。在这种情况下，就不能用上述两种方法寻优。为了解决这类问题，人们又提出了一些不需要求梯度 $\nabla F(x)$ 的方法，如松弛法、单纯形加速法、随机搜索法等，这些通称为直接搜索法。

1. 单纯形加速法的基本原理

　　所谓单纯形就是在一定空间中最简单的图形，如二维空间中的三角形，三维空间中的四面体。维数再高就无法用几何图形来直观地描述了，但可以知道，n 维空间中的单纯形就是以 $n+1$ 个顶点构成的多面体。当然这 $n+1$ 个顶点中的任意三个不可共线。如果这 $n+1$ 个顶点间的距离都相等则称为正侧单纯形。

　　目标函数的梯度 $\nabla F(x)$ 是函数性态的重要反映，在以梯度为基础的间接搜索法中，每前进一步都要考虑函数的变化情况。如果不计算函数的梯度，又如何决定怎样搜索呢？从直观上看，目标函数 $F(x)$ 值的分布状况更能说明函数的变化趋势，若能先算出若干个点的函数值，然后将它们进行比较，从它们的数值大小分布状况可以判断函数大致变化趋势，作为选择搜索方向的参考，这就是单纯形寻优的基本思想。

　　现以二元函数为例说明单纯形法的形成和寻优中的一些问题。设目标函数 $Q = F(x) = F(x_1, x_2)$ 在二维平面上选择不在同一直线上的三点 H、G、L 构成一个单纯形，计算出相应点的目标函数值 Q_H、Q_G、Q_L，然后进行比较，若 $Q_H > Q_G > Q_L$，则可看出目标函数 $F(x)$ 的变化趋势，一般情况下，对于寻找极小目标函数，更小函数值的点位于最大函数值的对称点的可能性较大。在此称目标函数值最大的点为最坏点，反之，称目标函数值最小的点为最好点。经过分析对比后，对于寻找极小值而言，显然 Q_H 应舍去，在 H 点的对称位置上选一点 R(图 5-19) 代替 H 点构成新的单纯形，H 点通常被称为反射点。

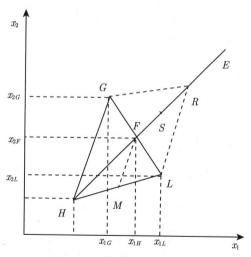

图 5-19　单纯形加速法的原理

　　为了加快这种寻优方法的收敛速度，可以采用扩张或收缩的选点技术。即当由 R 点求出的目标函数值 $Q_R \geqslant Q_G$(次坏点) 时，说明反射点选得太远，以致 R 点并不比 H 点好，因此需要压缩给定的初始步长，后退到 S 点；若 $Q_R < Q_G$，则说明 R 点比 H 点、G 点都好，还可由 R 点再向前延伸些 (即加大步长)，在 HR 的延长线上取一新点 E，若 E 的目标函数

值 $Q_R \leqslant Q_G$,就取新点 E 构成新的单纯形,否则仍取 R 为新点。

若压缩后,仍然是 $Q_S \geqslant Q_G$,则说明原始单纯形构造得不合适 (太大了),将原始单纯形以 L 为不动点,各条边长按一定比例缩短,构成一个新的单纯形 MFL,这个比例一般取 0.5,这称为单纯形收缩,然后重新开始,重复上述步骤,直到满足精度要求为止。

上述单纯形加速法是奈尔德 (Nelder) 和梅德 (Mead) 在 1964 年提出的,它是最初单纯形法的改进,在实践中得到了广泛应用,下面介绍其具体算法。

2. 单纯形加速法的计算方法

1) 初始单纯形的形成

对于一般 n 元目标函数 $Q = F(x_1, x_2, \cdots, x_n)$,在 n 维空间中取 $n+1$ 个点 $x_1, x_2, \cdots, x_n$ 构成初始单纯形。为了计算简单,初始单纯形各边长取相等。如给定某个初始点 x_0,则 $x_1, x_2, \cdots, x_n$ 各个点的位置为

$$x_i = x_0 + h e_i, \quad i = 1, 2, \cdots, n \tag{5-39}$$

式中,h 为单纯形边长;e_i 为第 i 个单位坐标向量,即

$$e_1 = [1, 0, 0, \cdots, 0]^{\mathrm{T}}$$
$$e_2 = [0, 1, 0, \cdots, 0]^{\mathrm{T}}$$
$$\vdots$$
$$e_n = [0, 0, 0, \cdots, 1]^{\mathrm{T}}$$

一般取 $0.5 < h < 15$,它的大小对单纯形寻优效果影响极大,开始时常取 $1.6 < h < 1.7$ 进行试探,进行到一定阶段后,若发现 $Q_H \sim Q_L$ 尚未满足要求,这时可将单纯形收缩重新开始。

2) 计算各点的目标函数值

$$Q_i = F(x_i), \quad i = 1, 2, \cdots, n$$

并比较诸点函数值的大小,选出最好点 L、次坏点 G 和最坏点 H,即

$$Q_L = \min F(x_i)$$
$$\vdots$$
$$Q_H = \max F(x_i)$$

3) 求反射点 R

为方便计算,反射点常取在最坏点 H 的对称点,现以二维空间为例说明反射点的计算公式。设已选好的初始单纯形为 HGL(图 5-18),反射点选取方法是 GL 连线的中点 F 与 H 连接并延长,使 $FR=HF$。则 F 点的坐标为

$$x_{F1} = \frac{1}{2}(x_{G1} + x_{L1})$$

$$x_{F2} = \frac{1}{2}(x_{G2} + x_{L2}) \tag{5-40}$$

或写成通式为

$$x_{Fi} = \frac{1}{2}(x_{Gi} + x_{Li}) \tag{5-41}$$

同样由于HR的中点，故有

$$x_{Fi} = \frac{1}{2}(x_{Hi} + x_{Ri}) \tag{5-42}$$

由式 (5-41) 和式 (5-42) 可以得到

$$x_{Gi} + x_{Li} = x_{Hi} + x_{Ri}$$

则得

$$x_{Ri} = x_{Gi} + x_{Li} - x_{Hi} = 2x_{Fi} - x_{Hi} \tag{5-43}$$

即

[反射点坐标]=[留下点坐标之和]−[舍去点的坐标]

对于 n 维空间：

$$x_{ki} = \frac{1}{n}\left(\sum_{i=0}^{n} x_{ji} - x_{Hi}\right) \tag{5-44}$$

将式 (5-44) 代入式 (5-43) 得

$$x_{Ri} = \frac{2}{n}\left(\sum_{i=0}^{n} x_{ji} - x_{Hi}\right) - x_{Hi} \tag{5-45}$$

式中，j 为单纯形顶点的名称；i 为 n 维空间坐标数。

4) 反射点的扩张与压缩

如果 $Q_R \geqslant Q_G$，则进行单纯形压缩可得 S 点：

$$\boldsymbol{x}_S = (1-\lambda)\boldsymbol{x}_H + \lambda\boldsymbol{x}_R$$

$$Q_S = F(\boldsymbol{x}_S) \tag{5-46}$$

若 $Q_S < Q_G$，则取 $\boldsymbol{x}_S$ 点为反射点，式中，λ 为压缩因子，一般取为 λ=0.25~0.75，但 $\lambda \neq$0.5，以免 S 点与 F 点重合，降低了单纯形维数，从而产生错误。

如果 $Q_R < Q_G$，则进行扩张，得 E 点：

$$\boldsymbol{x}_E = (1-\mu)\boldsymbol{x}_H + \mu\boldsymbol{x}_R$$

$$Q_E = F(\boldsymbol{x}_E) \tag{5-47}$$

若 $Q_E < Q_R$，表示扩张成功，否则仍以 R 点、G 点、L 点构成新的单纯形。式 (5-47) 中 μ 为扩张因子，一般取 μ=1.25~1.75。

航空动力控制系统仿真与实践

5) 收缩

如果压缩后仍为 $Q_S > Q_G$，这可能是因为初始单纯形取得太大，此时可以将初始单纯形以最好点 L 不变的原则按比例缩小，构成新的单纯形，重新开始寻优。收缩比例通常取 0.5。

$$x_i = \frac{1}{2}(x_L + x_i), \quad i = 1, 2, \cdots, n \tag{5-48}$$

6) 寻优成功的准则

事先给定一个充分小的正数 ε，在寻优过程中不断判别，若

$$\frac{Q_H - Q_L}{Q_L} \leqslant \varepsilon \tag{5-49}$$

则说明

$$\boldsymbol{x}^* = \boldsymbol{x}_L, \quad Q^* = F(\boldsymbol{x}_L)$$

否则重复上述步骤。

5.4.5　PID 控制参数优化

在工程应用问题中，PID 控制是使用最广泛的控制规律，根据被控对象的类型和特性的不同，PID 控制器有着不同的控制参数和参数整定方法，已有不少适用的理论和实用的参数整定方法用于 PID 控制器参数整定，这些参数整定方法一般首先考虑控制系统的稳定性，从而使系统工作在一种较为保守的工作状态，系统性能未能充分发挥。控制系统参数最优化方法为 PID 控制器的参数整定提供了一种实用的方法，通过数字仿真对控制系统进行动态过程仿真，求取动态过程的某些特征参数，如超调量、过渡过程时间等，来构成控制系统的性能指标函数，再通过参数寻优算法，在给定的参数空间寻求一组使性能指标满足要求的 "最优参数"。本节论述 PID 控制器用于实际系统时运用参数最优化方法，求取满足给定性能指标的控制器参数的基本思想、PID 参数寻优程序及其应用，并以此揭示数字仿真技术在此过程中的重要作用。

1. 基本问题

图 5-20 所示为采用 PID 控制器的控制系统结构框图。

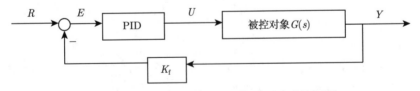

图 5-20　采用 PID 控制器的控制系统结构框图

被控对象根据实际系统的不同情况可有不同的类型和数学描述，即其数学模型不尽相同，对于工业过程控制系统，以一阶环节和二阶环节最为常用，即被控对象的数学方程为

$$G(s) = \frac{Y}{U} = \frac{K_s}{T_s S + 1}$$

$$G(s) = \frac{Y}{U} = \frac{K_s \omega_n^2}{S^2 + 2\zeta \omega_n^S + \omega_n^2}$$

PID 控制即比例–积分–微分控制, 数学方程为

$$U = K_{\mathrm{p}}E + \int K_{\mathrm{i}}E\mathrm{d}t + K_{\mathrm{d}}\mathrm{d}E/\mathrm{d}t$$

由自动控制原理可知, 在被控对象类型和参数给定后, PID 控制器的参数 K_{p}、K_{i} 和 K_{d} 的取值对系统性能会产生很大的影响, 并且 K_{p}、K_{i} 和 K_{d} 参数对系统性能的影响具有交互作用。采用参数优化技术在参数空间寻求使系统性能满足要求的一组控制参数是数字仿真技术的一个重要应用。

为了进行参数最优化设计, 必须确定性能指标, 按照对系统的性能要求可采用如下形式的性能指标函数:

$$J = t_{\mathrm{s}}(1 + 100D)$$

$$D = \begin{cases} 0, & \mathrm{OS} \leqslant \mathrm{OSD} \\ \mathrm{OS} - \mathrm{OSD}, & \mathrm{OS} > \mathrm{OSD} \end{cases}$$

式中, OS、OSD 分别为控制系统的超调量及最大允许超调量, 一般最大允许超调量为 5%。可知, J 对被寻优参数 K_{p}、K_{i}、K_{d} 的最值范围一般是有限制的, 为了保证参数寻优过程尽快地进行, 寻优方法可用直接搜索法 —— 单纯形法对寻优参数的约束通过参数限值解决, 使之成为无约束寻优问题。

由 5.4.4 节分析可知, 单纯形算法要求在寻优参数空间中通过求取单纯形各顶点的性能指标值, 并通过其顶点性能指标值的比较确定寻优方向, 各顶点性能指标则通过控制系统的数字仿真获得。具体地讲, 就是在给定一组 PID 控制器参数 K_{p}、K_{i}、K_{d} 的条件下, 通过对给定控制系统数字仿真, 求得其在阶跃输入作用下的动态响应过程, 并求取特征参数 t_{s}、OS, 从而求得性能指标 J 的函数值。为了加快数字仿真过程, 对控制系统的数字仿真采用离散相似法 (零阶保持器)。

2. PID 参数寻优程序

PID 参数寻优程序 OptPID 对图 5-21 所示系统的 PID 控制器进行参数寻优。

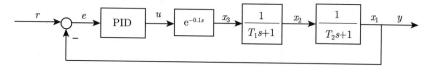

图 5-21 PID 控制系统

性能指标为

$$J = \int_{0}^{\infty} t\,|e(t)|\,\mathrm{d}t$$

程序清单见程序 5-4, 扫二维码可见。寻优过程中性能指标变化如图 5-22 所示。PID 参数的优化结果为: $K_{\mathrm{p}}{=}3.73$, $K_{\mathrm{i}}{=}0.043$, $K_{\mathrm{d}}{=}82.16$。优化后系统的仿真结果如图 5-23 所示。

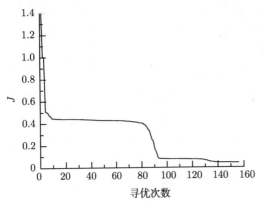

图 5-22　寻优过程中性能指标变化

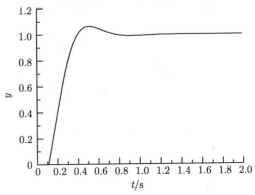

图 5-23　优化后系统的仿真结果

习　　题

5.1　试编制插值法的寻优程序，并对如下指标函数在区间 $[0,2]$ 上寻求极小点及其位置。$f(x) = x^4 - 2x^2 + 1$，精度 $\varepsilon = 0.0001$。

5.2　已知某热力系统的结构图如图 5-24 所示，试用黄金分割法在区间 $[0,2.5]$ 内确定控制器参数 K 的最佳值，使目标函数 $J = \int_0^\infty |te|\mathrm{d}t$ 最小。图中，$K_1 = 1, T_1 = 1\mathrm{s}, \tau = 0.15\mathrm{s}, R = 5 \cdot 1(t)$ V。

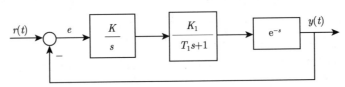

图 5-24　习题 5.2 图

5.3　已知系统传递函数为 $G(s) = \dfrac{s}{(s+1)^2}$，采用根匹配法变换的脉冲传递函数为 $G(z) = \dfrac{K_z(z-1)(z+\delta)}{z - \mathrm{e}^{-T}}$，采样周期 $T=1\mathrm{s}$，试用最优化方法配置零点的最优值 δ^*。提示如下：

(1) 由终值定值确定 $K_z = \dfrac{(1 - \mathrm{e}^{-T})^2}{T(1+\delta)}$；

(2) 分别由 $G(s)$ 和 $G(z)$ 求出 $G_s(\mathrm{j}\omega)$ 和 $G_z(\mathrm{e}^{\mathrm{j}\omega})$；

(3) 由 $G_s(\mathrm{j}\omega)$ 和 $G_z(\mathrm{e}^{\mathrm{j}\omega})$ 分别求出它们的幅频和相频特性 $A_s(\omega)$、$\Phi_s(\omega)$ 和 $A_z(\omega)$、$\Phi_z(\omega)$；

(4) 取指标函数 $J = \sum_{i=0}^{n} |[A_s(\omega) - A_z(\omega)] + [\Phi_s(\omega) - \Phi_z(\omega)]|$；

(5) 在区间 $[0,1]$ 上选最优 δ^*，使 J 最小；

(6) 属于单参数寻优，建议用黄金分割法。

5.4 已知系统结构图如图 5-25 所示, 被控对象参数: $T_1 = 0.4$s, $T_2 = 0.44$s, $\tau = 0.1$s, 采样周期 $T = 0.1$s。试用单纯形法求 PID 控制器参数 K_p、T_i 和 T_d 的最优值, 使该系统的指标函数 $J = \int_0^t |e| t \mathrm{d}t$ 最小。PID 差分方程为

$$u(k) = u(k-1) + K_p \left\{ e(k) - e(k-1) + \frac{T_s}{T} e(k) + \frac{T}{T_d} [e(k) - 2e(k-1) + e(k-2)] \right\}$$

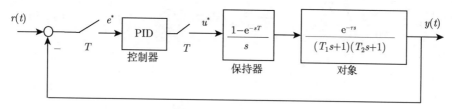

图 5-25 习题 5.4 图

第6章 航空发动机建模与仿真

前面章节已经向读者系统介绍了控制系统仿真的原理、方法及仿真软件。近几十年来，由于复杂系统分析与设计的需要，以及计算机科学的发展，使控制系统仿真这一新的学科获得迅速发展。为了使读者在学习了本书后能在仿真领域做进一步的研究，或者将仿真技术推广应用于一些比较复杂的系统之中，将在本章向读者介绍一些与航空发动机控制有关的仿真知识。

6.1 航空发动机建模

6.1.1 概述

航空发动机数学模型是分析航空发动机特性、研究其控制规律并对控制系统进行设计和分析的基础。建立发动机实时数学模型是对控制系统进行低成本高效率半物理仿真、控制系统性能评估及进一步进行实验验证的重要条件，可以缩短研制周期，降低开发成本与风险。

发动机原理及发动机控制的专家从不同的角度提出了各种不同的建模方案，用于不同的场合及用于发动机及其控制系统的研制及使用的不同阶段。现代飞机的发展对发动机的要求越来越高，尤其是数字计算机技术的发展，发动机数学模型的功能越来越多，可起的作用也越来越大。各种发动机模型层出不穷，如非实时发动机气动热力学模型、发动机实时模型、发动机超实时模型、发动机状态变量模型、发动机自适应模型、发动机随机模型等。

航空发动机常用的建模方法有机理建模法和辨识建模法。机理建模法也称为部件法，它是根据航空发动机工作的物理过程的机理及气动热力学关系沿流程建立一系列反映各部件共同工作关系的方程，结合其边界条件与初始条件，采用适当的数学处理方法，得到能够正确反映对象动静态特性的数学模型。辨识建模法也称为归纳法、灰箱法或黑箱法，它是根据实际运行或实验过程中所取得的输入/输出数据，利用各种辨识算法来建立系统的动静态数学模型。近年来，人们对基于智能算法的辨识建模法如神经网络建模和小波变换建模等方法进行了较深入的理论研究，但其成功的关键在于获得大量的实验数据，当航空发动机及其控制系统还在研制过程中, 能获得的数据非常有限。因此实际工程应用时一般采用的仍然是机理建模法。

　　发动机非线性部件级模型是根据各部件特性数据以及发动机设计点参数, 按照发动机工作遵守的气动热力学定律建立的数学模型。模型的求解归结为解由反映发动机各部件共同工作所必须满足的气动热力学和转子动力学平衡方程 (流量平衡、功率平衡等) 产生的一组非线性方程。求解这样的非线性方程组的传统方法是 Newton-Raphson 法 (简称N - R 法)。其思想是根据经验知识首先给出方程组的一组解的猜值, 然后以偏导数方向进行搜索, 通过迭代不断地对猜解进行修正, 使其逼近方程组的真解。

　　本节以单转子不加力的涡喷发动机为例来说明建立非线性部件级发动机模型的思路。部件级模型输入参数为发动机的工作环境参数 (高度 H、马赫数 Ma) 和控制参数 (燃油量 W_f)。输出参数是转子转速 n、压气机出口总压 P_3^*、涡轮前总温 T_4^*、涡轮后总温 T_5^*、推力 F、耗油率 SFC 等。

6.1.2　定义

1) 涡喷发动机截面示意图

涡喷发动机主要由进气道、压气机、燃烧室、涡轮和尾喷管等部件组成。其截面图如图 6-1 所示。

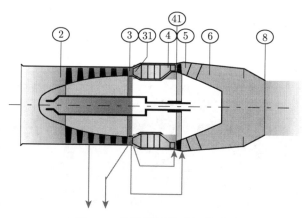

图 6.1　单轴涡喷发动机截面图

2: 压气机进口; 3: 压气机出口; 4: 燃烧室出口; 5: 涡轮出口; 6: 尾喷管进口;

8: 尾喷口喉道; 31: 燃烧室进口; 41: 涡轮导向器出口

2) 引气定义

从压气机中间级引气到外界环境, 占压气机进口流量的 1%。

从压气机出口引气到涡轮导向器进口截面, 占压气机出口流量的 5%。

从压气机出口引气到涡轮出口截面, 占压气机出口流量的 5%。

3) 变量符号定义

变量符号定义如表 6-1 所示。

表 6-1   单轴涡喷发动机模型变量符号定义表

符号	含义	符号	含义
Ma	飞行马赫数	H_u	燃油热值
H	飞行高度 (km)	k	气体绝热指数
$\bar{n}$	发动机转子相对物理转速	R	气体常数
F	发动机推力 (N)	h	单位质量气体的滞止焓 (W/(kg·s))
SFC	发动机耗油率 (kg/(N·h))	s	单位质量气体的熵
A_8	尾喷口喉道面积 (m^2)	c_p	气体的比定压热容
π_c	压气机增压比	L	功率 (W)
π_t	涡轮落压比	W_f	燃油流量 (kg/s)
η	效率		
T	截面总温 (K)		
P	截面总压 (Pa)		
W	截面流量 (kg/s)		
σ_a	进气道总压恢复系数		
σ_b	燃烧室总压恢复系数		
σ_e	尾喷管总压恢复系数		
下标			
eq	换算值		
c	相似值		

6.1.3 各部件的气动热力计算

1. 工作环境参数

当 $H \leqslant 11.0$ 时，有

$$T_0^* = 288.15 - 6.5H$$

$$P_0^* = 1.013252 \times 10^5 \sqrt[5.25588]{1.0 - 0.022577H}$$

当 $H > 11.0$ 时，有

$$T_0^* = 216.65$$

$$P_0^* = 22632.076\sqrt{0.1576932(H - 11.0)}$$

2. 进气道

$$T_1 = T_0^*$$

$$P_1 = P_0^*$$

$$T_1^* = T_1(1 + 0.2M^2)$$

$$P_1^* = \begin{cases} P_1(1 + 0.2M^2)^{3.5}, & M \leqslant 1 \\ P_1(1 + 0.2M^2)^{3.5}\left[1 - 0.075(M - 1)^{-2.5}\right], & M > 1 \end{cases}$$

假定进气道为绝热过程，则有

$$T_2^* = T_1^*, \quad P_2^* = \sigma_1 P_1^*$$

式中，σ_1 为进气道总压恢复系数。

3. 压气机

定义压气机压比:

$$\pi_c^* = P_3^*/P_2^*$$

压气机相对换算转速:

$$n_{ceq} = n_c \bigg/ \left(n_{cd}\sqrt{\frac{288.15}{T_2^*}} \right)$$

定义压气机压比修正系数:

$$C_{\pi c} = \frac{\pi_{cds} - 1}{\pi_c - 1}$$

压气机效率修正系数:

$$C_{\eta c} = \frac{\eta_{cds}}{\eta_c}$$

压气机流量修正系数:

$$C_{W A2C} = \frac{W_{A2Cds}}{W_{A2C}}$$

具体计算步骤如下。

(1) 计算出压气机相似换算百分比转速:

$$n_{ceq} = n_c \bigg/ \left(n_{cd}\sqrt{\frac{288.15}{T_2^*}} \right)$$

由稳态方程得到压气机压比系数 Z_c。

根据 n_{ceq} 及 Z_c 利用三维插值程序插值压气机特性:

$$W_{A2C} = f\left(\pi_c^*, n_{ceq}\right)$$

$$\eta_c^* = f_4\left(\pi_c^*, n_{ceq}\right)$$

得到压气机压比 π_c^*、压气机相似换算流量 W_{A2C}、压气机效率 η_c。

(2) 由设计点修正系数修正非设计点时的压比、效率和相似换算流量值。

压气机压比:

$$\pi_c = C_{\pi c}\left(\pi_c - 1\right) + 1$$

压气机效率:

$$\eta_c = C_{\eta c}\eta_c$$

压气机相似流量:

$$W_{A2C} = C_{W A2C}W_{A2C}$$

(3) 由风扇、压气机相似换算流量 W_{A2C} 求得风扇实际流量:

$$W_{A2} = W_{A2C}\frac{P_2^*}{1.01325 \times 10^5}\sqrt{\frac{288.15}{T_2^*}}$$

(4) 计算其他参数:

$$T_3^* = T_2^* \left[1 + \left(\pi_c^{*\frac{k_1-1}{k_1}} - 1 \right) \Big/ \eta_c^* \right]$$

$$M_c = \frac{30}{\pi} \frac{C_{p2} W_{A2} (T_3^* - T_2^*)}{n_c}$$

4. 燃烧室

假设燃油在燃烧室完全燃烧, 燃烧室由下述特性描述:

$$f = \frac{G_{f\mathrm{u}}}{G_3}$$

$$T_4^* = \frac{C_{p3} G_3 T_3^* + H\zeta G_{f\mathrm{u}}}{C_{p3} G_3}$$

$$G_4 = G_3 + G_{f\mathrm{u}}$$

$$P_4^* = \sigma_2 P_3^*$$

式中, σ_2 为燃烧室总压恢复系数。

5. 涡轮

$$\pi_\mathrm{t}^* = P_{41}^* / P_{43}^*$$

$$n_{\mathrm{teq}} = \frac{n_\mathrm{t}}{n_{\mathrm{td}}} \sqrt{T_{41\mathrm{d}}^* / T_{41}^*}$$

$$G_{41\mathrm{eq}} = f_5(\pi_\mathrm{t}^*, n_{\mathrm{teq}})$$

$$G_{41} = G_{41\mathrm{eq}} P_{41}^* / \sqrt{T_{41}^*}$$

$$\eta_\mathrm{t}^* = f_6(\pi_\mathrm{t}^*, n_{\mathrm{teq}})$$

$$T_{43}^* = T_4^* \left[1 - \left(\pi_\mathrm{t}^{*\frac{1-k_2}{k_2}} \right) \eta_\mathrm{t}^* \right]$$

$$M_\mathrm{t} = \frac{30}{\pi} \frac{C_{p41} G_{41} (T_{41}^* - T_{43}^*)}{n_\mathrm{t}}$$

6. 尾喷管

$$\sigma_6^* = P_6^* / P_5^*$$

$$G_8 = k' A_8 q(\lambda_8) P_8^* / \sqrt{T_8^*}$$

$$q(\lambda_8) = \begin{cases} 1, & \pi_8 \geqslant 1.85 \\ \left(\dfrac{k_8+1}{2} \right)^{\frac{1}{k_8-1}} \lambda_8 \left(1 - \dfrac{k_8+1}{k_8-1} \lambda_8^2 \right)^{\frac{1}{k_8-1}}, & \pi_8 < 1.85 \end{cases}$$

$$\lambda_8 = \sqrt{\frac{k_8+1}{k_8-1} \left(1 - \pi_8^{\frac{k_8}{k_8-1}} \right)}$$

7. 转子动力学特性

$$\dot{n}_{\mathrm{t}} = \dot{n}_{\mathrm{c}} = \frac{30}{\pi J}(M_{\mathrm{t}}\eta_{\mathrm{t}}^{*} - M_{\mathrm{c}})$$

8. 风扇和压气机特性插值程序的实现

压气机特性图如图 6-2 所示。在压气机热力参数计算过程中，一般假设已知转速和压比，由插值程序求得流量和效率。从图 6-2 可以看到，流量–压比曲线中，高转速流量变化很小，如果采用流量来求压比，在高转速时几乎不变化的流量容易使压比产生很大的误差。

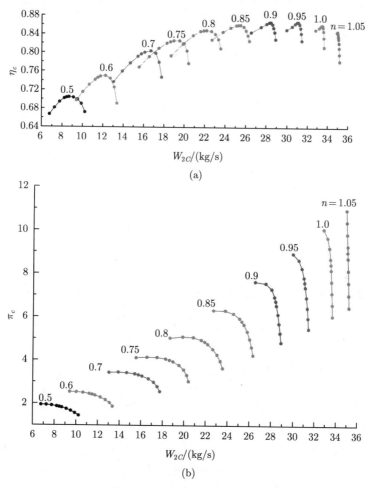

图 6-2　典型压气机特性曲线

若给定的转速为 n，为了在插值时归一化压比，定义压比系数 Z_{c} 为

$$Z_{\mathrm{c}} = \frac{\pi^{*} - \pi_{堵}^{*}}{\pi_{喘}^{*} - \pi_{堵}^{*}}$$

式中，$\pi_{堵}^{*}$ 和 $\pi_{喘}^{*}$ 分别为堵塞边界和喘振边界所对应的压比。

如图 6-3 所示，每条等转速线上有 m 个点，其中，喘振点为第 m 个点，堵塞点为第 1 个点。给定 Z_c，且给定的转速 n 位于 n_{i-1} 和 n_i 之间，则有

$$\pi^* = Z_c(\pi^*_{\text{喘}} - \pi^*_{\text{堵}}) + \pi^*_{\text{堵}}$$

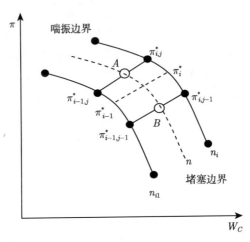

图 6-3　压气机特性的插值

对于 n_{i-1} 和 n_i 这两根等转速线，Z_c 点所对应的压比应为

$$\pi^*_{i-1} = Z_c(\pi^*_{i-1,m-1} - \pi^*_{i-1,0}) + \pi^*_{i-1,0}$$

$$\pi^*_i = Z_c(\pi^*_{i,m-1} - \pi^*_{i,0}) + \pi^*_{i,0}$$

n 相对于 n_{i-1} 和 n_i 的位置比例为

$$\alpha = (n - n_{i-1})/(n_i - n_{i-1})$$

求得

$$\pi^* = \pi^*_{i-1} + \alpha(\pi^*_i - \pi^*_{i-1})$$

若在 n_{i-1} 和 n_i 两条等转速线之间按转速比插入一条转速为 n 的等转速线，且所求得的压比 π^* 在此等转速线的第 $j-1$ 点和 j 点之间，则有如下结论。

A 点的压比：

$$\pi^*_A = \pi^*_{i-1,j-1} + \alpha(\pi^*_{i,j-1} - \pi^*_{i-1,j-1})$$

B 点的压比：

$$\pi^*_B = \pi^*_{i-1,j} + \alpha(\pi^*_{i,j} - \pi^*_{i-1,j})$$

A 点的流量：

$$W_A = W_{i-1,j-1} + \alpha(W_{i,j-1} - W_{i-1,j-1})$$

B 点的流量：

$$W_B = W_{i-1,j} + \alpha(W_{i,j} - W_{i-1,j})$$

A 点的效率：

$$\eta_A = \eta_{i-1,j-1} + \alpha(\eta_{i,j-1} - \eta_{i-1,j-1})$$

B 点的效率：

$$\eta_B = \eta_{i-1,j} + \alpha(\eta_{i,j} - \eta_{i-1,j})$$

根据所求得的流量和效率在 A 点和 B 点的值，对比 π^* 在 A 点和 B 点的位置，有

$$W = W_A + (W_B - W_A)\frac{\pi^* - \pi_A^*}{\pi_B^* - \pi_A^*}$$

$$\eta = \eta_A + (\eta_B - \eta_A)\frac{\pi^* - \pi_A^*}{\pi_B^* - \pi_A^*}$$

喘振裕度：

$$\mathrm{SM} = \frac{\pi_A^*}{\pi^*}\frac{W}{W_A} - 1$$

涡轮特性插值与压气机特性插值方法相同。典型涡轮特性曲线如图 6-4 所示。

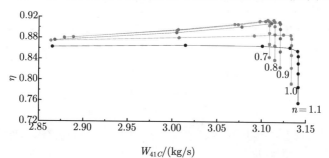

(a)

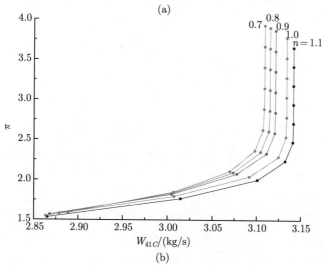

(b)

图 6-4　典型涡轮特性曲线

6.1.4 涡喷发动机部件级数学模型的建立

发动机的数学模型是按照发动机工作遵守的气动热力学定律建立的, 其基础是发动机各部件特性数据以及发动机设计点参数。模型表现为一组非线性的气动热力学方程。模型的求解归结为解由反映发动机各部件共同工作所必须满足的气动热力学和转子动力学平衡方程 (流量平衡、功率平衡等) 产生的一组非线性方程。

部件级模型与实际发动机有相同的输入、输出参数, 输入参数为发动机的工作环境参数 (高度 H、马赫数 Ma) 和控制参数 (燃油量 W_f)。输出参数是转子转速 n、压气机出口总压 P_3^*、涡轮前总温 T_4^*、涡轮后总温 T_5^*、总推力 F、耗油率 SFC 等。同时, 模型既可以提供稳态计算数据, 也可以提供动态响应数据。

1. 建立求解模型的平衡方程

1) 稳态模型平衡方程

发动机处于稳态工作时, 转动部件的功率应平衡, 各截面流过的质量流量应满足连续条件, 这样就可得到如下平衡方程。

由高压涡轮进口流量连续引出第 1 个平衡方程:

$$\varphi_1 = \frac{W_{41CX} - W_{41C}}{W_{41C}}$$

式中, W_{41C} 是由燃烧室出口流量加上压气机冷却气流计算出来的涡轮转子进口相似流量; W_{41CX} 是由转速 n 和涡轮压比系数 Z_t 通过插值得到的涡轮转子进口相似流量。

由喷口流量连续引出第 2 个平衡方程:

$$\varphi_2 = \frac{P_{8C} - P_8}{P_8}$$

式中, P_8 是考虑尾喷口总压恢复系数后由涡轮出口总压计算出来的尾喷管喉道总压; P_{8C} 是由 W_8、C_8 和 A_8 计算得到的:

$$P_{8C} = \frac{W_8/\sqrt{T_8}}{C_8 A_8 q(\lambda_8)}$$

由转子功率平衡引出第 3 个平衡方程:

$$\varphi_3 = \frac{L_t \eta_m - L_c}{L_c}$$

式中, L_t、L_c 和 η_m 分别为涡轮功、压气机功和机械效率。

由前面的各部件气动热力计算和这 3 个平衡方程构成发动机的稳态模型。发动机处于稳态工作时, φ_1、φ_2 和 φ_3 均为 0。

2) 动态模型平衡方程

发动机处于动态工作过程时, 各转动部件的功率满足动平衡关系, 在每一个动态过程的计算点上各截面气体流量仍然满足连续条件。这样其平衡方程可描述如下。

由高压涡轮进口流量连续引出第 1 个平衡方程:

$$\varphi_1 = \frac{W_{41CX} - W_{41C}}{W_{41C}}$$

由喷口流量连续引出第 2 个平衡方程:

$$\varphi_2 = \frac{P_{8C} - P_8}{P_8}$$

由转子功率平衡引出第 3 个平衡方程:

$$J\frac{\mathrm{d}n}{\mathrm{d}t} = \frac{L_t\eta_m - L_c}{n}$$

式中, n 为转子物理转速 (rad/s)。

2. 求解模型

1) 稳态计算

在每一个稳态计算点,都满足流量连续和功率平衡。所以求解稳态模型归结为求使上述 3 个平衡方程的残差为 0 的解。这 3 个方程是非线性的隐式方程,我们无法得到这些方程的解析解,只能采用数值解法来求出在一定精度意义下的数值解。求解这样的非线性方程组的传统方法是 N-R 法。其思想是根据经验知识首先给出方程组的一组解的猜值,然后以偏导数方向进行搜索,通过迭代不断地对猜解进行修正,使其逼近方程组的真解。

在进行发动机各部件的热力气动参数计算时,有些参数刚开始计算时并不知道其值,因而必须假设一个大致合理的值,各部件参数才能计算下去,这些参数称为初猜值。单轴涡喷发动机部件级模型采用 3 个初猜值: 压气机压比系数 Z_c、涡轮压比系数 Z_t 和转子相对物理转速 $\bar{n}$。用 N-R 法以迭代方式求解非线性方程组时,在迭代中不断修正这 3 个猜值,直到 3 个误差 φ_1、φ_2 和 φ_3 的绝对值均小于 10^{-5},则视为求得了该稳态解。

所以,用 N-R 法求解稳态解,实际上就是修正 3 个猜值 Z_c、Z_t 和 $\bar{n}$(这里记为 x_1、x_2、x_3),使下列的 3 个非线性隐式方程成立:

$$\varphi_1(x_1, x_2, x_3) = 0$$

$$\varphi_2(x_1, x_2, x_3) = 0$$

$$\varphi_3(x_1, x_2, x_3) = 0$$

N-R 法计算涡喷发动机稳态点的迭代方法如下。

设在第 k 步迭代后有

$$\varphi_1(x_1, x_2, x_3)|_k = \varepsilon_1|_k$$

$$\varphi_2(x_1, x_2, x_3)|_k = \varepsilon_2|_k$$

$$\varphi_3(x_1, x_2, x_3)|_k = \varepsilon_3|_k$$

那么第 $k+1$ 步迭代开始的初值由下列方程组得到:

$$\begin{bmatrix} x_1 \\ x_2 \\ x_3 \end{bmatrix}_{k+1} = \begin{bmatrix} x_1 \\ x_2 \\ x_3 \end{bmatrix}_k - \begin{bmatrix} \dfrac{\partial \varphi_1}{\partial x_1} & \dfrac{\partial \varphi_1}{\partial x_2} & \dfrac{\partial \varphi_1}{\partial x_3} \\ \dfrac{\partial \varphi_2}{\partial x_1} & \dfrac{\partial \varphi_2}{\partial x_2} & \dfrac{\partial \varphi_2}{\partial x_3} \\ \dfrac{\partial \varphi_3}{\partial x_1} & \dfrac{\partial \varphi_3}{\partial x_2} & \dfrac{\partial \varphi_3}{\partial x_3} \end{bmatrix}_k^{-1} \begin{bmatrix} \varepsilon_1 \\ \varepsilon_2 \\ \varepsilon_3 \end{bmatrix}_k$$

偏导数的计算按中心差分求，即

$$\left.\frac{\partial \varphi_i}{\partial x_j}\right|_k = \frac{\varphi_j(x_i + \Delta x_i) - \varphi_j(x_i - \Delta x_i)}{2\Delta x_i}$$

2) 动态仿真

(1) 由于在动态计算过程的起始点 (即稳态平衡点) 的转速 $\bar{n}$ 已知，所以进行动态仿真时的猜值只有 Z_c 和 Z_t。在动态计算过程的任一计算点，转子功率不再平衡，涡轮除了提供压气机消耗功率外，还提供转子加、减速所需的功率。但各个截面流量是连续的，即在动态计算过程中要满足流量连续的准平衡假设。于是用 N-R 法在迭代中改变 2 个初猜 Z_c 和 Z_t，使 2 个误差 φ_1、φ_2 和 φ_3 的绝对值均小于 10^{-5}，即视为得到了模型在该动态点的解。

用 N-R 法计算涡喷发动机动态点的迭代构成为

$$\begin{bmatrix} x_1 \\ x_2 \end{bmatrix}_{k+1} = \begin{bmatrix} x_1 \\ x_2 \end{bmatrix}_k - \begin{bmatrix} \dfrac{\partial \varphi_1}{\partial x_1} & \dfrac{\partial \varphi_1}{\partial x_2} \\ \dfrac{\partial \varphi_2}{\partial x_1} & \dfrac{\partial \varphi_2}{\partial x_2} \end{bmatrix}_k^{-1} \begin{bmatrix} \varepsilon_1 \\ \varepsilon_2 \end{bmatrix}_k$$

式中，k 为迭代步数。求出准稳态条件下角加速度为

$$\frac{\mathrm{d}n}{\mathrm{d}t} = \frac{L_t \eta_m - L_c}{Jn(\pi/30)^2}$$

(2) 用欧拉法求下一时刻的转速。先由上面计算公式求出转子转速，再由欧拉法求出下一时刻的转子速度:

$$n_{i+1} = n_i + \frac{\mathrm{d}n}{\mathrm{d}t}\Delta t$$

式中，Δt 为时间步长，一般可取为 20ms。

6.2　航空发动机控制系统数字仿真和实物在回路仿真

6.2.1　航空发动机 FADEC 控制系统

从 1942 年美国第一台发动机设计成功开始，航空发动机控制系统从简单的机械液压发展到现在的全权限数字电子控制器。同时，控制系统容纳了发动机故障诊断技术和健康管理系统，按照控制系统的复杂性和功能可以将控制系统的发展历程划分为四个阶段：起步阶段 (1942~1949 年)、发展阶段 (1950~1969 年)、电子阶段 (1970~1989 年) 和集成阶段 (1990 年 ~ 现今)。

(1) 起步阶段。美国的第一台发动机 (GE I-A) 于 1942 年设计成功，其控制系统为机械液压控制系统，该控制器通过期望转速和当前转速的差值来计算进入燃烧室的燃油量，为了防止涡轮超温和燃烧室熄火，控制系统在包含和最大和最小燃油流量限制。1948 年，通用电气公司 (GE) 完成了带加力燃烧室的燃气涡轮发动机 J47 的测试，其控制系统采用机械液压系统为主燃烧室供油，采用一个电子的控制器为加力燃烧室供油，但由于恶劣的环境中会使电子控制器的可靠性降低。J47 发动机的控制规律的设计仅依靠频率响应法完成，在美国国

家航空航天局 (NASA) 进行的高度测试中发现，传感器的噪声严重影响发动机的性能，为了解决这一问题，GE 和 NASA 将时域阶跃响应分析法引入发动机控制规律设计。

(2) 发展阶段。1951 年，普惠公司 (PW) 完成了世界上第一个双转子涡喷发动机 J57 的飞行试验，其控制系统包括一个液压机械燃油控制 (HMFC) 发动机的主燃烧室供油和一个 HMFC 为加力燃烧室供油，同时具有独立的防冰和点火控制。随着发动机性能的提升，控制技术也随着加速发展。在此期间，一些著名的发动机完成测试，如 GE 的 J79、PW 的 TF30 和 F100。随着发动机设计技术的不断成熟，动力装置控制系统逐渐向变几何参数的控制方向发展，如定子叶片控制等。在此阶段，控制规律的设计主要是采用频率响应的方法，通过对控制增益和相位裕度进行分析来确保发动机闭环控制的稳定性，通过阶跃响应分析的方法确保在整个飞行包线内发动机的性能和控制系统的稳定性。20 世纪 60 年代，现代控制技术诞生，线性状态空间为发动机建模、控制和评估提供了新的途径。虽然，现代控制的理论已经发展成熟，但当时的发动机控制规律的设计方法依然采用频率响应的方法。

(3) 电子阶段。随着发动机控制系统功能的拓展，控制系统的结构和逻辑变得越来越复杂，控制系统的复杂性主要体现在控制变量的增加，传统的机械液压控制元件因其体积和质量的增加已经不能满足控制的要求。20 世纪 70 年代初，数字式电子控制技术作为系统监控的角色开始在航空发动机中得到应用，如 PW F100 发动机的数字电子发动机控制 (EEC) 单元和用于 GE F101 发动机的模拟推力增强器风扇温度 (AFT) 控制。1972 年，第一个全权限的 ECU 应用于 Garrett/Air 研究中心的 TF373 发动机，该 ECU 采用单通道模拟量控制，在出现故障时，切换为备用的 HMC 控制。F100 的 DEEC(数字电子发动机控制) 是第一个全权限数字电子控制 (FADEC)，该 DEEC 是从 F100 发动机的 EEC 和 HMC 以及数字电子线路板自动化发展而来，该控制有效缩短了发动机的开发周期。

(4) 集成阶段。双通道 FADEC 技术已经发展成熟，具有更多的功能：通过嵌入的发动机实时模型，提高发动机性能；对发动机使用情况进行检测、发动机故障诊断和健康管理的能力初步实现；同时质量和体积变得更小。子系统的高度集成驱动了发动机控制设计的发展，如发动机进气控制和排气控制、飞行控制和推进控制的集成。对于综合飞行和推进控制系统，NASA 主办的 STOVL(短距起飞和垂直降落) 进行了分析控制技术方案。20 世纪 90 年代初，系统辨识技术应用到发动机控制中。从地面试验鉴定和飞行的数据得到了 TFE731-5 发动机模型，将该模型作为控制规律设计的基础并在 FADEC 中实现，在发动机在测试结果发现，所有的控制增益都是合理的。20 世纪 90 年代中期，寿命延长控制 (LEC) 概念被应用到飞机涡轮发动机上，1997 年，在高稳定性发动机控制 (HISTEC) 项目中，容错控制的技术发展成熟并完成飞行测试，该控制系统包括一个进气畸变的评估系统，该系统从发动机迎面压力传感器、飞行控制状态、迎角和侧滑角获得信息，评估进气畸变的水平，通过控制发动机的相关执行参数以达到稳定性要求。经过不断的发展成熟，多变量控制系统的设计方法首先在 PW F119 动力装置的控制律的设计中得到应用，并在 2000 年完成飞行测试。21 世纪初，发动机控制技术的飞行试验扩展至健康管理技术的发展和验证。NASA 的 Dryden 飞行研究中心与 Glenn 研究中心和 Ames 研究中心合作，进行了飞行器健康管理飞行验证。

20 世纪 80 年代初期，我国逐步开展航空发动机数字控制系统的研究，目前我国自主研制的航空发动机均采用了双余度的 FADEC 控制系统，并逐渐把健康管理技术应用到新研制产品中。今后，世界航空发动机技术的发展将向高推重比、高速度、宽使用范围、高可靠性和适用性、低油耗、低噪声、低污染、低成本的方向发展。为了不断满足发动机发展的需求，未来控制系统的发展目标是高性能、高可靠性、高维护性，因此未来航空发动机控制系统将向智能控制、分布式控制、主动控制的方向发展；采用先进的控制逻辑和设计方法实现飞/推综合控制，包括进气道控制、飞控系统和火控系统；建立实时机载的发动机模型，实现发动机故障自诊断和发动机健康管理。同时，寿命预测控制和健康管理系统进一步延长发动机的使用寿命，降低发动机的研制和使用成本。

6.2.2 航空发动机控制系统的基本转速控制回路

图 6-5 所示为航空发动机基本转速控制回路的原理框图。FADEC 控制系统的转速传感器采集航空发动机转速信号输入到电子控制器，电子控制器通过转速信号调理与采集模块获得转速信号的数字量，与转速给定信号相比较，构成转速闭环控制。转速闭环控制算法计算得到需要的燃油流量，将其转换为油针位置给定信号，通过油针位置小闭环控制回路控制燃油计量装置输出燃油流量，最后给发动机供油。

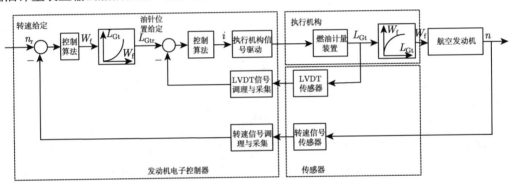

图 6-5 航空发动机基本转速控制回路原理框图

6.2.3 航空发动机控制系统实物在回路仿真实验

1. FADEC 系统开发流程

控制功能和控制变量的增加使得 FADEC 系统的软/硬件复杂度直线上升，因此，当代 FADEC 系统的研制难度、周期和费用不断增加。FADEC 系统的高度复杂性和高可靠性需求决定了 FADEC 系统的设计是一个反复迭代，并需要经过各种测试、验证的复杂流程。图 6-6 为 FADEC 系统的开发流程，包括全数字仿真、实物在回路 (hardware in loop，HIL) 仿真、半物理仿真、台架试车、飞行试验等。

其中，HIL 仿真，就是以 EEC 控制器 (或其快速原型) 为实验对象，通过 FADEC 系统信号接口模拟器来模拟发动机的正常或故障状态信号，对 EEC 的接口电路、控制律、控制逻辑、BIT 和容错重构策略进行高效、全面的验证，尽早发现并克服设计缺陷。通过 HIL 仿真可以检查出 EEC 的关键设计缺陷，极大地降低半物理和台架试车的事故风险。因此，HIL 仿真实验平台是 FADEC 系统设计体系中的关键环节之一，能够有效提高 FADEC 系统开发效率，并有效降低开发风险。

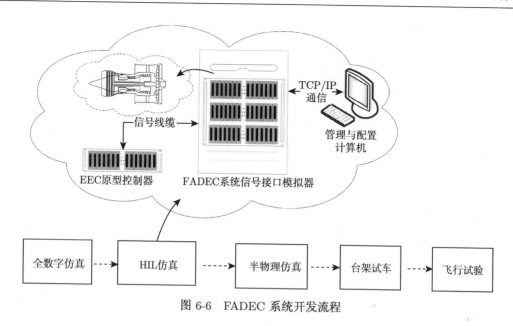

图 6-6　FADEC 系统开发流程

　　HIL 仿真平台开发的关键之一就是 FADEC 系统信号接口模拟器，FADEC 系统信号接口模拟器的基本功能是实现发动机上的传感器和执行机构的电气接口模拟，使电子控制器与发动机模型程序实现无缝连接。通过 FADEC 系统信号接口模拟器，并结合发动机、传感器和执行机构的数学模型，可以对 EEC 控制器或原型样机开展全面的验证实验研究。

　　2. 转速单回路控制 HIL 仿真实验

　　转速单回路 HIL 仿真是发动机控制系统设计过程中的关键环节，它在 FADEC 控制系统实验中具有典型性，可以比较全面地考核电子控制器、接口模拟器、模型之间的匹配能力。

　　转速单回路包括伺服阀电流控制油针位置的小闭环回路和油针指令位置控制发动机转速的大闭环回路。在转速单回路控制 HIL 仿真实验中，主要涉及以下 3 个信号量：低压转子转速传感器信号 (N_1)，为频率量，油针 LVDT 位置传感器信号 (L_{Gt})，以及 FMV 电液伺服阀驱动电流 (I_{FMV})。

　　1) 油针位置小闭环控制实验

　　油针位置小闭环控制原理如图 6-7 所示。图中油针模型增益 K 取值为在单位电流 (1A) 作用下每秒的位移百分比。

　　在油针位置闭环控制实验中，由控制器的上位机给定一个期望油针位置，控制器根据上位机期望油针位置和实际采集得到的油针位置，通过 PID 控制，输出一个驱动电流来调整油针的位置。控制器的油针位置控制步长取 5ms。

　　为了建立真实的发动机电子控制器与发动机数学模型之间的联系，需要研制接口模拟器，采集执行机构输出电流，送到发动机模型计算机；同时，接收发动机模型计算机发送的油针位置信号，转化为真实的 LVDT 电信号，输入到发动机电子控制器。

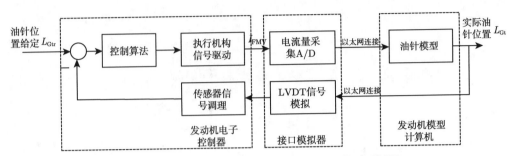

图 6-7 油针位置小闭环控制回路 HIL 仿真原理框图

2) 转速闭环控制实验

转速闭环控制回路原理如图 6-8 所示。

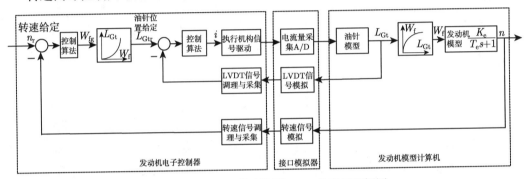

图 6-8 转速闭环控制回路 HIL 仿真原理框图

在转速闭环控制实验中，步长为 10~20ms。上位机给定期望转速百分比，控制器从频率采集模块获得转速频率信号，并转换得到转速百分比。通过两者的误差和 PID 控制得到期望的油针位置，再通过油针小闭环控制驱动电流输出。

同样，在转速闭环控制 HIL 仿真实验中，需要采用接口模拟器建立发动机电子控制器和发动机模型计算机之间的联系。发动机模型计算机输出转速数字量到接口模拟器，接口模拟器模拟转速传感器输出的电信号，输入到发动机电子控制器。

6.3 航空动力控制系统半物理仿真实验平台

6.3.1 发动机控制系统半物理仿真

发动机控制系统研制过程要经历数字仿真、半物理仿真、台架试车、高空台试验及飞行演示演证等几个阶段。数字仿真是低成本、短周期研制先进水平控制系统的重要环节和手段。在发动机控制系统研制过程中，在概念设计、初步设计和详细设计阶段，一般都要采用数字仿真。为了验证航空发动机先进控制方法的工程实用性和控制效果，仅进行数字仿真是远远不够的，必须进行一系列的物理或半物理仿真实验，进一步对控制算法的有效性进行验证。在真实发动机上直接进行控制器的验证试验是非常危险的，稍有不慎就可能造成重大的安全事故，并且在真实发动机进行实验的费用也非常高。因此，设计了针对某一型号发动机的控制器以后，在数字仿真满足性能要求的基础上，应该在该型号发动机的半物理仿真实验台上验证控制器的控制效果。所谓半物理是指仿真实验中某些部分是实物的，如发动机的执行机构，而其他部分用模拟装置来替代实物，用于模拟实物的运行规律或状态，例如，用发动机数字模型来模拟发动机运行状态，用一个小惯量电机模拟发动机的低压转子转速。这样可以保证在仿真实验安全、低耗费的情况下，能够在最真实的环境下验证数控系统的有效性，为发动机实物实验打下良好的基础。

半物理仿真同其他类型的仿真方法相比具有更高真实度的可能性，是仿真技术中置信度最高的一种方法。从系统的观点去看，半物理仿真允许在系统中接入部分实物，就可以把部分实物放在系统中考察，从而使部件能在满足系统整体性能指标的环境中得到检验，是提高系统设计的可靠性和研制质量的必要手段。

图 6-9 所示为航空发动机转速控制回路的半物理仿真原理框图。发动机模型计算出的燃气发生器转速 n_g 通过串口传送给仿真接口模拟器，仿真接口模拟器通过 D/A 给出与转速 n_g 成正比的电压，驱动电机运转，由转速传感器测得电机转速，经信号驱动与调理模块后由串口送到发动机控制器计算机，构成转速闭环控制，控制器计算机同时完成油针执行机构小闭环，油针位置来自燃油调节器上的 LVDT 传感器；同时电机带动燃油调节器供油，在燃油管路上安装有流量计测量燃油泵输出的燃油流量，经仿真接口模拟器转化成数字量后发送到发动机模型计算机，作为发动机模型的输入。

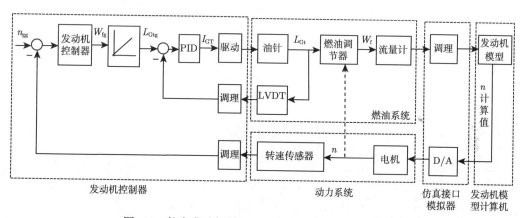

图 6-9　航空发动机转速控制回路半物理仿真原理框图

在发动机控制系统半物理仿真实验中，发动机采用数学模型，传感器、控制器及执行机构等采用实物。半物理仿真实验大大降低了实验风险，减少了实验成本；在发动机研制出来之前就可以进行控制系统及控制规律的研究；在半物理仿真实验中可以开展超温、超转、喘振等在真实发动机上不敢做的实验，还可进行故障复现。发动机控制系统半物理仿真实验可以及早发现系统设计中的缺陷，确定最佳的设计方案。半物理仿真实验平台能够重复验证控制器控制效果，直至满意为止。

6.3.2　发动机控制系统半物理仿真实验平台

1. 发动机控制系统结构简介

以某涡喷发动机为例，发动机控制系统结构如图 6-10 所示。发动机控制系统由电子控制器、传感器和执行机构等组成。其中，传感器有：转速传感器，p_1、p_2、p_4 压力传感器，T_1、T_3 温度传感器等；执行机构有：燃油 W_f 计量活门控制装置，尾喷口面积 A_e 作动器，导叶角 α_1 作动器，进气道斜板角度 ϕ 作动器；燃油泵系统包括油箱、增压泵、油滤、燃油泵等。

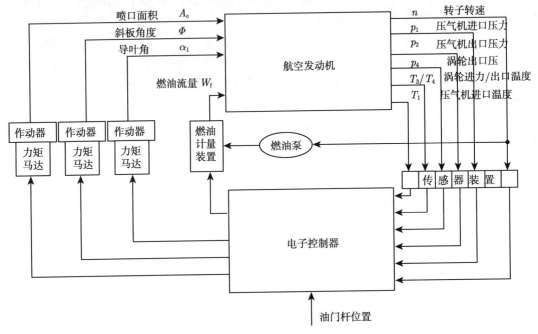

图 6-10　发动机控制系统结构图

2. 发动机控制系统半物理仿真实验平台原理与结构

发动机控制系统半物理仿真实验平台的原理如图 6-11 所示。发动机采用数学模型，控制器、传感器及执行机构采用实物。发动机模型输出发动机转速、压力等状态量传输给物理效应模拟器，由真实传感器获取相应的物理信号送给发动机控制器；控制器产生的控制量，如矢量喷口面积 A_e、斜板角度 Φ、导叶角 α_1、α_2 以及燃油流量 W_f 等，输出到执行机构，通过在执行机构上安装的模型专用传感器将控制作用传输给发动机模型。

半物理仿真实验平台能模拟飞机和发动机在整个飞行包线范围内的稳态和动态过程，提供电子控制器所需的真实物理信号等，以开展半物理仿真实验。如图 6-12 所示，半物理仿真实验平台主要由传动系统、燃油系统、气压系统、液压系统等组成。

传动系统采用大功率的小惯量直流电机分别模拟发动机转子转速信号 n，并向燃油泵实验件提供动力。这是由于真实的发动机转速信号动态变化范围大，变化速度快，要求动态响应的时间常数达到 0.1s，小惯量直流电机的机电时间常数为 50ms，可以满足发动机转子动态模拟的需要。

燃油系统主要用于模拟发动机的燃油供给，燃油系统由油箱、低压供油泵、粗油滤、细油滤、换热器、溢流阀、当量喷嘴、流量计以及各种阀门、传感器、接头和管道等组成。如图 6-13 所示，燃油系统中包含燃油泵及燃油计量装置、斜板角度 Φ、导叶角 α_1 的执行机构等实验件。油箱中的燃油从供油泵输出,经过滤后送往被试件即燃油泵后,由燃油计量装置送往当量喷嘴,多余的燃油经三通阀门送回油箱。

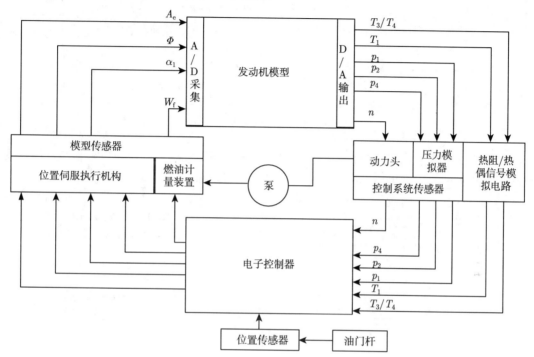

图 6-11　发动机控制系统半物理仿真实验平台原理图

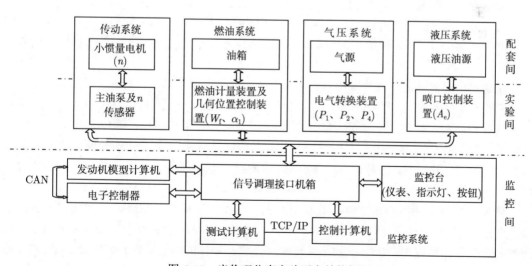

图 6-12　半物理仿真实验平台结构框图

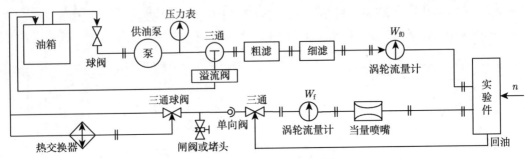

图 6-13　燃油系统原理图

气压系统利用高压氮气瓶作为气源，分别由三个不同规格的高速电气转换装置模拟压气机进口压力 p_1、压气机出口压力 p_2 及涡轮出口压力 p_4。

液压系统含独立的液压油源和喷口执行机构，其原理如图 6-14 所示。液压泵为喷口的电液伺服阀和作动筒提供液压油，通过电液伺服阀和作动筒来控制喷口面积和方向，向推进系统模型提供矢量喷口面积 A_e 信号。

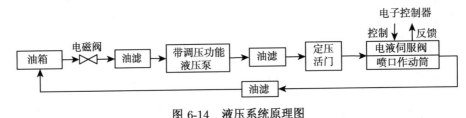

图 6-14　液压系统原理图

控制器局域网 (controller area network, CAN) 总线是一种通信速率高、抗干扰能力强、使用成本低的现场总线，国外已在尝试将其应用于航空发动机分布式控制系统中。图 6-12 中利用 CAN 总线将发动机模型计算机和电子控制器通过 CAN 总线联系在一起。发动机模型计算机采用带有 CAN 通信适配卡的工控机，电子控制器采用带 CAN 总线接口的嵌入式控制器。

半物理仿真实验需要监视和控制的参数很多，为避免使用单台计算机负担过重、影响系统可靠性，监控系统采用的是分布式的监控结构，即由监控台、控制计算机和测试计算机共同完成监控任务，实现实验过程的自动启动、运行操作、安全保护、自动关机等，同时对实验台的重要运行状态参数进行实时显示和记录。控制计算机和测试计算机彼此通过以太网互连，实现信息的共享。每台计算机具有独立的输入、输出接口，从而构成双机冗余备份结构。

监控台提供手动操纵和重要参数及状态的监视以便于操作。在监控台上布置了操作按钮、给定旋钮、手动/自动切换装置、油门杆等用于控制仿真平台的运行过程，并采用数显仪表和指示灯指示仿真平台运行中的各系统的重要状态和参数。在自动工作方式下，控制计算机实现对仿真平台的自动操纵；在手动工作方式下，由监控台实现对仿真平台的状态操纵。遇到紧急情况如超转等，可手动操作监控台上的紧急停车按钮，也可以由控制计算机自动执行紧急停车程序。

发动机模型计算机采用动态实时发动机数学模型，模拟实际发动机在各种工况下的温度、压力、流量等状态量，并计算发动机的推力和油耗等性能参数。模型计算机根据执行机构模拟 A_e、Φ、α_1、W_f，以及给定的 p_1 和 T_1(或给定的飞行马赫数 Ma 和飞行高度 H)，通过发动机模型计算，输出以下信号：n、p_1、p_2、p_4、T_1、T_3 和 T_4。所有输入与输出信号都通过信号调理接口机箱与仿真平台进行信号连接。

6.4　循序渐进仿真航空动力控制系统

6.4.1　开环发动机模型仿真

图 6-15 为开环发动机模型仿真结果。其中，燃油输入为 10% 的阶跃输入。

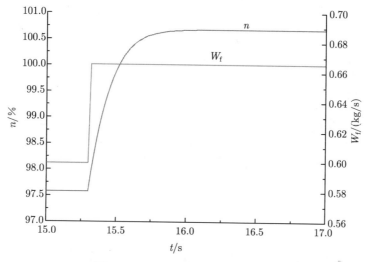

图 6-15　开环发动机模型仿真结果

6.4.2　基本航空发动机转速闭环控制回路的仿真

航空发动机转速闭环控制回路如图 6-16 所示。转速输入为 10% 的阶跃信号时的闭环系统响应曲线如图 6-17 所示。其中，PID 算法公式为

$$\Delta i = K_p \Delta n + K_i \int_0^t \Delta n \mathrm{d}t + K_d \frac{\mathrm{d}\Delta n}{\mathrm{d}t}$$

采用积分分离算法，当 $|\Delta n| < 5\%$ 时，积分项才开始起作用。

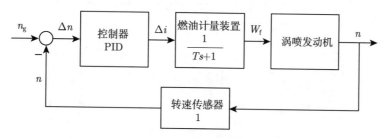

图 6-16　航空发动机转速闭环控制回路结构框图

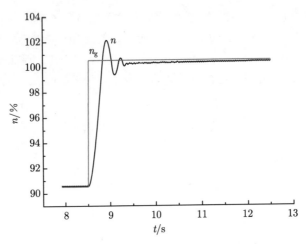

图 6-17　转速指令阶跃 10% 的响应曲线

6.4.3　航空发动机转速闭环 PID 控制参数的优化

采用单纯形法优化 PID 参数, 所得仿真结果如图 6-18 所示。优化的目标函数为

$$J = \min \int_0^t |\Delta n|\, t \mathrm{d}t$$

利用单纯形法优化所得 PID 参数为

$$K_\mathrm{p} = 0.175406, \quad K_\mathrm{i} = 0.576253, \quad K_\mathrm{d} = 0.000986$$

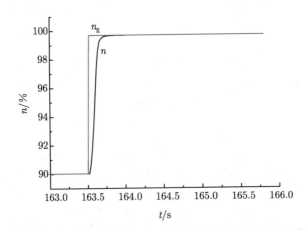

图 6-18　单纯形法优化 PID 参数后的转速阶跃响应曲线

主要参考文献

[1] 黄向华. 控制系统仿真. 北京: 北京航空航天大学出版社, 2008.

[2] Mogg Inc.. Moog Type 30 Nozzle-Flapper Flow Control Servovalves.2016.

[3] 姚华, 张天宏. 航空发动机控制系统设计技术. 北京: 科学出版社, 2017.

[4] 肖田元, 范文慧. 系统仿真导论. 2 版. 北京: 清华大学出版社, 2010.

[5] 高颖, 郭淑霞. 虚逆现实视景仿真技术. 西安: 西北工业大学出版社, 2014.

[6] 郝培峰, 崔建江, 潘峰. 计算机仿真技术. 北京: 机械工业出版社, 2009.

[7] 徐家蓓. 控制系统数字仿真. 北京: 北京理工大学出版社, 1998.

[8] 彭泽琰, 等. 航空燃气轮机原理. 北京: 国防工业出版社, 2008.

[9] 左芸. 飞/推综合控制半物理仿真平台及监控系统设计. 南京: 南京航空航天大学硕士学位论文, 2004.